高职高专"十一五"规划教材

★ 农林牧渔系列

基础化学

JICHU
HUAXUE

关小变　张桂臣　主编

化学工业出版社

·北京·

本书是高职高专"十一五"规划教材★农林牧渔系列之一。本书根据高职高专教育的特点，本着基础理论、基本知识以"必需"、"够用"为度的原则，对无机化学、有机化学和分析化学进行了整合。本书由绪论和三个模块组成。在编写过程中，结合高职学生的特点，考虑到与中学化学知识的衔接，模块一无机化学基础，包括了溶液、电解质溶液、无机物与植物营养共三章。模块二有机化学基础，包括了有机化学概论和有机物与植物营养共两章。模块三分析化学基础，是需要重点学习和掌握的内容，包括了分析化学概论、物质定量分析过程、酸碱滴定法、配位滴定法、氧化还原滴定法、沉淀滴定法、分光光度法，共七章。同时，为了使实验实训的内容与教学内容更加吻合，把相关实训内容编写在相应章节之后，便于学生学习与掌握。

本书可作为高职高专农林院校各专业的教材，也可供其他院校相关专业参考。

图书在版编目（CIP）数据

基础化学/关小变，张桂臣主编．—北京：化学工业出版社，2009.8（2020.10重印）
高职高专"十一五"规划教材★农林牧渔系列
ISBN 978-7-122-05998-7

Ⅰ．基… Ⅱ．①关…②张… Ⅲ．化学-高等学校：技术学院-教材　Ⅳ．O6

中国版本图书馆 CIP 数据核字（2009）第 105866 号

责任编辑：李植峰　梁静丽　郭庆睿　　　装帧设计：史利平
责任校对：王素芹

出版发行：化学工业出版社（北京市东城区青年湖南街 13 号　邮政编码 100011）
印　　刷：北京市振南印刷有限责任公司
装　　订：北京国马印刷厂
787mm×1092mm　1/16　印张 13　字数 312 千字　2020 年 10 月北京第 1 版第 7 次印刷

购书咨询：010-64518888　　　　　　　　　售后服务：010-64518899
网　　址：http://www.cip.com.cn

凡购买本书，如有缺损质量问题，本社销售中心负责调换。

定　　价：29.00 元　　　　　　　　　　　　　　　　　　版权所有　违者必究

"高职高专'十一五'规划教材★农林牧渔系列"
建设委员会成员名单

主任委员 介晓磊
副主任委员 温景文 陈明达 林洪金 江世宏 荆 宇 张晓根
　　　　　　　窦铁生 何华西 田应华 吴 健 马继权 张震云
委　　员 （按姓名汉语拼音排列）

边静玮	陈桂银	陈宏智	陈明达	陈 涛	邓灶福	窦铁生	甘勇辉	高 婕	耿明杰
宫麟丰	谷风柱	郭桂义	郭永胜	郭振升	郭正富	何华西	胡繁荣	胡克伟	胡孔峰
胡天正	黄绿荷	江世宏	姜文联	姜小文	蒋艾青	介晓磊	金伊洙	荆 宇	李 纯
李光武	李彦军	梁学勇	梁运霞	林伯全	林洪金	刘俊栋	刘 莉	刘 蕊	刘淑春
刘万平	刘晓娜	刘新社	刘奕清	刘 政	卢 颖	马继权	倪海星	欧阳素贞	潘开宇
潘自舒	彭 宏	彭小燕	邱运亮	任 平	商世能	史延平	苏允平	陶正平	田应华
王存兴	王 宏	王秋梅	王水琦	王晓典	王秀娟	王燕丽	温景文	吴昌标	吴 健
吴郁魂	吴云辉	武模戈	肖卫苹	肖文左	解相林	谢利娟	谢拥军	徐苏凌	徐作仁
许开录	闫慎飞	颜世发	燕智文	杨玉珍	尹秀玲	于文越	张德炎	张海松	张晓根
张玉廷	张震云	张志轩	赵晨霞	赵 华	赵先明	赵勇军	郑继昌	朱学文		

"高职高专'十一五'规划教材★农林牧渔系列"
编审委员会成员名单

主任委员 蒋锦标
副主任委员 杨宝进 张慎举 黄 瑞 杨廷桂 胡虹文 张守润
　　　　　　　宋连喜 薛瑞辰 王德芝 王学民 张桂臣
委　　员 （按姓名汉语拼音排列）

艾国良	白彩霞	白迎春	白永莉	白远国	柏玉平	毕玉霞	边传周	卜春华	曹 晶
曹宗波	陈传印	陈杭芳	陈金雄	陈 璟	陈盛彬	陈现臣	程 冉	褚秀玲	崔爱萍
丁玉玲	董义超	董曾施	段鹏慧	范洲衡	方希修	付美云	高 凯	高 梅	高志花
弓建国	顾成柏	顾洪娟	关小变	韩建强	韩 强	何海健	何英俊	胡凤新	胡虹文
胡 辉	胡石柳	黄 瑞	黄修奇	吉 梅	纪守学	纪 瑛	蒋锦标	鞠志新	李碧全
李 刚	李继连	李 军	李雷斌	李林春	梁本福	梁称福	梁俊荣	林 纬	林仲桂
刘革利	刘广文	刘丽云	刘贤忠	刘晓欣	刘振华	刘振湘	刘宗亮	柳遵新	龙冰雁
罗 玲	潘 琦	潘一展	邱深本	任国栋	阮国荣	申庆全	石冬梅	史兴山	史雅静
宋连喜	孙克威	孙雄华	孙志浩	唐建勋	唐晓玲	陶令霞	田 伟	田伟政	田文儒
汪玉琳	王爱华	王朝霞	王大来	王道国	王德芝	王 健	王立军	王孟宇	王双山
王铁岗	王文焕	王新军	王 星	王学民	王艳立	王云惠	王中华	吴俊琢	吴琼峰
吴占福	吴中军	肖尚修	熊海涛	徐公义	徐占云	许美解	薛瑞辰	羊建平	杨宝进
杨平科	杨廷桂	杨卫韵	杨学敏	杨 志	杨治国	姚志刚	易 诚	易新军	于承鹤
于显威	袁亚芳	曾饶琼	曾元根	战忠玲	张春华	张桂臣	张怀珠	张 玲	张庆霞
张慎举	张守润	张响英	张 欣	张新明	张艳红	张祖能	赵希彦	赵秀娟	郑翠芝
周显忠	朱雅安	卓开荣								

"高职高专'十一五'规划教材★农林牧渔系列"建设单位

(按汉语拼音排列)

安阳工学院	黑龙江农业工程职业学院	青海畜牧兽医职业技术学院
保定职业技术学院	黑龙江农业经济职业学院	曲靖职业技术学院
北京城市学院	黑龙江农业职业技术学院	日照职业技术学院
北京林业大学	黑龙江生物科技职业学院	三门峡职业技术学院
北京农业职业学院	黑龙江畜牧兽医职业学院	山东科技职业学院
本钢工学院	呼和浩特职业学院	山东理工职业学院
滨州职业学院	湖北生物科技职业学院	山东省贸易职工大学
长治学院	湖南怀化职业技术学院	山东省农业管理干部学院
长治职业技术学院	湖南环境生物职业技术学院	山西林业职业技术学院
常德职业技术学院	湖南生物机电职业技术学院	商洛学院
成都农业科技职业学院	吉林农业科技学院	商丘师范学院
成都市农林科学院园艺研究所	集宁师范高等专科学校	商丘职业技术学院
重庆三峡职业学院	济宁市高新技术开发区农业局	深圳职业技术学院
重庆水利电力职业技术学院	济宁市教育局	沈阳农业大学
重庆文理学院	济宁职业技术学院	沈阳农业大学高等职业技术学院
德州职业技术学院	嘉兴职业技术学院	苏州农业职业技术学院
福建农业职业技术学院	江苏联合职业技术学院	乌兰察布职业学院
抚顺师范高等专科学校	江苏农林职业技术学院	温州科技职业学院
甘肃农业职业技术学院	江苏畜牧兽医职业技术学院	厦门海洋职业技术学院
广东科贸职业学院	金华职业技术学院	仙桃职业学院
广东农工商职业技术学院	晋中职业技术学院	咸宁学院
广西百色市水产畜牧兽医局	荆楚理工学院	咸宁职业技术学院
广西大学	荆州职业技术学院	信阳农业高等专科学校
广西职业技术学院	景德镇高等专科学校	延安职业技术学院
广州城市职业学院	丽水学院	杨凌职业技术学院
海南大学应用科技学院	丽水职业技术学院	宜宾职业技术学院
海南师范大学	辽东学院	永州职业技术学院
海南职业技术学院	辽宁科技学院	玉溪农业职业技术学院
杭州万向职业技术学院	辽宁农业职业技术学院	岳阳职业技术学院
河北北方学院	辽宁医学院高等职业技术学院	云南农业职业技术学院
河北工程大学	辽宁职业学院	云南热带作物职业学院
河北交通职业技术学院	聊城大学	云南省曲靖农业学校
河北科技师范学院	聊城职业技术学院	云南省思茅农业学校
河北省现代农业高等职业技术学院	眉山职业技术学院	张家口教育学院
河南科技大学林业职业学院	南充职业技术学院	漳州职业技术学院
河南农业大学	盘锦职业技术学院	郑州牧业工程高等专科学校
河南农业职业学院	濮阳职业技术学院	郑州师范高等专科学校
河西学院	青岛农业大学	中国农业大学

《基础化学》编写人员

主　　编　关小变（山西林业职业技术学院）
　　　　　张桂臣（山东省平阴县职业教育中心）

副 主 编　黄晓梅（福建农业职业技术学院）
　　　　　杜雨静（长治职业技术学院）

参编人员（按姓名汉语拼音排列）
　　　　　杜雨静（长治职业技术学院）
　　　　　范秀丽（山西林业职业技术学院）
　　　　　关小变（山西林业职业技术学院）
　　　　　黄晓梅（福建农业职业技术学院）
　　　　　李海云（云南省曲靖农业学校）
　　　　　王彩荣（长治学院）
　　　　　殷　慧（山西林业职业技术学院）
　　　　　张桂臣（山东省平阴县职业教育中心）
　　　　　张曰秋（中国农业大学烟台研究院）

序

当今,我国高等职业教育作为高等教育的一个类型,已经进入到以加强内涵建设,全面提高人才培养质量为主旋律的发展新阶段。各高职高专院校针对区域经济社会的发展与行业进步,积极开展新一轮的教育教学改革。以服务为宗旨,以就业为导向,在人才培养质量工程建设的各个侧面加大投入,不断改革、创新和实践。尤其是在课程体系与教学内容改革上,许多学校都非常关注利用校内、校外两种资源,积极推动校企合作与工学结合,如邀请行业企业参与制定培养方案,按职业要求设置课程体系;校企合作共同开发课程;根据工作过程设计课程内容和改革教学方式;教学过程突出实践性,加大生产性实训比例等,这些工作主动适应了新形势下高素质技能型人才培养的需要,是落实科学发展观、努力办人民满意的高等职业教育的主要举措。教材建设是课程建设的重要内容,也是教学改革的重要物化成果。教育部《关于全面提高高等职业教育教学质量的若干意见》(教高[2006]16号)指出"课程建设与改革是提高教学质量的核心,也是教学改革的重点和难点",明确要求要"加强教材建设,重点建设好3000种左右国家规划教材,与行业企业共同开发紧密结合生产实际的实训教材,并确保优质教材进课堂。"目前,在农林牧渔类高职院校中,教材建设还存在一些问题,如行业变革较大与课程内容老化的矛盾、能力本位教育与学科型教材供应的矛盾、教学改革加快推进与教材建设严重滞后的矛盾、教材需求多样化与教材供应形式单一的矛盾等。随着经济发展、科技进步和行业对人才培养要求的不断提高,组织编写一批真正遵循职业教育规律和行业生产经营规律、适应职业岗位群的职业能力要求和高素质技能型人才培养的要求、具有创新性和普适性的教材将具有十分重要的意义。

化学工业出版社为中央级综合科技出版社,是国家规划教材的重要出版基地,为我国高等教育的发展做出了积极贡献,曾被新闻出版总署领导评价为"导向正确、管理规范、特色鲜明、效益良好的模范出版社",2008年荣获首届中国出版政府奖——先进出版单位奖。近年来,化学工业出版社密切关注我国农林牧渔类职业教育的改革和发展,积极开拓教材的出版工作,2007年底,在原"教育部高等学校高职高专农林牧渔类专业教学指导委员会"有关专家的指导下,化学工业出版社邀请了全国100余所开设农林牧渔类专业的高职高专院校的骨干教师,共同研讨高等职业教育新阶段教学改革中相关专业教材的建设工作,并邀请相关行业企业作为教材建设单位参与建设,共同开发教材。为做好系列教材的组织建设与指导服务工作,化学工业出版社聘请有关专家组建了"高职高专'十一五'规划教材★农林牧渔系列建设委员会"和"高职高专'十一五'规划教材★农林牧渔系列编审委员会",拟在"十一五"期间组织相关院校的一线教师和相关企业的技术人员,在深入调研、整体规划的基础上,编写出版一套适应农林牧渔类相关专业教育的基础课、专业课及相关外延课程教材——"高职高专'十一五'规划教材★农林牧渔系列"。该套教材将涉及种植、园林园艺、畜牧、兽医、水产、宠物等专业,于2008~2009年陆续出版。

该套教材的建设贯彻了以职业岗位能力培养为中心,以素质教育、创新教育为基础的教育理念,理论知识"必需"、"够用"和"管用",以常规技术为基础,关键技术为重点,先进技术为导向。此套教材汇集众多农林牧渔类高职高专院校教师的教学经验和教改成果,又得到了相关行业企业专家的指导和积极参与,相信它的出版不仅能较好地满足高职高专农林牧渔类专业的教学需求,而且对促进高职高专专业建设、课程建设与改革、提高教学质量也将起到积极的推动作用。希望有关教师和行业企业技术人员积极关注并参与教材建设。毕竟,为高职高专农林牧渔类专业教育教学服务,共同开发、建设出一套优质教材是我们共同的责任和义务。

介晓磊
2008 年 10 月

前　言

随着社会对人才的需求，对高职高专教育提出了新的要求，高职高专的教学内容和教学体系改革势在必行。基础化学作为农林类高职高专学生的一门必修基础课程，迫切需要与之相适应的配套教材。本书编者们根据高职高专教育的特点，充分考虑到高职高专学生的实际情况，结合多年的教学经验，以教学基本要求为依据，从培养高素质技能型专门人才的目标出发，本着基础理论、基本知识以"必需"、"够用"为度的原则来组织教材的内容和结构。

本教材的编写，注重突出了以下几方面。

1. 将无机化学、有机化学、分析化学、实验化学整合为三个模块，使全书整体结构和框架更加合理，突出农林院校化学课程特色。

2. 在总结多年教学实践的基础上确定内容，精简繁琐的计算推导，删除过深的化学理论阐述，使教学内容更符合实际需求。

3. 内容深广度适中，注重基本理论、基本知识和基本实训技能的教学，力求重点突出、概念准确、语言简练、深入浅出，方便学生学习。

4. 无机化学和分析化学模块将四大化学平衡与定量化学分析中的四大滴定有机结合在一起，突出了对各种基本化学分析方法的实际应用，增加了无机物与植物营养。有机化学模块按照官能团的顺序介绍了烃及其衍生物和糖类、脂类、蛋白质及有机物与植物营养等内容。

5. 实验实训部分将各类实验内容具体细化，精心选编了 11 个实验实训。为了使实验实训的内容与教学内容更加吻合，突出重点，把相关实训内容编写在本章的最后，做到同理论教学内容紧密地结合。

6. 本教材的编写结构包括学习目标、本章小结、思考练习、实验实训等，便于学生复习、巩固和提高，也便于学生知识面的拓宽。

本书共计 12 章，各校可根据具体情况作适当取舍。可根据专业的需要对教学内容进行适当调整。

本教材由关小变、张桂臣任主编，黄晓梅、杜雨静任副主编。张桂臣编写绪论和第六章的实验实训；黄晓梅编写第一章和第二章；殷慧编写第三章和第十章的实验实训；杜雨静编写第四章和五章；关小变编写第六章；王彩荣编写第七章和十一章；李海云编写第八章；张曰秋编写第九章和第十章；范秀丽编写第十二章。

在本书的编写过程中得到了编者所在学校领导和教研室同仁的热情支持与大力帮助,在此表示衷心的感谢。

本教材在体现高职高专教育特色方面做了一定尝试,但由于高职高专教育正处于探索和发展阶段,加之编者水平所限,书中不妥之处恳请同行和读者批评指正,以便再版时改正。

编　者

2009 年 5 月

目 录

绪论 ·· 1
    一、化学在社会发展中的作用和地位 ·· 1
    二、化学发展简史 ··· 1
    三、21 世纪化学展望 ·· 3

模块一 无机化学基础

第一章 溶液 ··· 6
  第一节 溶液浓度 ·· 6
    一、物质的量浓度 ··· 6
    二、质量分数 ·· 8
    三、质量摩尔浓度 ··· 8
    四、体积分数 ·· 9
    五、质量浓度 ·· 9
    六、摩尔分数 ·· 9
    七、溶液浓度之间的换算 ··· 10
  第二节 稀溶液的依数性 ··· 11
    一、溶液的蒸气压下降和拉乌尔定律 ·· 11
    二、溶液的沸点升高 ·· 11
    三、溶液的凝固点下降 ·· 12
    四、溶液的渗透压 ·· 12
  第三节 胶体溶液 ·· 14
    一、溶胶中固体表面的吸附作用 ·· 15
    二、溶胶颗粒的结构 ·· 15
    三、溶胶的性质 ·· 16
    四、溶胶的稳定和凝聚 ·· 17
  本章小结 ··· 18
  思考与练习 ··· 20
  实验实训 容量仪器的使用与波尔多液的配制 ······································ 20

第二章 电解质溶液 ··· 24
  第一节 弱电解质的解离平衡 ··· 24
    一、强电解质和弱电解质 ··· 24
    二、弱电解质的解离平衡 ··· 25
  第二节 溶液的 pH 值及计算 ··· 28
    一、酸碱质子理论 ·· 28

二、水的解离和溶液的 pH 值 ········· 29
　第三节　缓冲溶液 ········· 32
　　一、缓冲溶液的组成 ········· 33
　　二、缓冲溶液的作用原理 ········· 33
　　三、缓冲溶液 pH 值的计算 ········· 33
　　四、缓冲溶液的能力限度 ········· 34
　　五、缓冲溶液的配制 ········· 34
　　六、缓冲溶液的应用 ········· 35
　本章小结 ········· 35
　思考与练习 ········· 37
　实验实训　缓冲溶液的配制及 pH 值的测定 ········· 37
第三章　无机物与植物营养 ········· 40
　第一节　非矿质营养元素 ········· 40
　　一、水 ········· 40
　　二、二氧化碳 ········· 40
　　三、氧气 ········· 41
　第二节　矿质营养元素 ········· 41
　　一、氮、磷、钾 ········· 41
　　二、钙、镁、硫 ········· 42
　　三、微量营养元素 ········· 43
　本章小结 ········· 44
　思考与练习 ········· 45

模块二　有机化学基础

第四章　有机化学概论 ········· 48
　第一节　烃 ········· 48
　　一、烷烃 ········· 48
　　二、烯烃 ········· 51
　　三、炔烃 ········· 53
　　四、芳香烃 ········· 53
　第二节　烃的衍生物 ········· 55
　　一、溴乙烷 ········· 55
　　二、乙醇 ········· 55
　　三、苯酚 ········· 57
　　四、乙醛和丙酮 ········· 58
　　五、乙酸 ········· 60
　　六、乙酸乙酯 ········· 60
　本章小结 ········· 61
　思考与练习 ········· 62
第五章　有机物与植物营养 ········· 64
　第一节　糖类 ········· 64

  一、糖的组成和分类 ··· 64
  二、单糖 ·· 65
  三、二糖 ·· 68
  四、多糖 ·· 69
 第二节 氨基酸、蛋白质和核酸 ··· 71
  一、氨基酸 ·· 71
  二、蛋白质 ·· 74
  三、核酸 ·· 78
 第三节 酶 ·· 82
  一、酶的概述 ··· 82
  二、酶的化学本质 ··· 82
  三、酶的分类 ··· 82
  四、酶的性质 ··· 83
  五、酶的应用 ··· 83
 本章小结 ·· 84
 思考与练习 ·· 85

模块三 分析化学基础

第六章 分析化学概论 ··· 88
 第一节 分析化学概述 ··· 88
  一、分析化学的任务和作用 ··· 88
  二、分析方法的分类 ··· 88
  三、分析化学的发展趋势 ·· 89
 第二节 定量分析的基本知识 ··· 89
  一、定量分析的方法 ··· 89
  二、定量分析误差 ··· 90
  三、有效数字和计算规则 ·· 92
 第三节 滴定分析 ·· 94
  一、滴定分析的基本术语和特点 ·· 94
  二、滴定方法及滴定方式 ·· 95
  三、基准物质和标准溶液 ·· 96
  四、滴定分析中的计算 ·· 96
 本章小结 ·· 98
 思考与练习 ·· 98
 实验实训一 分析天平称量练习 ··· 99
 实验实训二 几种标准溶液的配制与标定 ··· 101

第七章 物质的定量分析过程 ·· 106
 第一节 试样的采取与制备方法 ·· 106
  一、气体和液体试样的采取 ··· 106
  二、固体试样的采取与制备 ··· 106
 第二节 试样的分解方法 ·· 108

  一、溶解分解法 …… 108
  二、熔融分解法 …… 109
 第三节 干扰组分的分离和测定方法的选择 …… 110
  一、干扰组分的分离 …… 110
  二、测定方法的选择 …… 110
 第四节 应用分析示例——硅酸盐的分析 …… 111
  一、试样的分解 …… 111
  二、SiO_2 的测定重量分析法 …… 111
  三、Fe_2O_3、Al_2O_3、TiO_2 的测定 …… 112
  四、CaO、MgO 的测定 …… 112
 本章小结 …… 112
 思考与练习 …… 113

第八章 酸碱滴定法 …… 114
 第一节 概述 …… 114
  一、酸碱质子理论 …… 114
  二、酸碱指示剂 …… 115
 第二节 酸碱滴定的基本原理 …… 117
  一、酸碱滴定法 …… 117
  二、酸碱滴定曲线与指示剂的选择 …… 118
 第三节 酸碱滴定法的应用 …… 123
  一、食醋中总酸度的测定 …… 123
  二、含氮量的测定 …… 124
  三、氟硅酸钾法测定 SiO_2 含量 …… 124
 本章小结 …… 125
 思考与练习 …… 125
 实验实训一 果蔬中总酸的测定 …… 126
 实验实训二 碳酸钠和碳酸氢钠混合物的测定（双指示剂法） …… 127

第九章 配位滴定法 …… 130
 第一节 配位滴定法概述 …… 130
  一、配合物的基本概念 …… 130
  二、氨羧配位剂 …… 132
  三、EDTA 的性质及其配合物的特点 …… 132
  四、配位平衡 …… 133
 第二节 配位滴定的基本原理 …… 135
  一、配位滴定曲线 …… 135
  二、单一金属离子被准确滴定的条件 …… 136
  三、金属指示剂 …… 137
 第三节 配位滴定法的应用 …… 139
  一、EDTA 标准溶液的配制和标定 …… 139
  二、应用示例 …… 139

本章小结 ·· 141
　　思考与练习 ·· 141
　　实验实训　自来水总硬度的测定 ·· 142

第十章　氧化还原滴定法 ·· 144
第一节　氧化还原滴定法概述 ·· 144
　　一、氧化还原电对 ·· 144
　　二、电极电位 ·· 145
　　三、氧化还原反应进行的程度 ·· 146
第二节　氧化还原滴定的基本原理 ·· 147
　　一、氧化还原滴定曲线 ·· 147
　　二、氧化还原滴定中的指示剂 ·· 147
第三节　氧化还原滴定法的应用 ·· 149
　　一、高锰酸钾法 ·· 149
　　二、重铬酸钾法 ·· 151
　　三、碘量法 ·· 152
　　本章小结 ·· 155
　　思考与练习 ·· 155
　　实验实训一　过氧化氢含量的测定 ·· 156
　　实验实训二　重铬酸钾法测定铁的含量 ······································ 157

第十一章　沉淀滴定法 ·· 160
第一节　概述 ·· 160
　　一、溶度积常数及溶度积规则 ·· 160
　　二、沉淀滴定法概述 ·· 161
第二节　沉淀滴定的原理 ··· 161
　　一、莫尔法 ·· 162
　　二、佛尔哈德法 ·· 163
　　三、法扬斯法 ·· 164
第三节　沉淀滴定法的应用 ·· 165
　　一、可溶性氯化物中氯的测定 ·· 165
　　二、银合金中银的测定 ·· 165
　　三、有机卤化物中卤素含量的测定 ·· 165
　　本章小结 ·· 165
　　思考与练习 ·· 166
　　实验实训　氯化物中氯含量的测定 ·· 166

第十二章　分光光度法 ·· 169
第一节　概述 ·· 169
　　一、分光光度法的特点 ·· 169
　　二、分光光度法的基本原理 ··· 170
第二节　分光光度法的应用 ·· 172
　　一、分光光度法分析方法和仪器 ··· 172
　　二、分光光度法应用实例 ·· 176
　　本章小结 ·· 177
　　思考与练习 ·· 178

实验实训　可见光分光光度计的使用 ·· 179
附录一　弱酸和弱碱的解离常数 ·· 182
附录二　常用缓冲溶液的配制及 pH 值范围 ··· 183
附录三　部分配离子的稳定常数 ·· 184
附录四　难溶化合物的溶度积常数（18℃）··· 185
附录五　标准电极电位（$\varphi^{\ominus}$）及一些氧化还原电对的条件电极电位（$\varphi^{\ominus\prime}$）············ 187
附录六　国际相对原子质量表 ··· 189
参考文献 ··· 190

绪 论

化学是一门基础科学，是研究物质的组成、结构、性质及其变化规律的科学。人类生活的各个方面，社会发展的各种需要都与化学息息相关，可以说人们生活在化学的世界里。

一、化学在社会发展中的作用和地位

化学是一门古老的学科，随着人类社会的进步，现代科学技术的发展，化学变得愈来愈重要，已经成为人类生存不可缺少的一门科学。从人们的衣、食、住、行来看，色泽鲜艳的衣服需要经过处理和印染，丰富多彩的合成纤维更是化学的一大贡献；要装满粮袋子、丰富菜篮子，关键之一是发展化肥和农药的生产；加工制造色、香、味俱佳的食品，离不开各种食品添加剂，它们大多是用化学合成方法合成的或用化学分离方法从天然产物中提取出来的；现代建筑所用的水泥、石灰、油漆、玻璃和塑料都是化工产品；用以代步的各种现代交通工具，不仅需要汽油、柴油作为动力，还需要各种汽油添加剂、防冻剂，以及机械部分的润滑剂，这些无一不是石油化工产品。此外，人们需要的药品、洗涤剂、美容品和化妆品等日常生活必不可少的用品也都是化学制剂。再有，导弹的生产、人造卫星的发射都需要很多具有特殊性能的化学品，如高能燃料、高能电池、光敏胶片，以及耐高温、耐辐射材料的生产都离不开化学。

总之，化学与国家经济各个部门、尖端科学技术各个领域以及人民生活各个方面都有着密切联系。原美国化学会主席 R. Breslow 在 1997 年美国化学会出版的《化学的今天和明天——一门中心的、实用的和创造性的科学》一书中，对化学有一段形象描述："从早晨开始，我们在用化学品建造的住宅和公寓中醒来，家具是部分用化学工业生产的现代材料制作的，我们使用化学家们设计的肥皂和牙膏并穿上由合成纤维和合成染料制成的衣着，即使天然的纤维（羊毛和棉花）也是经化学品处理过并染色的，这样可以改进它们的性能。为了保护起见，我们的食品被包装起来和冷藏起来，并且这些食品或是用肥料、除草剂和农药使之成长；或是家畜类需用兽医药来防病；或是维生素类可以加到食品中或制成片剂后口服；甚至我们购买的天然食品，诸如牛奶，也必须经过化学检验来保证纯度。我们的交通工具——汽车、火车、飞机等在很大程度上是要依靠化学加工业的产品；晨报是印刷在经化学方法制成的纸上，所用的油墨是由化学家们制造的；用于说明事物的照片要用化学家们制造的底片；在我们生活中的所有金属，化学油漆还能保护它们；化妆品是由化学家制造和检验过的；执法和国防上用的武器要依靠化学。事实上，使用的新产品中很难找出哪种不是依靠化学和在化学家们的帮助下制造出来的。"

因此，化学已渗透到了国民经济的各个领域，它是一门重要的基础科学，也是一门应用性很强的科学，是现代科学的一个重要分支。化学教育的普及是社会发展的需要，也是提高公民文化素质的需要。

二、化学发展简史

早在 170 万年前，原始人类从用火开始，由野蛮进入文明，同时也就开始了用化学方法认识和改造天然物质。火——燃烧就是一种化学现象。掌握了火以后，人类开始吃熟食；逐步学会了制作和使用陶器，掌握了各种冶炼技术，发明了火药，懂得了酿造、染色、制药等。这些由天然物质加工改造而成的制品，都是我国古代文明的标志，都在世界化学发展史上留下了光辉的篇章。

自从有了人类，化学便与人类结下了不解之缘。钻木取火，用火烧煮食物、烧制陶器、冶炼青铜器和铁器，都是化学技术的应用。正是这些应用，极大地促进了当时社会生产力的发展，成为人类进步的标志。

今天，化学作为一门基础学科，在科学技术和社会生活的方方面面正起着越来越大的作用。那么，从古至今，伴随着人类社会的进步，化学历史的发展经历了哪些时期呢？

远古的工艺化学时期。这时人类的制陶、冶金、酿酒、染色等工艺，主要是在实践经验的直接启发下经过多少万年摸索而来的，化学知识还没有形成。这是化学的萌芽时期。

炼丹术和医药化学时期。从公元前1500年到公元1650年，炼丹术士和炼金术士们，在皇宫、在教堂、在自己的家里、在深山老林的烟熏火燎中，为求得长生不老的仙丹，为求得荣华富贵的黄金，开始了最早的化学实验。记载、总结炼丹术的书籍，在中国、阿拉伯、埃及、希腊都有不少。这一时期积累了许多物质间的化学变化，为化学的进一步发展准备了丰富的素材。这是化学史上令我们惊叹的雄浑的一幕。后来，炼丹术、炼金术几经盛衰，使人们更多地看到了它荒唐的一面。化学方法转而在医药和冶金方面得到了正当发挥。在欧洲文艺复兴时期，出版了一些有关化学的书籍，第一次有了"化学"这个名词。英语的chemistry起源于alchemy，即炼金术。chemist至今还保留着两个相关的含义：化学家和药剂师。这些可以说是化学脱胎于炼金术和制药业的文化遗迹了。

燃素化学时期。从1650年到1775年，随着冶金工业和实验室经验的积累，人们总结感性知识，认为可燃物能够燃烧是因为它含有燃素，燃烧的过程是可燃物中燃素放出的过程，可燃物放出燃素后成为灰烬。

定量化学时期，既近代化学时期。1775年前后，拉瓦锡用定量化学实验阐述了燃烧的氧化学说，开创了定量化学时期。这一时期建立了不少化学基本定律，提出了原子学说，发现了元素周期律，发展了有机结构理论。所有这一切都为现代化学的发展奠定了坚实的基础。

科学相互渗透时期，既现代化学时期。进入20世纪，由于受到其他自然学科和社会生产迅速发展的影响，化学学科广泛应用当代科学的理论、技术和方法，在认识物质的组成、结构、合成和测试等方面都有了长足的进步，产生了诸多新的分支学科。20世纪是化学发展的黄金时期，电子、X射线与放射性的发现和量子论的引入，为结构化学提供了新的思维理论和分析手段；各种分析食品的发展和完善，使分析的灵敏度从常量到微量，精确、直接、简便和易于调整，反映出分析技术的现代化水平；合成各种物质是化学研究的主要目的之一，人造水晶、金刚石及超导材料的合成，为各种所需的超纯物质、新型材料和特殊化合物合成提供了发展空间，胰岛素、活性蛋白质、血红素和核酸的合成，为有机化学、高分子化学、生命物质的合成和探索生命科学提供了发展方向。

新中国成立后，优越的社会主义制度解放了社会生产力，为我国科学技术事业的发展创造了良好的条件。原油生产由贫油国跃为世界第五大产油国，原油加工能力为世界第四位；水泥、化肥、平板玻璃、合成氨、电石、染料、纯碱、农药、化纤等产品的产量位居世界前列。我国率先合成了具有生物活性的蛋白质——结晶牛胰岛素和酵母丙氨酸转移核糖酸，并完成了猪胰岛素晶体结构的测定，在人类揭开生命奥秘的历程中向前迈进了一大步。2000年，我国科学家加入了国际人类基因组计划，为在21世纪完全能将10万条基因分离，搞清其结构与功能，为人类彻底认识生命本质、开展基因治疗、攻克癌症做出我们应有的贡献。

三、21世纪化学展望

未来化学在人类生存以及生存质量和安全方面将以新的思路、观念和方式发挥核心科学的作用。应该说，20世纪的化学科学在保证人们衣食住行需求、提高人民生活水平和健康状态等方面起了重大作用。

化学研究可以从三个方面对保证生存质量的提高做出贡献。

① 通过研究各种物质和能的生物效应（正面的和负面的）的化学基础，特别是搞清楚两面性的本质，找出最佳利用条件。

② 研究开发对环境无害的化学品和生活用品，研究对环境无害的生产方式，这两方面是绿色化学的两个主要内容。

③ 研究大环境和小环境（如室内环境）中不利因素的产生、转化和与人体的相互作用，提出优化环境、建立洁净生活空间的途径。

食物问题是涉及人类生存和生存质量的最大问题，既要增加食物产量以保证人类生存，又要保证质量以保证人类安全；还要保护耕地草原，改善农牧业生态环境，以保持农牧业可持续发展。生物学将在提供优良物种、提供转基因生物等方面做出贡献。但是这一切必须得到化学的支撑。化学将在设计、合成功能分子和结构材料以及从分子层次阐明和控制生物过程（如光合作用、动植物生长）的机理等方面，为研究开发高效安全肥料、饲料、农药、农用材料（如生物可降解的农用薄膜）、环境友好的生物肥料、生物农药等打下基础。

再进一步看，未来的食品将不只满足人类生存的需要，还要在提高人类生存质量、提高健康水平和身体素质等方面起作用。因此，将从仅仅维持生命到加强营养，并将进一步要求能发挥预防疾病的作用。除确定可食性动植物和其营养价值外，用化学方法研究有预防性药理作用的成分，包括无营养价值但有活性的成分，显然是重要的。利用化学和生物学的方法增加动植物食品的防病有效成分，提供安全有疾病预防作用的食物和食物添加剂（特别是抗氧化剂），改进食品储存加工方法，以减少不安全因素，保持有益成分等，都是化学研究的重要内容。

各种结构材料和功能材料与粮食一样永远是人类赖以生存和发展的物质基础。人类在满足衣食住行基本需求之后，为提高生存质量和安全以及可持续发展，不断提出开发新材料的要求。新功能材料研究已经是物质科学研究重点，未来会进一步发展扩大。化学是新材料的"源泉"。任何功能材料都是以功能分子为基础的。

健康是重要的生存质量的标志。维持健康状态靠预防和治疗两方面，以预防为主。预防疾病将是21世纪医学发展的中心任务，首先是肿瘤、心血管病和脑神经退行性病变等一系列疾病，将可在相当程度上预防。化学可以从分子水平了解病理过程，提出预警生物标志物的检测方法，并建议预防途径。目前，已经有人研究癌症预防性治疗。

化学学科已走出纯化学，进入大科学范畴，与此同时大科学也正召唤着化学。从生命科学、材料科学、环境科学、能源科学及至信息科学都对化学提出了诸多挑战，要求化学有新的发展，去解决现今面临的诸如复杂体系、极端条件、微观和非平衡态等新问题。现在及今后的一段时期，化学发展的主要方向可以归纳为三个方面。

一是更加深入地研究化学反应理论，经过电子计算机的运算，设计出具有指定结构和性能的化合物，如催化剂、高分子等复杂材料，达到人们向往已久的分子工程水平。

二是化学与生物学相互渗透进入一个高潮阶段，光合作用、酶的化学模拟及生物膜的模拟将有重大进展,人工合成新的生命将成为可能。

三是太阳能的化学利用以及一些新概念、新技术的采用,有可能使催化过程和化工分离出现一些革命性的突破,这些突破将会改变人们的生活方式并给人们带来幸福。

相信未来的化学世界必将会是一个更加繁荣昌盛的世界,呈现出百花齐放、生机盎然的景象。

模块一

无机化学基础

第一章 溶　液

学习目标
1. 熟练掌握各种溶液的浓度表示及相关计算。
2. 熟悉稀溶液的依数性、有关计算及应用。
3. 了解胶体的结构和性质。
4. 了解弱电解质的电离平衡，熟悉缓冲溶液的组成和配制。
5. 掌握溶液 pH 的相关计算。

溶液是自然界中常见的混合物之一，在日常生活、生产和科学实验中是最主要的存在形式。植物体内的细胞液、动物的血液均为溶液，动植物的营养吸收是以溶液形式完成的，施用农药时应配制成一定浓度的溶液才能被农作物有效吸收。

第一节　溶液浓度

溶液是指一种或一种以上的物质以分子、原子或离子状态分散于另一种物质中所构成的均匀而又稳定的体系。溶液一般有液相（如食盐水）、固相（如金属合金）、气相（如空气），但通常所指的溶液是液相溶液，溶液中被溶解的物质称为溶质，能溶解溶质的物质称为溶剂。水是最常用的溶剂，如果没有特别说明，通常所说的溶液均为水溶液。溶液的性质与溶液中溶质和溶剂的相对含量有关，即与溶液的浓度有关。

溶液的浓度是指一定量的溶液或溶剂中所含溶质的量。它有不同的方式表示，最常用的有物质的量浓度、质量分数、质量摩尔浓度、摩尔分数等方法。

一、物质的量浓度

1. 物质的量及其单位

物质之间发生的化学反应，是肉眼看不见的、难以称量的原子、分子、离子等微观粒子按一定的数目关系进行的，也是可称量的物质之间按一定的质量关系进行的。那么，如何把反应中的粒子与可称量的物质联系起来呢？科学上采用"物质的量"这个物理量，把一定数目的原子、分子、离子等微观粒子与可称量的物质联系起来。物质的量是国际单位制中 7 个基本量之一，是用来表示分子、原子、离子、电子等粒子数目多少的物理量，符号为 n，其单位是摩尔，摩尔的符号为 mol。摩尔是表示一定数目的粒子集体的单位，1mol 任何微观粒子的粒子数与 0.012 kg ^{12}C 含有的碳原子数相等。1mol ^{12}C 中所含的碳原子数，称为阿佛加德罗常数，用 N_A 表示，其数值约为 $6.02×10^{23}$。

摩尔是表示物质的量的单位，某物质如果含阿佛加德罗常数个粒子，它的物质的量就是 1mol。

例如，1molC 约含 $6.02×10^{23}$ 个碳原子；

1molCu 约含 $6.02×10^{23}$ 个铜原子；

1molCO_2 约含 $6.02×10^{23}$ 个二氧化碳分子，约含 $1.204×10^{24}$ 个 O 原子；

1molH$^+$ 约含 $6.02×10^{23}$ 个氢离子；

1molNaCl 约含 $6.02×10^{23}$ 个钠离子和 $6.02×10^{23}$ 个氯离子。

物质的量、阿佛加德罗常数与粒子数（符号为 N）之间的关系为 $n=N/N_A$

使用摩尔表示物质的量时，应该用分子式或化学式或粒子名称指明粒子的种类。例如，1mol Cl$_2$、2mol N、0.5mol Na$^+$、0.1mol H$^+$ 等。除了用小数、整数表示物质的量数目，也可以用分数来表示，如 $\frac{1}{3}$mol Al^{3+} 等。

2. 摩尔质量

摩尔质量就是 1mol 某物质的质量，符号为 M，单位是 g/mol。例如，1mol ^{12}C 的质量是 0.012kg，则它的摩尔质量就是 12g/mol。通过计算可以得出，任何原子的摩尔质量就是以 g/mol 为单位，数值上等于该原子的相对原子质量。例如，H 的摩尔质量 1g/mol，Mg 的摩尔质量 24g/mol。同理，任何分子的摩尔质量就是以 g/mol 为单位，数值上等于该分子的相对分子质量。例如，H$_2$ 的摩尔质量是 2g/mol，CO$_2$ 的摩尔质量是 44g/mol，H$_2$O 的摩尔质量是 18g/mol。

同理，由于电子的质量过于微小，离子失去或得到的电子的质量可以忽略不计，因此，离子的摩尔质量就是以 g/mol 为单位时，数值上等于组成该离子的各原子相对质量之和。

例如，Na$^+$ 的摩尔质量 23g/mol；SO$_4^{2-}$ 的摩尔质量是 96g/mol。

物质的量（n）、物质的质量（m）和物质的摩尔质量（M）之间的关系：

$$n=\frac{m}{M} \tag{1-1}$$

3. 物质的量浓度的定义与计算

溶液中溶质 B 的物质的量除以溶液的体积 V，称为溶质 B 的物质的量浓度，简称浓度。以 c_B 表示，单位为 mol/L 或 mol/m^3。

$$c_B=\frac{n_B}{V} \tag{1-2}$$

其中
$$n_B=\frac{m_B}{M} \tag{1-3}$$

式中，n_B 为物质 B 的物质的量，mol；m_B 为物质 B 的质量，g；M 为物质 B 的摩尔质量，g/mol。

由于溶液的体积随温度变化而改变，所以 c_B 也随温度的变化而改变。

【例 1-1】 配制 0.5mol/L 的 NaOH 溶液 200mL，需要 NaOH 多少克？已知 M(NaOH)=40g/mol。

解：
$$V=200\text{mL}=0.2\text{L}$$
$$m=McV=40×0.5×0.2=4 \text{（g）}$$

【例 1-2】 500mL 稀硫酸里溶有 4.9g H$_2$SO$_4$，计算该溶液的物质的量浓度。

解： H$_2$SO$_4$ 的相对分子质量是 98，摩尔质量是 98g/mol，$V=500$mL$=0.5$L

$$n(\text{H}_2\text{SO}_4)=\frac{m_{\text{H}_2\text{SO}_4}}{M_{\text{H}_2\text{SO}_4}}=\frac{4.9}{98}=0.05 \text{（mol）}$$

$$c(\text{H}_2\text{SO}_4)=\frac{n_{\text{H}_2\text{SO}_4}}{V_{\text{H}_2\text{SO}_4}}=\frac{0.05}{0.5}=0.1 \text{（mol/L）}$$

4. 一定物质的量浓度溶液的配制

（1）依据　根据溶液稀释前后溶质的质量或物质的量保持不变的原则。

(2) 步骤

① 计算：根据所需配制溶液的浓度和体积或质量计算出所需固体溶质的质量或含有溶质的浓溶液的体积；

② 称或量：称取所需质量的溶质或量取相应体积的浓溶液于烧杯中；

③ 溶解：往烧杯中加入适量的蒸馏水将固体溶质加以溶解或含溶质的浓溶液加以稀释；

④ 转移：待烧杯中已经溶解或稀释好的溶液温度恢复至室温时，将其转移至所需体积的容量瓶中；

⑤ 洗涤：用少量蒸馏水洗涤烧杯和玻璃棒，再将洗涤液转移至容量瓶中，重复操作3～4次后，轻轻摇荡容量瓶，将瓶内溶液初步摇匀；

⑥ 定容：往容量瓶中滴加蒸馏水恰好至刻度后，盖上瓶塞，摇匀溶液即可。

配制好的溶液应尽快转移到干净、干燥的试剂瓶中，贴上标签，放置备用。

二、质量分数

溶质（B）的质量与溶液的质量之比称为该溶液的质量分数，用符号 w_B 表示。

$$w_B = \frac{m_B}{m} \tag{1-4}$$

式中，m_B 为物质 B 的质量，g；m 为溶液的质量，g。

质量分数不随溶液温度的变化而变化。

质量分数还可以用溶质（B）质量占全部溶液质量的百分比来表示，此即以前所谓的百分比浓度，现国家标准已禁止使用，但行业中还常采用。

$$w_B = \frac{m_B}{m} \times 100\% \tag{1-5}$$

例如：100g 氢氧化钠溶液中含有 20gNaOH，其浓度可表示为 $w(NaOH)=20\%$ 或 $w(NaOH)=0.20$。

常用的还有 ppm 和 ppb 浓度。此种浓度表示方式国家标准已禁止使用，但在行业习惯中仍使用。

ppm 浓度是指用溶质质量占全部溶液质量的百万分比来表示的浓度。ppm 浓度也叫百万分比浓度（10^{-6}）。ppm 是由英文名称（part per million）中各第一个字母组成的。

其中：1ppm=1mg/kg=1mg/L

即：1ppm=1000μg/L 1ppb=1μg/L=0.001mg/L

在农药的使用过程中，往往所需的溶液浓度极稀，用百分比浓度表示既不方便，又容易发生错误。例如，某农药溶液的浓度是 0.0005%，改用 ppm 表示就是 5ppm。换算方法是

$$0.0005\% \times 1000000 = \frac{0.0005}{100} \times 1000000 = 5 \text{（ppm）}$$

ppm 浓度常用于微量分析、农药稀释、环境化学中。

ppb 浓度是 10^{-9} 浓度，英文名称是 part per billion。ppt 浓度是 10^{-12} 浓度，英文名称是 part per trillion。上述两种浓度常用来表示超纯物质中杂质含量，或有机体及环境分析中痕量物质的浓度。

三、质量摩尔浓度

溶液中溶质 B 的物质的量除以溶剂 A 的质量，称为溶质 B 的质量摩尔浓度，以 b_B 表示，单位为 mol/kg。

$$b_B = \frac{n_B}{m_A} \tag{1-6}$$

例如：$b_{HCl}=1.0\text{mol/kg}$，表示 1kg 水中含 1.0mol 的 HCl。

质量摩尔浓度不随温度的变化而变化。

对于很稀的溶液，溶液密度约为 1g/mL，1mol/kg≈1mol/L，即 $b_B≈c_B$。

四、体积分数

在相同的温度和压强下，某一组分 B 的体积与混合物总体积之比，称为组分 B 的体积分数，用符号 φ_B 表示。

$$\varphi_B = \frac{V_B}{V_总} \tag{1-7}$$

两种液体相混合成溶液时，假若不考虑体积变化，某一组分的浓度也可用体积分数表示。用体积分数表示溶液浓度，配制方法简单，使用方便，是常用的方法。

例如，消毒用的医用酒精浓度为 75%，是体积分数，即 100mL 溶液中含 75mL 纯酒精。

五、质量浓度

物质 B 的质量 m_B 与溶液的体积 V 之比称为物质 B 的质量（体积）浓度，以 ρ_B 表示。即

$$\rho_B = \frac{m_B}{V} \tag{1-8}$$

配制溶质为固体的溶液时，有时为表达方便，也用质量浓度表示。

例如，生理盐水的浓度为 0.9%，是指每 100mL 溶液中含 0.9g 氯化钠。

六、摩尔分数

溶液中某一组分 B 物质的量（n_B）占全部溶液的物质的量（n）的分数，称为组分 B 的摩尔分数。用"x_B"表示，其量纲为 1。

$$x_B = \frac{n_B}{n} \tag{1-9}$$

若溶液由 A 和 B 两种组分组成，溶质物质的量为 n_B，溶剂物质的量为 n_A，则

$$x_A = \frac{n_A}{n_A + n_B} \tag{1-10}$$

$$x_B = \frac{n_B}{n_A + n_B} \tag{1-11}$$

显然，溶液各组分物质的摩尔分数之和等于 1，即

$$x_A + x_B = 1$$

【例 1-3】 在 150mL 水中，溶解 9.0g 尿素 $[(NH_2)_2CO]$，溶液的密度为 1.0392g/mL，求尿素的物质的量浓度、质量摩尔浓度、摩尔分数各是多少？

解：（1）

$$V = \frac{m_B + m_A}{\rho} = \frac{9.0+150}{1.0392} = 153.0 \text{ (mL)}$$

根据式(1-1)、式(1-2)，得

$$n[(NH_2)_2CO] = \frac{m[(NH_2)_2CO]}{M[(NH_2)_2CO]} = \frac{9.0}{60.0} = 0.15(\text{mol})$$

$$c[(NH_2)_2CO] = \frac{n[(NH_2)_2CO]}{V} = \frac{0.15}{153.0 \times 10^{-3}} = 0.980(\text{mol/L})$$

（2）根据式（1-6），得

$$b[(NH_2)_2CO] = \frac{n[(NH_2)_2CO]}{m(H_2O)} = \frac{9.0}{60.0} = 0.15(\text{mol/kg})$$

(3) $n(H_2O) = \dfrac{m(H_2O)}{M(H_2O)} = \dfrac{150}{18.0} = 8.33 \text{(mol)}$

根据式(1-10)、式(1-11)得

$$x[(NH_2)_2CO] = \dfrac{n[(NH_2)_2CO]}{n[(NH_2)_2CO]+n(H_2O)} = \dfrac{0.15}{0.15+8.33} = 1.78\times10^{-2}$$

$$x(H_2O) = \dfrac{n(H_2O)}{n[(NH_2)_2CO]+n(H_2O)} = \dfrac{8.33}{0.15+8.33} = 0.982$$

七、溶液浓度之间的换算

在实际工作中，常常要将溶液的一种浓度换算成另一种形式的浓度表示，即进行相应的浓度换算。例如：实验室用的盐酸标识为37%，密度为1.19g/mL，但在配制稀溶液时用物质的量浓度比较方便。物质的量浓度与质量分数换算的桥梁是密度，以质量不变列等式。

$$\text{溶质（B）的质量} = \text{溶质的物质的量浓度} \times \text{溶液的体积} \times \text{摩尔质量}$$
$$= \text{溶液的体积} \times \text{溶液的密度} \times \text{质量分数}$$

即
$$m_B = c_B V_{液} M_B = 1000 V_{液} \rho_{液} w_B$$
$$c_B = 1000 \rho_{液} w_B / M$$

溶液稀释前后溶质的质量不变，只是溶剂的量改变了，因此根据溶质的质量不变原则列等式为 $c_1V_1 = c_2V_2$

式中 c_1、c_2 分别为稀释前、后溶液的浓度；V_1、V_2 分别为稀释前、后溶液的体积。

【例1-4】 下列溶液为实验室和工业常用的试剂，试计算它们的物质的量浓度。

(1) 盐酸：密度为1.19g/mL，质量分数为0.38。
(2) 硫酸：密度为1.84g/mL，质量分数为0.98。
(3) 硝酸：密度为1.42g/mL，质量分数为0.71。
(4) 氨水：密度为0.89g/mL，质量分数为0.30。

解：

(1) $c(HCl) = \dfrac{1000\rho w}{M} = \dfrac{1000\times1.19\times0.38}{36.5} = 12.4$ (mol/L)

(2) $c(H_2SO_4) = \dfrac{1000\rho w}{M} = \dfrac{1000\times1.84\times0.98}{98} = 18.4$ (mol/L)

(3) $c(HNO_3) = \dfrac{1000\rho w}{M} = \dfrac{1000\times1.42\times0.71}{63} = 16.0$ (mol/L)

(4) $c(NH_3) = \dfrac{1000\rho w}{M} = \dfrac{1000\times0.89\times0.30}{17} = 15.7$ (mol/L)

实验室常用溶液的密度及浓度见表1-1。

表1-1 实验室常用溶液的密度及浓度

试剂	密度/(g/mL)	质量分数/%	物质的量浓度/(mol/L)	试剂	密度/(g/mL)	质量分数/%	物质的量浓度/(mol/L)
H_2SO_4	1.73	80	14.1	HNO_3	1.50	96.0	22.9
H_2SO_4	1.81	90	16.6	HNO_3	1.51	99.0	23.7
H_2SO_4	1.84	98	18.4	H_3PO_4	1.70	85.0	14.7
HCl	1.18	36.0	11.6	CH_3COOH	1.05	99.8	17.5
HCl	1.19	37.0	12.0	CH_3COOH	1.06	60.0	10.6
HCl	1.19	38.0	12.4	$NH_3 \cdot H_2O$	0.89	30.0	15.7
HNO_3	1.42	71.0	16.0	NaOH	1.43	40.0	14.3

第二节 稀溶液的依数性

溶液的性质既不与溶质相同，也不与溶剂相同。溶液的性质有两类，一类是由溶质的本性决定的，如密度、颜色、导电性、酸碱性等；另一类是由溶液中溶质粒子数目的多少决定的。如溶液的蒸气压下降、溶液的沸点升高、溶液的凝固点下降和溶液的渗透压等。这些性质均与溶质粒子数目多少有关，而与溶质的本性几乎无关，由于这类性质的变化依赖于溶质的粒子数且又只适用于稀溶液，所以奥斯特瓦尔德（Ostwald）将这类性质称为稀溶液的"依数性"。讨论溶液的依数性必须具备两个条件：一是溶质为难挥发的非电解质；二是溶液必须是稀溶液，不考虑粒子间的相互作用。

一、溶液的蒸气压下降和拉乌尔定律

在一定温度下，将一纯液体放在密闭的容器中，由于分子的热运动，一部分能量较高的液体分子从液面逸出，扩散到空气中形成蒸气，这一过程称为蒸发；蒸气的分子也在不断地运动，其中一些分子可能又重新回到液体表面变成液态分子，这一过程称为凝聚。当蒸发速度与凝聚速度相等时，液体表面上的蒸气压不再发生变化，此时的蒸气压称为该温度下的饱和蒸气压，简称蒸气压。任何纯液体在一定温度下都有确定的蒸气压，且随温度的变化而改变，温度升高，蒸气压升高，反之，蒸气压下降。

在某一温度下，当纯溶剂中溶解一定量的难挥发的非电解质（如蔗糖溶于水，硫溶于二硫化碳中），经测定发现溶液的蒸气压下降了。溶质的加入一方面束缚了一部分能量较高的溶剂分子逸出，另一方面又占据了一部分溶剂的表面，减少了单位面积上的溶剂分子数，因此达到平衡时，溶液的蒸气压必然低于纯溶剂的蒸气压，且浓度越大，蒸气压下降越多。

1887 年，法国物理学家拉乌尔（F. M. Raoult）根据大量实验结果得出以下结论：在一定的温度下，难挥发的非电解质稀溶液的蒸气压下降值与溶质 B 的摩尔分数成正比。此规律称为 Raoult（拉乌尔）定律。即

$$\Delta p = p^* x_B = p^* \cdot \frac{n_B}{n_A + n_B}$$

当溶液很稀时：

$$n_A + n_B \approx n_A$$

$$\Delta p = p^* \cdot \frac{n_B}{n_A}$$

因

$$n_A = \frac{m_A}{M_A}$$

$$\Delta p = p^* \cdot \frac{n_B}{m_A} \cdot M_A = p^* b_B M_A$$

当温度一定时，p^* 和 M_A 为常数，可用 K 表示，则上式可为

$$\Delta p = K b_B$$

式中，Δp 为气压下降值，Pa；K 为蒸气压降低常数，Pa·kg/mol；b_B 为质量摩尔浓度，mol/kg。

二、溶液的沸点升高

液体的蒸气压随温度的升高而增大，当液体的蒸气压等于外界压强时的温度称为该溶液的沸点（boiling point），因此沸点与外界压强有关。高原地区由于空气稀薄，外界压强较

低,故水的沸点低于100℃。日常生产中常利用这个原理进行减压蒸馏来浓缩液体或干燥。

往溶液中加入难挥发的非电解质时,由于蒸气压的下降,只有升高温度,才能使溶液的蒸气压与外界压强相等。这样溶液的沸点要比纯溶剂的沸点高。因此海水的沸点比纯水的沸点高。

溶液沸点升高的根本原因是溶液的蒸气压下降,而蒸气压下降的程度仅与溶液的浓度有关,因此沸点升高的程度也只取决于溶液的浓度,而与溶质(B)的本性无关。实验证明,难挥发非电解质稀溶液的沸点上升值 ΔT_b 与溶液的质量摩尔浓度成正比,即

$$\Delta T_b = K_b b_B$$

式中,ΔT_b 为沸点上升值,K;K_b 为沸点升高常数,K·kg/mol;b_B 为质量摩尔浓度,mol/kg。

三、溶液的凝固点下降

溶剂的凝固点(freezing point)是指液态溶剂和固态溶剂平衡存在时的温度。例如水的凝固点为0℃,此时水的蒸气压和冰的蒸气压相等。溶液和固态溶剂平衡共存时的温度称为溶液的凝固点。溶液的凝固点要比纯溶剂的凝固点低。溶液的浓度越大,凝固点越低。

溶液的凝固点下降也是溶液蒸气压下降的结果,因此溶液的凝固点下降程度只与溶液浓度有关,而与溶质(B)性质无关。难挥发非电解质稀溶液的凝固点下降值与溶液的质量摩尔浓度成正比,即

$$\Delta T_f = K_f b_B$$

式中,ΔT_f 为凝固点下降值,K;K_f 为凝固点降低常数,K·kg/mol;b_B 为质量摩尔浓度,mol/kg。

对于沸点升高常数(K_b)与凝固点降低常数(K_f),两者的值取决于溶液的温度和溶剂的性质,与溶质的性质无关。常用溶剂的 K_b 和 K_f 值见表1-2。

表1-2 常用溶剂的 K_b 和 K_f

溶剂	沸点/℃	K_b/(K·kg/mol)	凝固点/℃	K_f/(K·kg/mol)	溶剂	沸点/℃	K_b/(K·kg/mol)	凝固点/℃	K_f/(K·kg/mol)
水	100	0.512	0	1.86	氯仿	61.2	3.85	−63.5	4.68
乙醇	78	1.22	−117.45	5.12	乙醚	—	2.02	—	—
苯	80.15	2.53	5.5	—	樟脑	208	5.95	178	40
乙酸	118.1	3.07	17	3.9	环乙烷	81	2.79	6.5	20.2
四氯化碳	76.55	5.03	−22.95	29.8	硝基苯	210.9	5.24	5.67	8.1

【例1-5】 将1.76g甘油溶于150g水中,试计算此溶液在常压下的凝固点和沸点。已知甘油的摩尔质量 M_G 为92.1g/mol。

解:$b = \dfrac{n}{m} = \dfrac{1.76/92.1}{150/1000} = 0.127$(mol/kg)

查表得水的 K_f = 1.86 K·kg/mol,K_b = 0.512 K·kg/mol,因而

$$\Delta T_f = K_f b = 1.86 \times 0.127 = 0.236 \text{(K)}$$
$$T_f = 273.15 - 0.236 = 272.91 \text{(K)}$$
$$\Delta T_b = K_b b = 0.512 \times 0.127 = 0.065 \text{(K)}$$
$$T_b = 373.15 + 0.065 = 373.22 \text{(K)}$$

四、溶液的渗透压

1. 渗透现象

在一杯蔗糖浓溶液的液面上加一层清水，一段时间后就可得到浓度均匀的蔗糖溶液，这是由于清水和蔗糖溶液直接接触时，水分子从上层进入下层，同时蔗糖分子从下层进入上层，直到浓度均匀为止。这个分子不断地运动和迁移的过程称为扩散。

如果在蔗糖溶液和纯水之间隔一层半透膜时，情况就不同了，如图 1-1 所示。半透膜是允许某些小分子物质（如水）通过而不允许大分子物质（如蔗糖）通过的多孔性薄膜，如动物的肠衣、膀胱膜、人工制得的羊皮纸等都是半透膜。

图 1-1　溶液的渗透压示意图

由于有半透膜的隔离，两边溶液中水分子可以自由进出半透膜，而蔗糖分子则无法通过半透膜。但因纯水中水分子数比同体积蔗糖溶液中多，因此单位时间内从纯水透过半透膜扩散到蔗糖溶液中的水分子数必然多于从蔗糖溶液透过半透膜扩散到纯水的水分子数，结果使蔗糖水溶液的液面升高。

这种溶剂分子通过半透膜进入溶液的自发过程称为渗透现象（也称渗透作用）。同样道理，用半透膜将两种不同浓度的溶液隔开时同样也会发生渗透现象。

2. 渗透压

如图 1-1 所示，一段时间以后，左侧液面下降，右侧液面升高，两侧液面也随之产生压力差，该压力使得右侧溶液中的水分子扩散速度加快，而左侧水分子扩散速度减慢，直到最后两侧水分子扩散速度相等，体系建立一个动态平衡，即达到渗透平衡。这种因维持被半透膜隔开的溶液和纯溶剂之间的渗透平衡所需施加于溶液的额外压力称为渗透压。也就是说，半透膜两边液面高度差所产生的压力即为该溶液的渗透压。

渗透压产生的根本原因是由于半透膜两边溶液浓度不同，蒸气压不同所引起的。溶液浓度越高，则渗透压越大，成为高渗溶液；溶液浓度越低，渗透压越小，成为低渗溶液；溶液浓度相等则渗透压相等，渗透压相等时的两种溶液称为等渗溶液。1886 年，荷兰物理学家范特霍夫（Vant' Hoff）根据大量实验结果总结出：当温度不变时，难挥发非电解质稀溶液的渗透压与该溶液的物质的量浓度成正比；当浓度不变时，渗透压与溶液热力学温度成正比。可用公式表示为

$$\pi = cRT$$

式中，π 为溶液的渗透压，kPa；R 为气体常数，大小为 8.314kPa·L/(mol·K)；c 为物质的量的浓度，mol/L；T 为热力学温度，单位为 K。

在一定温度下，难挥发非电解质稀溶液的渗透压只取决于单位体积溶液中所含溶质的物质的量（或粒子数），而与溶质的本性无关。

渗透作用在动植物体的新陈代谢中有很重要的意义，这是因为动植物体的细胞膜具有半透膜的性能。如植物的生长发育和土壤溶液的渗透压有关，当土壤溶液的浓度低于植物细胞液浓度时，植物就会不断从土壤中吸收水分和养分而正常生长；反之，则会造成植物细胞内的水分外渗而最终枯萎。施用化肥或喷洒农药时一般多用低渗溶液就是这个道理。动物和人

静脉输液时要用等渗溶液，淡水鱼不能生活在海水中等是因为血细胞内液与血浆是等渗的，如果将血细胞放入纯水或低渗液中，由于水渗入血细胞内，血细胞便逐渐膨胀，最后破裂，这种现象称为溶血现象。反之，将血细胞放入高渗液中，血细胞内的水就向外渗出，血细胞便逐渐萎缩，这种现象称为胞浆分离。

【例 1-6】 由实验测得人的血液的凝固点下降值为 0.56 K，求人体体温为 310.15 K 时的渗透压。

解： 查表得知 K_f 为 1.86 K·kg/mol，则由

$$\Delta T_f = K_f b$$

可得到

$$b = \frac{\Delta T_f}{K_f}$$

由于人体的血液浓度很低，因此可将血液的物质的量浓度 c_B 数值近似等于其质量摩尔浓度 b，则渗透压

$$\pi = cRT = bRT = \frac{\Delta T_f RT}{K_f} = \frac{0.56 \times 8.314 \times 310.15}{1.86} = 776.3 \text{ (kPa)}$$

【例 1-7】 有一核酸溶液，已知该溶液每升含有核酸 6.59g，在 20℃ 时，测得该溶液的渗透压为 0.723kPa。请计算此核酸的摩尔质量。

解： 根据公式 $\pi = cRT = \frac{nRT}{V_{液}} = \frac{mRT}{MV_{液}}$ 得

$$M = \frac{mRT}{\pi V_{液}} = \frac{6.59 \times 8.314 \times (20 + 273.15)}{0.723 \times 1} = 2.22 \times 10^4 \text{ (g/mol)}$$

第三节 胶体溶液

胶体溶液属于分散体系中的一种。分散体系指的是一种或几种物质分散在另一种物质中所形成的体系，其中被分散的物质称为分散质或分散相，起分散作用的连续介质称为分散剂或分散介质。分散质和分散剂的聚集状态不同，或分散质粒子的大小不同，其分散系的性质也不同。

根据分散质颗粒的大小不同，可以把分散系分为三类（见表 1-3）。

表 1-3 分散系按分散质粒子大小的分类

分散系类型		分散质粒子直径大小/nm	分散质粒子的组成	分散系的主要性质	实例
真溶液（低分子或离子分散系）		<1	小分子或离子	均相，稳定，分散质粒子扩散快，能透过滤纸和半透膜，形成真溶液	$NaCl$、$C_6H_{12}O_6$ 等水溶液
胶体分散系	溶胶	1~100	胶体颗粒（分子、离子、原子的聚集体）	多相，不稳定，分散质粒子扩散慢，能透过滤纸，不能透过半透膜	氢氧化铁、硫化砷、碘化银、硫等单质溶胶
	高分子溶液		高分子	均相，稳定，分散质粒子扩散慢，能透过滤纸，不能透过半透膜，形成溶液	血液、蛋白质、核酸等水溶液，橡胶的苯溶液
粗分散系（乳浊液、悬浮液）		>100	粗粒子（分子的大聚集体）	非均相，不稳定，扩散慢，分散质粒子不能透过滤纸和半透膜	乳汁、泥浆等

这节所讲的"胶体溶液"是指以固体物质分散在水中形成的溶胶。溶胶的粒子直径为

$1\sim100nm$，它含有百万或上亿个原子，是一类难溶的多分子聚集体。胶体溶液在工农业生产和科学研究上都有重要的作用，对于研究生命科学尤其重要，因为生物体中的溶液如血液等也属于胶体溶液。

一、溶胶中固体表面的吸附作用

由于溶胶中固态分散质的微粒很小，所以分散质有着巨大的总表面积，例如，每边长为 1cm 的立方体的表面积是 $6\times10^{-4}m^2$。当把这个立方体分割成每边长为 $10^{-7}\sim10^{-5}$cm 的小立方体，它的总表面积即成为 $60\sim6000m^2$，也就是原来的 $10\sim1000$ 万倍。溶胶中的固体胶粒正是由许多小分子组成，使得胶体粒子有着巨大的总表面积，另一方面由于胶体表面的粒子因受力不均而具有很强的表面能，所以胶体有较强的吸附能力。

1. 分子吸附

物质的分子自动聚集到界面上的过程称为吸附作用。具有吸附能力的物质称为吸附剂，被吸附的物质称为吸附质。如活性炭、硅胶等多孔性的固体物质都具有吸附能力。

分子吸附是指固体吸附剂在非电解质或弱电解质溶液中对分子的吸附，它主要与溶质、溶剂及吸附剂的性质有关。一般来说，分子吸附遵循"相似相吸"的规律，即极性的吸附剂易吸附极性的溶质或溶剂；非极性的吸附剂容易吸附非极性的溶质或溶剂。通常固体吸附剂在溶液中主要吸附与自身极性相差越小的物质，吸附剂和吸附质的极性相差越小，其吸附量越大。例如，活性炭能脱去水中的色素，却无法使苯溶液脱色，就是因为活性炭是非极性，水是强极性溶剂，色素的极性与活性炭相差较小，因此活性炭能将水溶液中的色素脱去；而苯是非极性溶剂，相对于色素来说，与活性炭的极性相差更小，所以活性炭主要吸附苯而不吸附色素。因此，不能用活性炭脱去非极性溶剂中的色素。

2. 离子吸附

离子吸附是指固体吸附剂在强电解质溶液中对溶质离子的吸附。离子吸附又分为离子选择吸附和离子交换吸附。

（1）离子选择吸附　吸附剂从电解质溶液中选择吸附其中某种离子，称为离子选择吸附。离子选择吸附的规律为：固体吸附剂优先吸附与其组成相似的离子。例如，用 $AgNO_3$ 和 KI 制备 AgI 溶胶，如果 $AgNO_3$ 过量，则 AgI 表面会选择吸附与 AgI 溶胶组成相似的 Ag^+，带正电荷，NO_3^- 则聚集在 AgI 表面附近的溶液中。如果 KI 过量，则 AgI 表面会选择吸附 I^-，带负电荷，K^+ 则聚集在 AgI 表面附近的溶液中。

（2）离子交换吸附　吸附剂从电解质溶液中吸附某种离子的同时，将已经吸附在吸附剂表面上等电量的同号离子置换到溶液中去，这种过程称为离子交换吸附或离子交换。离子交换吸附是一个可逆过程，能进行离子交换吸附的吸附剂称为离子交换剂。

例如，土壤中进行着大量的离子交换过程，在土壤中施用硫酸铵等铵盐肥料时，肥料中的 NH_4^+ 就与土壤胶粒中的阳离子（如 Ca^{2+}、K^+、Na^+ 等）进行交换，NH_4^+ 被吸附在土壤胶粒上蓄积起来，供给土壤养分。当植物需要这些养分时，植物根系就分泌出酸性物质（H^+）与这些养分进行交换，交换的结果使吸附在土壤胶粒上的 NH_4^+ 释放出来，被植物根系吸收。

生产实践中利用离子交换树脂来制取去离子水就是通过这个原理来进行的。

二、溶胶颗粒的结构

根据大量实验结果，斯特恩（Stern）提出了溶胶具有扩散双电层结构。

1. 胶粒的扩散双电层结构

为了方便讨论溶胶结构，以 $Fe(OH)_3$ 溶胶为例说明。经 X 射线衍射研究表明，许多个

中性 $Fe(OH)_3$ 分子聚集成直径为 $1\sim100nm$ 的分散质粒子构成胶核，即 $[Fe(OH)_3]_m$。胶核本身不带电，具有很大的表面积和表面能。胶核选择吸附溶液中与其组成相关的 FeO^+，而使胶核表面带上正电荷。这里 FeO^+ 离子是决定胶核表面所带电荷的离子，称为电位离子（或定位离子）。带正电荷的 FeO^+ 以静电引力吸引溶液中的 Cl^-，因 Cl^- 与电位离子的电荷相反，称为反离子。由于反离子同时受胶体的吸引和离子本身的热运动，因此同时具有靠近胶体和远离胶体的趋势。结果使一部分反离子紧紧束缚在胶核表面与电位离子一起形成吸附层，并在电泳时与胶核一起移动，这个运动单位称为胶粒；另一部分反离子分散在胶粒周围，离胶粒近处较多，离胶粒远处较少，形成与吸附层电荷符号相反的另一个带电层，称为扩散层。胶粒与扩散层一起称为胶团。胶团内反离子的电荷总数与电位离子的电荷总数相等，故胶团是电中性的。这样在胶粒表面由电性相反的吸附层和扩散层构成双层，统称为双电层结构。如图1-2所示。

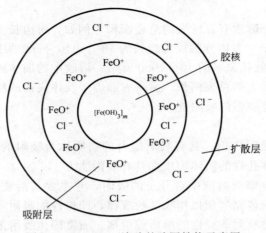

图 1-2 $Fe(OH)_3$ 溶胶的胶团结构示意图

$Fe(OH)_3$ 胶团结构还可以用以下结构式表示：

$$\{[Fe(OH)_3]_m \cdot nFeO^+ \cdot (n-x)Cl^-\}^{x+} \cdot xCl^-$$

电位离子——反离子——反离子
胶核——吸附层——扩散层
胶粒（带电荷）
胶团（电中性）

2. 胶粒带电的原因

① 胶粒中的胶核常选择性地吸附分散系中与其组成相关的离子作为稳定剂，而使其胶粒表面带有一定电荷。有的溶胶可通过改变制备时反应物的用量，使胶粒带上不同符号的电荷。如利用 $AgNO_3$ 和 KI 制备 AgI 溶胶时，若 KI 过量，AgI 胶核吸附过量的 I^- 而带负电荷；反之，若 $AgNO_3$ 过量，AgI 胶核则吸附过量的 Ag^+ 而带正电荷。

② 胶核表面分子的离解。例如，硅胶的胶核表面的 H_2SiO_3 分子可以离解成 $HSiO_3^-$ 和 H^+，H^+ 扩散到介质中去，而 $HSiO_3^-$ 则留在胶核表面，结果使胶粒带负电荷。

如硅胶的胶团结构为：$\{[SiO_2 \cdot xH_2O]_m \cdot nHSiO_3^- \cdot (n-x)H^+\}^{x-} \cdot xH^+$

三、溶胶的性质

组成溶胶的粒子直径为 $1\sim100nm$，相对比较小，一般情况下与真溶液（低分子或离子溶液）较难区分。由于溶胶具有多相性、高度分散性和凝聚不稳定性等基本特性，因此溶胶具有一些不同于真溶液的特殊性质。

1. 溶胶的光学特性——丁达尔现象

如果将一束聚集的强光通过胶体溶液，在入射光的垂直方向上可以看到溶胶里出现一条光亮的"通路"，这种现象称为丁达尔现象。如图1-3所示。

这是由于胶体粒子对光发生散射所形成的，所以丁铎尔现象又称为光的散射现象。因真溶液中粒子直径太小，光的散射现象非常微弱，光线基本透过溶液，看不到丁铎尔现象；而粗分散系粒子直径太大，对入射光产生反射现象，使粗分散系不透明，也无法看到丁铎尔现象。因此可以利用丁铎尔现象来鉴别溶胶、真溶液和粗分散系。

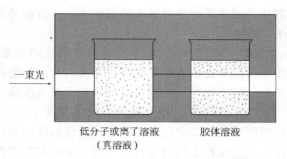

图 1-3　丁达尔现象

2. 溶胶的动力学性质——布朗运动

在超显微镜下观察到胶体粒子不断地做无规则的运动。这是英国植物学家布朗（Brown）在 1827 年观察花粉颗粒运动时发现的，故称这种运动为布朗运动，如图 1-4 所示。

布朗运动是由分散剂的分子无规则地从各个方向撞击分散相的颗粒而引起的，运动着的胶体粒子可使其本身不下沉，因而布朗运动是溶胶的一个稳定因素。

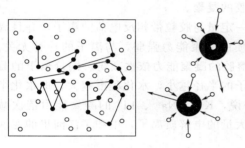

图 1-4　布朗运动

3. 溶胶的电学性质——电泳和电渗现象

电泳和电渗属于溶胶的电动现象。所谓电动现象是指在外加电场的作用下，溶胶中的分散质或分散剂发生相对移动的现象。

电泳是在外加电场作用下，溶胶胶粒在溶剂中做定向移动的现象。从胶粒电泳的方向可以判断胶粒所带电荷的正负。若胶粒向正极移动，则说明胶粒带负电荷，此时溶胶为负溶胶；若胶粒向负极移动，则表明胶粒带正电荷，此时溶胶为正溶胶。一般来说，大多数金属硫化物（如 As_2S_3）、硅胶、金属本身、泥沙、尘埃等为负溶胶；而大多数金属氧化物和金属氢氧化物［如 $Fe(OH)_3$］为正溶胶。

在外电场作用下，分散剂通过隔膜定向移动而固体分散相（分散质）不动的现象称为电渗。如图 1-5 所示，在电渗管中装入 $Fe(OH)_3$ 溶胶，接通电源后，发现负极一侧溶液液面下降，而正极溶液液面上升。因溶胶胶粒被吸附在多孔性隔膜上而固定，所以溶液液面的变化是由于分散剂向正极移动的结果，说明分散剂带负电，即带电荷与胶粒相反。

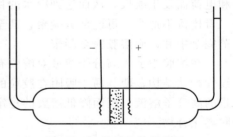

图 1-5　溶胶的电渗示意图

4. 渗析或透析

利用胶粒不能透过半透膜，半径较小的离子、分子能透过半透膜的性质，可以把胶体溶液中混有的电解质分子或离子分离出来，这种方法称为渗析或透析。渗析法可以用于胶体溶液的净化，如中草药制剂的分离提纯等。

四、溶胶的稳定和凝聚

1. 溶胶的稳定性原因

胶体分散系和粗分散系不同，有很大的稳定性。主要有以下几个因素。

（1）布朗运动　从动力学角度看，由于布朗运动产生的动能足以克服胶粒的重力作用，保持胶粒均匀分散而不凝聚，使胶体具有一定的稳定性。但从热力学角度看，溶胶是高度分散的多相体系,具有很大的表面能,使溶胶又有着不稳定性。因此布朗运动不是溶胶稳定的主要因素。

(2) 溶胶胶粒带电　这是溶胶稳定的主要因素。由于同种胶粒带相同的电荷,当两个胶粒接近至它们的扩散层部分重叠时,同种电荷的静电排斥作用阻止了两个胶粒运动时相互靠近,使之很难凝聚成更大的颗粒而发生沉降。

(3) 溶剂化作用　胶粒中的电位离子和反离子,都能和水分子结合成水合离子,使胶粒周围形成一层水化层保护膜,既可以降低胶粒的表面能,又使得胶粒间难以直接接触,从而阻止了胶粒之间的凝聚,提高了溶胶的稳定性。双电层越厚,溶胶越稳定。

2. 溶胶的凝聚

溶胶的稳定性是相对的,有条件的。只要削弱或破坏溶胶的稳定因素,就会使胶粒更易碰撞合并变大,从分散剂中析出而沉降,称为凝聚。使溶胶凝聚的方法主要有以下几种。

(1) 加入电解质　在溶胶中加入少量的电解质后,溶液中离子的总浓度随着增加了,胶粒把更多的带相反电荷的离子吸引到吸附层内,使得扩散层变薄,同时这些带相反电荷的离子中和了胶粒所带的电荷,一方面大大削弱了胶粒间的排斥力,另一方面也破坏了水化保护膜,增加了胶粒相互间的碰撞机会,从而引起溶胶的凝聚。

电解质使溶胶凝聚的主要原因是给溶胶带来了一定量与胶粒带相反电荷的离子,并且离子的价态越高,越易中和带相反电荷的胶粒,电解质的凝聚能力强弱,与离子的种类无关。如 $K_3[Fe(CN)_6]$、K_2SO_4、KCl 对于 $Fe(OH)_3$ 正溶胶的凝聚能力依次减弱。同价离子的凝聚能力相近,但随水化离子半径的增大而减小,离子的半径越小,水化程度越大,即水化半径越大,凝聚能力也越小。如对于 As_2S_3 负溶胶来说,K^+、Na^+、Li^+ 的凝聚能力依次减弱。江河入海口易形成三角洲就是因为海水中有着大量的电解质离子,中和了江河里的泥沙(负溶胶)而使其聚沉的结果。

(2) 加入带相反电荷的溶胶　将两种电性相反的溶胶适量混合后,由于两者胶粒相互吸引,彼此中和电荷,也会发生凝聚。明矾净水就是典型实例。明矾 $[KAl(SO_4)_2 \cdot 12H_2O]$ 溶于水后水解产生带正电的 $Al(OH)_3$ 溶胶,遇到水中带负电的泥沙溶胶,相互中和电荷而发生凝聚,从而达到净水的目的。但溶胶的相互凝聚作用取决于两种溶胶的用量,二者比例不适当,可能部分凝聚,甚至不发生凝聚,只有当两种溶胶用量适当,胶粒所带电荷完全中和,则溶胶完全凝聚。

在溶胶中加入高分子溶液对溶胶有保护作用。大多数高分子物质本身有着链状易卷曲的线性特殊结构,使其易于吸附在胶粒的表面,包住胶粒,增加溶胶的稳定性。但有时加入少量的高分子溶液,反而降低溶胶的稳定性,甚至发生凝聚,这种现象称为敏化作用。如聚酰胺类化合物。

(3) 加热、光照、辐射等因素　加热、光照、辐射等因素主要是一方面加快溶胶粒子的运动速度,增加了胶粒的碰撞机会,另一方面降低溶胶中胶核对离子的吸附作用,减少胶粒所带电荷,水化程度降低,从而破坏溶胶稳定性而产生凝聚。

本 章 小 结

一、溶液的浓度

1. 溶液浓度的表示方法

溶液的浓度是指一定量的溶液或溶剂中所含溶质的量。常用的浓度表示方法如表 1-4 所示。

表 1-4 常用的浓度表示方法

溶液浓度表示方法	含义	符号	数学表达式	常用单位
物质的量浓度	单位体积溶液中所含溶质(B)的物质的量	c_B	$c_B=\dfrac{n_B}{V_{液}}$	mol/L
质量摩尔浓度	1kg 溶剂(A)中所含的溶质(B)的物质的量	b_B	$b_B=\dfrac{n_B}{m_A}$	mol/kg
质量分数	溶质(B)的质量与溶液质量之比	w_B	$w_B=\dfrac{M_B}{m_{液}}$ 或 $w_B=\dfrac{m_B}{m_{液}}$	—
体积分数	在相同的温度和压强下,某一组分(B)的体积与混合物总体积之比	φ_B	$\varphi_B=\dfrac{V_B}{V_{总}}$ 或 $\varphi_B=\dfrac{V_B}{V_{总}}\times 100\%$	—
摩尔分数	溶液中某一组分(B)的物质的量与溶液总物质的量之比	x_B	$x_B=\dfrac{n_B}{n_{总}}$ 或 $x_B=\dfrac{n_B}{n_{总}}\times 100\%$	—

2. 各浓度之间的换算

$$c_B=\frac{n_B}{V_{液}}=\frac{m_B}{M_B V_{液}}=\frac{1000 m_B}{M_B (m_{液}/\rho_{液})}=\frac{1000 m_B \rho_{液}}{m_{液} M_B}=\frac{1000 \omega_B \rho_{液}}{M_B}$$

$$c_B=\frac{n_B}{V_{液}}=\frac{b_B m_A}{V_{液}}=\frac{b_B m_A}{m_{液}/\rho_{液}}=\frac{b_B m_A \rho_{液}}{m_{液}}$$

当溶液很稀时,即 $m_{液}\approx m_A$,则可得到 $c_B\approx b_B \rho_{液}$

式中,n_B 为溶质的物质的量;m_B 为溶质的质量;m_A 为溶剂的质量;$m_{液}$ 为溶液的质量;M_B 为溶质的摩尔质量;$\rho_{液}$ 为溶液的密度。

二、稀溶液的依数性

稀溶液的依数性指的是只与溶质(B)的粒子数(溶液的浓度)有关,而与溶质的本性几乎无关的性质。

难挥发非电解质的稀溶液有以下依数性:溶液的蒸气压下降、沸点升高、凝固点下降、具有一定的渗透压。

(1) 溶液的蒸气压下降

$$\Delta p = p^* - p = p^* x_B \approx p^* b_B M_A = K b_B$$

(2) 溶液的沸点上升和凝固点下降

$$\Delta T_b = T_b - T_b^* = K_b b_B$$

$$\Delta T_f = T_f^* - T_f = K_f b_B$$

(3) 溶液的渗透压

$$\pi = c_B RT = \frac{n_B}{V_{液}} RT$$

三、胶体溶液

分散质粒子直径为 1~100nm 的分散系为胶体分散系。胶体粒子具有较大的表面积和表面能,有很强的吸附作用。

(1) 胶体的结构

$$\{\underbrace{\underbrace{[Fe(OH)_3]_m}_{胶核} \cdot \underbrace{n FeO^+ \cdot (n-x)Cl^-}_{吸附层}\}^{x+}}_{胶粒} \cdot \underbrace{x Cl^-}_{扩散层}$$

电位离子　反离子　　反离子

胶团

(2) 溶胶的性质　光学性质（丁铎尔现象）、动力学性质（布朗运动）、电学性质（电泳和电渗）、透析。

(3) 溶胶的稳定和凝聚

① 溶胶稳定的原因：布朗运动、胶粒带电、溶剂化作用；

② 溶胶的聚沉：加入电解质、加入带相反电荷的溶胶、加热光照以及辐射等。

思考与练习

1. 硫酸瓶上的标记是：H_2SO_4 80.0%（质量分数），密度 1.727g/mL，相对分子质量 98.0。该硫酸的物质的量浓度是多少？

2. 在 25℃ 时，3% 的 Na_2CO_3 溶液的密度为 1.03g/mL，问现要配制此溶液 250mL，需要称取固体 $Na_2CO_3 \cdot 10H_2O$ 多少克？该溶液的物质的量浓度和质量摩尔浓度分别为多少？

3. 通常用作消毒剂的过氧化氢溶液中，过氧化氢的质量分数 $w(H_2O_2)$ 为 3.0%，这种水溶液的密度 ρ 为 1.0g/mL，请精确计算这种水溶液中过氧化氢的质量摩尔浓度、物质的量浓度和摩尔分数。

4. 质量分数为 10.01% 的葡萄糖（$C_6H_{12}O_6$）溶液的沸点应为多少？（H_2O 的 $K_b = 0.512 K \cdot kg/mol$）

5. 已知 500mL 乙二醇水溶液中溶解了 23.0g 乙二醇（$M=62.0$），求其 25℃ 时的渗透压。

6. 有一浓度很稀的难挥发的非电解质水溶液，30℃ 时测得其沸点为 100.60℃，求其凝固点和渗透压。（水的 $K_b = 0.512 K \cdot kg/mol$，$K_f = 1.86 K \cdot kg/mol$）

7. 樟脑的熔点是 178.0℃，取某有机物晶体 0.0140g，与 0.201g 樟脑熔融混合（已知樟脑的 $K_f = 40.0 K \cdot kg/mol$），测定其熔点为 162.0℃，求此物质的摩尔质量。

8. 在 25mL 苯中溶解了 0.238g 的萘（摩尔质量为 128g/mol），实验测得苯的凝固点下降了 0.422K，已知苯的密度为 0.9001g/mL，求苯的凝固点下降常数 K_f。

9. 293K 时，将 30g 蔗糖（$C_{12}H_{22}O_{11}$）溶于 250g 水中，试求该蔗糖溶液的蒸气压、沸点、凝固点和渗透压。（已知 293K 时，水的饱和蒸气压为 2.43kPa，蔗糖分子的摩尔质量为 342.0g/mol）

10. 现有两种溶液，其一为 1.80g 尿素 $[(NH_2)_2CO]$ 溶于 250g 水中；另一为 35.8g 未知物溶于 2000g 水中，这两种溶液在同一温度开始结冰。计算未知物的摩尔质量。

11. 将 100mL 0.01mol/L 的氯化钾水溶液和 10mL 0.05mol/L 的硝酸银溶液混合以制备 AgCl 溶胶。试问该溶胶的胶粒在电场中向哪个电极运动？稳定剂是什么？写出该胶团结构表示式。

12. 怎样用实验方法鉴别溶液和胶体？又怎样鉴别溶胶和悬浊液？

13. 回答下列问题：

(1) 为什么在冰冻的田上撒些草木灰，冰较易融化？

(2) 施肥过多为什么会引起作物凋萎？

(3) 为什么同一品种西瓜种在山冈要比种在低洼地来得甜？

(4) 登山队员在高山顶上打开军用水壶时，为什么壶里的水会冒气泡？

(5) 江河入海口为什么容易形成三角洲？

实验实训　容量仪器的使用与波尔多液的配制

一、实训目标

1. 学会一定物质的量浓度溶液和波尔多液的配制方法。

2. 掌握容量瓶的使用方法。

二、原理

1. 容量瓶的使用

容量瓶是准确测量溶液体积的量器，主要用于配制准确浓度的溶液或定量稀释溶液。容量瓶是细颈、梨形的平底玻璃瓶（由无色或棕色玻璃制成），带有磨口玻璃塞或塑料塞。它一般是"量入式"的，在指定温度下，当溶液弯月面与标线相切时，所容纳的溶液体积等于瓶上标示的体积。通常有 50mL、100mL、250mL、500mL、1000mL 等多种规格。

（1）容量瓶的检查　在使用容量瓶前必须检查容量瓶是否完好，以确定能否使用。瓶塞漏水和刻度标线位置距离瓶口太近（不便混合均匀）的容量瓶不能用。检查瓶塞是否漏水的方法如下：先加一定量的自来水，盖好瓶塞，左手食指压住瓶塞，右手手指托住瓶底，将容量瓶倒立，静置 2min（图 1-6），观察瓶塞周围是否渗水，或用滤纸片检查是否渗水。若不漏水，把瓶身正立，将瓶塞旋转 180°后，塞紧，再检查一次，仍不漏水则可使用。

使用时，要将经检查合格的容量瓶依次用洗液、自来水、蒸馏水洗涤至内壁不挂水珠，并用滤纸擦干瓶塞和磨口处的水分。容量瓶瓶塞不能随便放，要用细绳或橡皮筋将瓶塞系在瓶颈上。在正式向容量瓶中注入溶液时，同样也不能使溶液黏附在磨口上，避免产生误差。

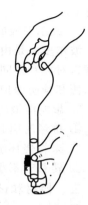

图 1-6　容量瓶试漏

（2）溶液的配制　配制溶液时，如果溶质是固体物质，应先将准确称量的固体物质放入小烧杯中，加适量的蒸馏水溶解后，将溶液定量转入容量瓶中（操作方如图 1-7 所示，一只手拿玻璃棒、另一只手拿烧杯，使烧杯嘴紧靠玻璃棒，玻璃棒悬空伸入容量瓶口中，棒的下端应靠在瓶颈内壁上，使溶液沿玻璃棒和瓶的内壁流入容量瓶中）。溶液转移完后，将烧杯嘴沿玻璃棒上提 1～2cm 后，扶正烧杯，并在瓶口上方将玻璃棒放回烧杯（注意玻璃棒不要靠在烧杯嘴上，以免溶液外流）。用少量蒸馏水吹洗玻璃棒和烧杯内壁 3～4 次，并将洗涤液按同样方法转入容量瓶中，以避免溶质流失，引起误差。然后加蒸馏水至容量瓶容积 2/3 处左右，正立瓶身，水平旋摇容量瓶以使溶液初步混匀（不能加塞将容量瓶倒转混合溶液）。接着继续加水至离标线以下约 1cm，等待 1～2min，使附在瓶颈内壁的溶液流下后，改用细长的胶头滴管滴加蒸馏水至弯月面下缘与标线相切（切记不能使滴管接触溶液，且小心操作，勿使溶液过标线）。盖紧瓶塞，用右手拇指和中指捏住瓶颈上端，食指压住瓶塞，左手手指托住瓶底，将容量瓶反复倒转数次，每次颠倒时都应使瓶内气泡升到顶部，倒置时应水平摇动几周，如此重复操作，使瓶内溶液充分混匀（见图 1-8）。将配制好的溶液转移到相应的试剂瓶中（试剂瓶应用配好的溶液润洗 3～4 次），贴上标签备用。容量瓶不宜长期保存所配制的溶液，尤其是碱性溶液。

如果溶质是纯液体或将浓溶液稀释，可用移液管或吸量管移取所需体积的试剂于烧杯

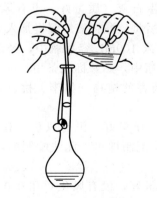

图 1-7　溶液的转移

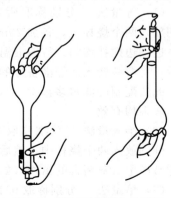

图 1-8　混匀容量瓶中的溶液

中，加水溶解后转移至容量瓶中。其他与上述方法同。遇到溶解或稀释过程有明显能量变化，应将溶液恢复至室温状态后，才可转移至容量瓶中。

容量瓶使用完毕应立即用水冲洗干净，如长期不用，磨口处应用纸片将磨口与瓶塞隔开保存。

2. 波尔多液的配制

波尔多液是由硫酸铜、石灰和水3种原料按一定比例配制而成。根据不同使用时期、不同病害对象和不同树种，有等量式、半等量式和倍量式3种配制。波尔多液对植物具有广泛的杀菌和预防保护作用。

3. 影响溶液配制的原因

① 称量时引起误差。

② 未将烧杯洗涤，使溶液的物质的量减少，导致溶液浓度偏低。

③ 转移时不小心溅出溶液，导致浓度偏低。

三、器材和试剂

器材：100mL 容量瓶，10mL 量筒，100mL 烧杯，玻璃棒，胶头滴管，托盘天平，药匙

试剂：浓盐酸、固体 NaOH、硫酸铜、生石灰

四、实训内容及步骤

1. 分别配制 0.1mol/L 100mL 的 HCl 溶液和 1000.1mol/L NaOH 溶液

（1）计算　计算配制所需的浓盐酸的体积和所需固体 NaOH 的质量（浓盐酸的密度为 $1.19g/cm^3$，质量分数为 37%）。

根据 $n=m/M$，$c=n/V$，$\rho=m/V$ 计算出 V 或 m。

（2）称量或量取　所需浓盐酸的体积用量筒量取；所需固体 NaOH 的质量用托盘天平称取。

（3）溶解　将上述量取的浓盐酸和称取的固体 NaOH 分别放入两个烧杯中溶解。

（4）转移　待溶液温度恢复到室温时分别转入相应的容量瓶中。

（5）洗涤　用少量蒸馏水洗涤烧杯及玻璃棒3～4次，洗涤液全部转入到容量瓶中。

（6）定容　向容量瓶中加入蒸馏水，在距离刻度1～2cm 时，改用胶头滴管加之刻度线。摇匀溶液，然后将溶液转入干净、干燥或用已配制好的溶液润洗过的试剂瓶中，贴上标签。

2. 配制 100mL 的波尔多液

（1）等量法　分别称取所需的等物质的量的生石灰（质量好，没有风化）和硫酸铜，分别放入两个烧杯中，各加 20mL 蒸馏水溶解。然后将硫酸铜溶解缓慢加入溶解石灰的烧杯中，边倒边搅拌均匀。待溶液温度与室温一致时转入 100mL 容量瓶中，经洗涤、定容、摇匀后，将溶液转入已经准备好的干净、干燥的试剂瓶中，贴好标签备用。

此法配制的波尔多液对对大多数易受硫酸铜药害的植物（如李、桃、杏、梅、柿、梨等）病害均有效。

（2）半等量法　分别称取 0.05mol 的生石灰（质量好，没有风化）和 0.1mol 的硫酸铜，分别放入两个烧杯中，然后按（1）中操作方法配制即可。此法配制的波尔多液可适用于对易产生石灰药害的植物（如葡萄）病害。

（3）倍量法　分别称取 0.1mol 的生石灰（质量好，没有风化）和 0.05mol 的硫酸铜，分别放入两个烧杯中，然后按（1）中操作方法配制即可。

3. 配制波尔多液的注意事项

① 配制波尔多液时,要选择白色块状、质量好无风化的生石灰和鲜蓝色结晶的硫酸铜。

② 配制时不要使用金属容器。

③ 即配即用,不宜久放(一般不超过 24h),且不能与石硫合剂和肥皂混用,以免降低药效。

④ 配制时不能将石灰溶液倒入硫酸铜溶液中混合而成。

五、思考题

1. NaOH 固体为什么不能直接放在托盘上称量?如果在托盘上垫上蜡纸称量行吗?

2. 转移完溶液后为什么一定要用蒸馏水吹洗烧杯和玻璃棒,并将洗涤液一并转移到容量瓶中?

3. 定容时,如果溶液弯月面低于或高出标线,问溶液的浓度是偏高还是偏低?

4. 在波尔多液配制过程中能否将石灰溶液倒入硫酸铜溶液中混合而成?

第二章 电解质溶液

学习目标
1. 了解弱电解质的电离平衡。
2. 掌握溶液 pH 值的相关计算。
3. 熟悉缓冲溶液的组成和配制。

第一节 弱电解质的解离平衡

许多化学反应是在水溶液中进行的,根据化合物在水中溶解后(或熔融状态下)能否导电,可分为电解质和非电解质。在溶解或熔融状态下能够导电的化合物称为电解质,如酸、碱、盐等,在溶解且熔融状态下均不能导电的化合物称为非电解质,如蔗糖、苯、酒精等大部分有机物。其中电解质在水溶液中状态不同又有强弱之分。

一、强电解质和弱电解质

在相同的条件下,不同的电解质在水溶液中的解离程度不同,其导电能力也不相同。因此根据电解质在水溶液中解离程度的大小,可分为强电解质和弱电解质。

1. 强电解质

凡在水溶液中能全部解离成离子的化合物称为强电解质。在强电解质溶液中只有水合离子,没有电解质分子,其电离方程式用"=="表示。例如:

$$HCl = H^+ + Cl^-$$
$$NaOH = Na^+ + OH^-$$
$$KCl = K^+ + Cl^-$$

从结构上看强电解质包括离子型化合物和强极性共价化合物,如强酸:H_2SO_4、HNO_3、HCl 等,强碱:NaOH、KOH、$Ba(OH)_2$ 等,大多数的盐类:NaCl、K_2SO_4、NH_4NO_3 等。

从理论上看,强电解质在水溶液中全部解离,解离程度应是 100%,但根据溶液的导电性实验测得的解离度都小于 100%。这是什么原因引起的呢?1923 年德拜(J. W. Debye)和休克尔(E. Hükel)提出了"离子氛"及相关计算,初步解决了这个问题。

他们认为:强电解质在水溶液中是完全解离的,溶液中离子浓度很大,阴阳离子间由于静电作用,相互吸引,相互牵制,使每个离子都处于异性电荷离子的包围中,形成"离子氛"。由于离子氛的存在,离子间相互制约,离子自由运动的速度减慢,相当于离子数目的减少,导致溶液导电性比理论上要小一些,产生解离不完全的假象。这样的解离度称表观解离度。它反映了强电解质溶液中离子间相互制约的程度。一般来说,表观解离度大于 30% 的电解质为强电解质。

人们用"活度"这个物理量来定量描述强电解质溶液中离子间相互制约的程度。活度是指单位体积电解质溶液中,表观上所含的离子浓度即离子的有效浓度。常用 α 表示。它与实际浓度之间的关系为：
$$\alpha = fc \tag{2-1}$$

式中，α 为活度；f 为活度系数；c 为离子的实际浓度。

活度系数 f 反映了电解质溶液中离子间相互制约的程度大小。溶液中离子浓度越大，电荷越高，离子的牵制作用越大，f 值越小，离子的有效浓度和实际浓度差距越大。溶液浓度越稀，离子间的牵制作用越小，f 越接近1，则离子的活度与实际浓度就越趋于一致。

2. 弱电解质

弱电解质是指在水溶液中只能部分解离成离子的化合物。在弱电解质溶液中既有离子存在，又有弱电解质分子存在，其电离方程式用"$\rightleftharpoons$"表示。例如：

$$HAc \rightleftharpoons H^+ + Ac^- \quad NH_3 \cdot H_2O \rightleftharpoons NH_4^+ + OH^-$$

弱电解质是弱极性共价化合物，如弱酸（如 HAc、HF、$HClO$、HCN、H_2CO_3 等）、弱碱（如氨水）和少数盐类（如 $HgCl_2$ 等）。

二、弱电解质的解离平衡

1. 解离平衡常数

由于弱电解质在水溶液中不完全解离，解离过程是一个可逆过程。下面以一元弱酸醋酸的解离过程为例进行讨论。

$$HAc \underset{\text{分子化}}{\overset{\text{解离}}{\rightleftharpoons}} H^+ + Ac^-$$

在一定温度下，当 HAc 分子解离成离子的速率与离子重新结合成分子的速率相等时，HAc 在水溶液中的解离过程达到平衡状态，称为解离平衡。解离平衡也是动态平衡。平衡时，单位时间内解离的分子数和离子重新结合生成的分子数相等，即溶液中分子的浓度与离子的浓度均保持不变。溶液中 H^+、Ac^- 的浓度与未解离的 HAc 分子浓度间的关系可表示为 $K_a = \dfrac{c(H^+) \; c(Ac^-)}{c(HAc)}$

K_a 称为酸的解离平衡常数，简称解离常数。式中 $c(H^+)$ 和 $c(Ac^-)$ 分别表示 H^+ 和 Ac^- 的平衡浓度，$c(HAc)$ 表示未解离的 HAc 分子的平衡浓度。而弱碱的解离常数用 K_b 表示。如一元弱碱氨水的解离过程为

$$NH_3 \cdot H_2O \rightleftharpoons NH_4^+ + OH^-$$

则其解离平衡常数表示为 $K_b = \dfrac{c(NH_4^+) \cdot c(OH^-)}{c(NH_3)}$

应当指出，弱电解质的解离常数是解离平衡的特征常数，它表示弱电解质的解离程度的大小，即弱电解质的相对强弱，解离常数数值越大，说明解离程度越大。如醋酸（HAc）和氢氰酸（HCN）都是弱酸，在同温情况下，醋酸的解离常数 $K_a(HAc)$ 为 1.76×10^{-5} 而氢氰酸的解离常数 $K_a(HCN)$ 为 4.93×10^{-10}，远小于醋酸，说明 HCN 的酸性比 HAc 弱。解离常数不受浓度的影响，只与电解质的本性和温度有关。在相同温度时，同类弱电解质的 K_a 或 K_b 可以表示弱酸或弱碱的相对强度。一些弱电解质的解离常数见附录一。

多元弱酸在水溶液中的解离是分步进行的，各步解离都可达到平衡，且又相互影响，各步解离都有确定的解离常数。如：

$$H_2CO_3 \rightleftharpoons H^+ + HCO_3^- \quad K_{a1} = 4.3 \times 10^{-7}$$
$$HCO_3^- \rightleftharpoons H^+ + CO_3^{2-} \quad K_{a2} = 5.6 \times 10^{-11}$$

由于 $K_{a1} \gg K_{a2}$，故多元弱酸的酸性主要由第一步电离所决定。

2. 电离度

不同弱电解质在水溶液中的解离程度是不同的,有的解离程度大,有的解离程度小。解离程度的大小还可以用电离度来表示。当弱电解质在溶液中达到解离平衡时,已解离的弱电解质分子数占解离前溶液中电解质分子总数的百分比。电离度常用 α 表示。

$$\alpha = \frac{\text{已解离的分子数}}{\text{解离前的分子总数}} \times 100\% \qquad (2\text{-}2)$$

例如:在 298K 时 0.1mol/L 醋酸溶液中,每 10000 个醋酸分子中有 133 个解离成 H^+ 和 Ac^-,醋酸的电离度为

$$\alpha = \frac{133}{10000} \times 100\% = 1.33\%$$

3. 解离常数 K_i 和电离度 α 的关系——稀释定律

电离度和解离常数都能表示弱电解质解离的能力大小,都可以用于比较弱电解质的相对强弱,二者既有联系又有区别。解离常数是化学平衡常数的一种形式,与电解质的浓度无关;电离度则是转化率的一种形式,它表示弱电解质在一定条件下的解离百分率,可随浓度的变化而变化。

弱电解质的解离常数 K_i(包括 K_a,K_b)和解离度的关系如何呢?现以弱酸 HAc 为例讨论。

设 HAc 的浓度为 c mol/L,电离度为 α。

$$HAc \rightleftharpoons H^+ + Ac^-$$

起始浓度　　c　　0　　0

平衡浓度　　$c-c\alpha$　　$c\alpha$　　$c\alpha$

$$K_a = \frac{(c\alpha)^2}{c-c\alpha} = \frac{c\alpha^2}{1-\alpha}$$

写成 K_i 与 α 的一般关系式为 $K_i = \frac{c\alpha^2}{1-\alpha}$

当 $c/K_i > 500$,$\alpha < 5\%$,此时,$1-\alpha \approx 1$,则可得

$$K_i = c\alpha^2 \text{ 或 } \alpha = \sqrt{\frac{K_i}{c}} \qquad (2\text{-}3)$$

以上公式称为稀释定律。该公式表明:在一定温度下,同一弱电解质的电离度与其浓度的平方根成反比,与其解离常数的平方根成正比。即浓度越稀,电离度越大;解离常数越大,电离度越大。

使用稀释定律进行有关计算时,应注意必须具备以下两个条件:

① 电解质必须是一元弱酸或弱碱;

② $c/K_i > 500$ 或 $\alpha < 5\%$。

【例 2-1】 298K 时,HAc 的解离常数为 1.76×10^{-5}。计算 0.20mol/L HAc 溶液的 H^+ 浓度和电离度。

解:设解离平衡时,溶液中 $c(H^+)$ 为 x mol/L,则 $c(HAc)$ 为 $(0.20-x)$ mol/L,$c(Ac^-)$ 为 x mol/L。

$$HAc \rightleftharpoons H^+ + Ac^-$$

平衡浓度　　$0.20-x$　　x　　x

将有关数值代入平衡关系式得

$$K_a = \frac{c(H^+) \cdot c(Ac^-)}{c(HAc)} = \frac{x^2}{0.20-x}$$

因为 $c/K_a > 500$，可以用稀释定律公式进行计算，所以 $0.20 - x \approx 0.20$，则

$$c(H^+) = x = \sqrt{1.76 \times 10^{-5} \times 0.20} = 1.88 \times 10^{-3} \text{ (mol/L)}$$

$$\alpha = \frac{x}{c} \times 100\% = \frac{1.88 \times 10^{-3}}{0.20} = 0.94\%$$

把上述近似计算推广到一般情况，当 $c/K_i > 500$ 时，可得浓度为 $c_{酸}$ 的一元弱酸溶液中的 $c(H^+)$ 近似计算公式为 $c(H^+) = \sqrt{K_a c_{酸}}$

用同样的方法，可以求出一元弱碱溶液中 $c(OH^-)$ 的近似计算公式，即 $c(OH^-) = \sqrt{K_b c_{碱}}$

另外，应该明确溶液中的酸度和酸的浓度是两个不同的概念，应正确理解。前者是指溶液中氢离子的浓度，而后者则是指酸的初始浓度，是已电离的酸的浓度和未电离的酸的浓度之和。对于弱酸溶液来说，二者差别很大，溶液的酸度要小于酸的浓度。

4. 影响解离平衡的因素

（1）同离子效应　由于弱电解质在水溶液存在解离平衡，因此根据平衡移动原理，只要改变平衡离子的浓度必然会使解离平衡发生移动。如在 HAc 溶液中加入少量 NaAc，由于溶液中 Ac^- 离子浓度增大，使 HAc 的电离平衡向左移动，从而降低了 HAc 的电离度。

$$HAc \rightleftharpoons H^+ + Ac^- \qquad NaAc \rightleftharpoons Na^+ + Ac^-$$

这种在弱电解质溶液中加入一种与弱电解质含有相同离子的强电解质时，导致弱电解质的电离度降低的现象称为同离子效应。同离子效应的结果使弱电解质的电离度减小，但弱电解质的解离常数不变。

【例 2-2】 25℃时，在 0.05mol/L HAc 溶液中加入适量的固体 NaAc（忽略溶液体积变化），使其浓度为 0.15 mol/L，试计算该溶液中 H^+ 的浓度和 HAc 的电离度，并与不加 NaAc 时情况作比较。

解：设溶液中由 HAc 电离出来的 H^+ 浓度为 x mol/L

因水的解离很微弱，此时可忽略水的解离，则溶液中 H^+ 浓度可近似等于 HAc 解离出来的 H^+ 的浓度。另外溶液中由 NaAc 解离出来的 Ac^- 浓度为 0.15mol/L。根据题意得

$$HAc \rightleftharpoons H^+ + Ac^-$$

平衡浓度　$0.05-x \quad x \quad x+0.15$

由于同离子效应，使得 HAc 电离度更小，故平衡时

$$c(HAc) \approx 0.05$$
$$c(Ac^-) \approx 0.15$$

代入解离常数表达式：

$$K_a = \frac{c(H^+) \cdot c(Ac^-)}{c(HAc)} = \frac{x \cdot 0.15}{0.05} = 1.76 \times 10^{-5}$$

解得 $c(H^+) = x = 5.87 \times 10^{-6}$ mol/L

$$\alpha = \frac{c(H^+)}{c(HAc)_{总}} \times 100\% = \frac{x}{0.05} \times 100\% = \frac{5.87 \times 10^{-6}}{0.05} \times 100\% = 0.012\%$$

不加 NaAc 时，

由 $K_a = \dfrac{c(H^+) \cdot c(Ac^-)}{c(HAc)} = \dfrac{x^2}{0.05} = 1.76 \times 10^{-5}$

解得 $c(H^+)' = x = 9.38 \times 10^{-4}$ mol/L

$$\alpha = \frac{c(H^+)'}{c(HAc)_{\text{总}}} \times 100\% = \frac{x}{0.05} \times 100\% = \frac{9.38 \times 10^{-4}}{0.05} \times 100\% = 1.88\%$$

从以上计算结果说明：加入 NaAc 后，因同离子效应使弱电解质 HAc 的电离度降低了。同样，向弱碱氨水中加入某种铵盐（如 NH_4Cl 等）可以降低氨的电离度，也是同离子效应的结果。

（2）盐效应　在弱电解质溶液中加入不含相同离子的强电解质，如 KCl、Na_2SO_4 等，溶液中离子数目增多，离子之间因静电作用相互吸引和制约，使弱电解质解离出来的离子结合成分子的机会减少，结果导致弱电解质的电离度略有增大，这种现象成为盐效应。

例如，298K 时 0.1mol/L HAc 溶液电离度为 1.33%，如果加入少量 NaCl 使其浓度达到 0.1mol/L（忽略体积变化），此时测得 HAc 的电离度为 1.68%，比原来略为增大了。

需要指出的是，当溶液中存在同离子效应时，同时也一定存在盐效应。但对于弱电解质来说，同离子效应比盐效应产生的影响要大得多，所以一般情况可以忽略盐效应。

第二节　溶液的 pH 值及计算

一、酸碱质子理论

酸和碱是两类重要的化学物质。人们对酸碱的认识经历了很长时间的演变和发展，19 世纪后期提出了许多关于酸碱的理论，主要有：瑞典化学家阿仑尼乌斯（S. A. Arrhenius）的酸碱电离理论；丹麦物理化学家布朗斯特（J. N. Bronsted）和英国化学家劳莱（T. M. Lowry）的酸碱质子理论；美国化学家路易斯（G. N. Lewis）的酸碱电子理论等。酸碱电离理论指出：在水溶液中解离产生的阳离子全部是 H^+ 的化合物称为酸，解离时产生的阴离子全部是 OH^- 的化合物称为碱。酸碱反应的本质是 H^+ 和 OH^- 结合生成水的反应。酸碱电离理论的缺陷在于它不适合非水溶液和无溶剂体系，局限性较大。而酸碱质子理论既可以适用于水溶液，也可适用于非水溶液和无溶剂体系，使酸碱的范围得以扩大。

1. 酸碱定义及其共轭关系

酸碱质子理论提出：凡是能提供质子（H^+）的物质（含分子和离子）都是酸，凡是能接受质子的物质都是碱。例如，H_2SO_4、$H_2PO_4^-$、NH_4^+、HAc 等都能提供质子，因此它们都是酸；而 CO_3^{2-}、Ac^-、NH_3、OH^- 等都能接受质子，都可以称为碱；像 $H_2PO_4^-$、HCO_3^-、H_2O、HS^- 等既可以给出质子又能接受质子的物质叫两性物质。

根据酸碱质子理论可以得出，酸提供出质子后余下部分因能接受质子而成为碱；同样碱接受质子后生成的物质就是酸。酸碱之间的这种关系就称为共轭关系，它们之间相差一个质子的称为共轭酸碱对。这种关系如以下表示式：

$$\text{酸} \rightleftharpoons \text{质子} + \text{碱}$$
$$HCl \rightleftharpoons H^+ + Cl^-$$
$$HAc \rightleftharpoons H^+ + Ac^-$$
$$NH_4^+ \rightleftharpoons H^+ + NH_3$$
$$HCO_3^- \rightleftharpoons H^+ + CO_3^{2-}$$

以 NH_3 与其共轭酸 NH_4^+ 的解离常数为例，可以共轭酸碱对的 K_a 与 K_b 的关系。

$$NH_3 + H_2O \rightleftharpoons NH_4^+ + OH^-$$
$$NH_4^+ \rightleftharpoons H^+ + NH_3$$

碱 NH_3 的解离平衡常数表达式为：$K_b = \dfrac{c(NH_4^+) \cdot c(OH^-)}{c(NH_3)}$

共轭酸 NH_4^+ 的解离平衡常数表达式为：$K_a = \dfrac{c(H^+) \cdot c(NH_3)}{c(NH_4^+)}$

将上述共轭酸碱对的 K_a 与 K_b 表达式相乘，可得到 K_a 与 K_b 的关系为：

$$K_a \cdot K_b = K_w$$

式中，K_w 为离子积常数。由上式可看出，只要知道酸的解离常数 K_a，就可求解出其共轭碱的 K_b。对于多元弱酸（碱）来说，共轭酸碱对的酸碱解离常数乘积同样等于水的离子积常数，只是由于多元弱酸（碱）是分步解离，情况稍复杂些。

2. 酸碱反应本质

根据酸碱质子理论，酸碱之间的反应本质上是质子传递的过程。酸碱反应的产物不一定有水生成。如

$$HCl + NH_3 \rightleftharpoons NH_4^+ + Cl^-$$

在上述酸碱反应中 HCl（酸）给出质子（H^+）变成其共轭碱 Cl^-，而 NH_3（碱）接受质子变成它的共轭酸 NH_4^+，无论是在水溶液中还是在其他溶剂中该反应的本质都是质子的传递过程。

除此之外，酸碱在水溶液的解离、盐的水解过程同样是质子传递的过程。如

$$HF + H_2O \rightleftharpoons H_3O^+ + F^-$$

$$NH_3 + H_2O \rightleftharpoons NH_4^+ + OH^-$$

$$CO_3^{2-} + H_2O \rightleftharpoons HCO_3^- + OH^-$$

二、水的解离和溶液的 pH 值

人们通常所说的溶液一般指的是水溶液，也就是说水是很重要的溶剂，溶液的酸碱性是由溶质和溶剂水的解离情况决定的。

1. 水的解离

实验证明，纯水有微弱的导电性，这说明水能够解离，是一种极弱的电解质。在纯水中存在着下列解离平衡式。

$$H_2O + H_2O \rightleftharpoons H_3O^+ + OH^-$$

上式可简写为：

$$H_2O \rightleftharpoons H^+ + OH^-$$

水的解离平衡常数表示为 $K_i = \dfrac{c(H^+)c(OH^-)}{c(H_2O)_{未解离}}$

即 $c(H^+)c(OH^-) = c(H_2O)K_i$

实验测得，25℃时 1L 纯水中只有 10^{-7} mol 水分子解离成离子，因此纯水中

$$c(H^+) = c(OH^-) = 1 \times 10^{-7} \text{mol/L}$$

由此看出水的解离程度极其微弱，上述平衡常数表达式中 $c(H_2O)_{未解离}$ 可近似看成不变，即 $c(H_2O)$ 为常数，K_i 也是一个常数，则将二者乘积 $K_i \cdot c(H_2O)$ 用 K_w 表示，称为水的离子积常数，简称水的离子积，它表明在一定温度下，H_2O 解离出的 $c(H^+) \cdot c(OH^-)$ 是一个常数。

25℃时

$$K_w = c(H^+) \cdot c(OH^-) = (1 \times 10^{-7}) \times (1 \times 10^{-7}) = 1 \times 10^{-14}$$

因水的解离是吸热过程，温度升高，K_w 值增大，见表 2-1。但常温下，其数值变化不

大，故为方便起见，常温下可认为 K_w 等于 1.0×10^{-14}。

表 2-1 不同温度下水的离子积常数

T/K	273	283	291	295	298	313	323	373
K_w	1.3×10^{-15}	3.6×10^{-15}	7.4×10^{-15}	1.0×10^{-14}	1.27×10^{-14}	3.8×10^{-14}	5.6×10^{-14}	7.4×10^{-14}

2. 溶液的酸碱性和 pH 值

由于水的解离平衡的存在，在水中加入酸或碱，溶液中 H^+ 或 OH^- 浓度增大，结果使水的解离平衡向左（分子化）方向移动。实验证明，当达到新的平衡时，仍然能保持 $K_w=c(H^+)\cdot c(OH^-)$ 的关系。溶液中 H^+ 或 OH^-，若有一种浓度增大，则意味着另一种浓度一定减小。也就是说任何物质的水溶液，不论是中性、酸性或是碱性的水溶液中都同时含有 H^+ 和 OH^-，只是二者的相对浓度不同，而且温度不变时 $c(H^+)\cdot c(OH^-)$ 的乘积仍是常数。因此，只要知道溶液中 $c(H^+)$ 或 $c(OH^-)$，就可计算出 $c(OH^-)$ 或 $c(H^+)$。

常温时，溶液的酸碱性主要由溶液中 H^+ 和 OH^- 浓度的相对大小来决定，其关系可表示为：

中性溶液 $c(H^+)=1.0\times10^{-7}\text{mol/L}=c(OH^-)$
酸性溶液 $c(H^+)>1.0\times10^{-7}\text{mol/L}>c(OH^-)$
碱性溶液 $c(H^+)<1.0\times10^{-7}\text{mol/L}<c(OH^-)$

在实际应用中，一般用 $c(H^+)$ 来表示溶液的酸碱性，$c(H^+)$ 越大，溶液的酸性越强；$c(H^+)$ 越小，溶液的酸性越弱。但当溶液的 $c(H^+)$ 很小时，直接用 $c(H^+)$ 表示溶液的酸碱性就很不方便，因此当溶液中的 $c(H^+)$ 很小时，常用氢离子的物质的量浓度的负对数来表示溶液的酸碱性，称为溶液的 pH 值。

$$pH=-\lg c(H^+)$$

例如，$c(H^+)=1.0\times10^{-3}\text{mol/L}$，则 $pH=-\lg c(H^+)=-\lg 1.0\times10^{-3}=3$
氢氧根离子物质的量浓度的负对数为 pOH 值。

$$pOH=-\lg c(OH^-)$$

根据常温下水溶液中 $c(H^+)\cdot c(OH^-)$ 为一常数——1.0×10^{-14}，可得

$$pH+pOH=14$$

常温下，溶液的 pH 值与其酸碱性的关系为：

中性溶液 $c(H^+)=1.0\times10^{-7}\text{mol/L}$ $pH=7$
酸性溶液 $c(H^+)>1.0\times10^{-7}\text{mol/L}$ $pH<7$
碱性溶液 $c(H^+)<1.0\times10^{-7}\text{mol/L}$ $pH>7$

pH 值越小，则溶液的 $c(H^+)$ 越大，其酸性也越强；pH 值越大，则溶液的 $c(H^+)$ 越小，其碱性就越强。一般而言，pH 值只适用于 $c(H^+)$ 在 $(1.0\times10^{-14}\sim1.0)$ mol/L 的溶液，其 pH 值范围为 0~14。当溶液的 $c(H^+)$ 大于 1mol/L 时，直接用 $c(H^+)$ 或 $c(OH^-)$ 表示溶液的酸碱性，而不宜用 pH 值来表示。

应该指出，pH 值相差一个单位，则 $c(H^+)$ 相差 10 倍，因此两种不同 pH 的溶液混合时，必须换算成 $c(H^+)$ 再进行酸碱性的计算。

3. pH 值的计算

(1) 强酸（强碱）溶液的 pH 值计算 强酸（强碱）属强电解质，在水溶液中全部解离，一般情况，pH 值的计算直接由溶液中 $c(H^+)$ 取负对数得到。但如果溶液浓度很稀，小于 $1.0\times10^{-6}\text{mol/L}$ 时，计算溶液的 pH 值还必须考虑由水解离出来的 H^+ 或 OH^-。

【例2-3】 计算 0.020mol/L HCl、0.050mol/L NaOH 溶液的 pH 值。

解： 在溶液中 HCl、NaOH 都是强电解质，完全解离为离子，所以

由 $c(HCl)=0.020$ mol/L 得溶液中 $c(H^+)=0.020$ mol/L

$$pH=-\lg c(H^+)=-\lg 0.020=1.70$$

同理由 $c(NaOH)=0.050$ mol/L 得溶液中 $c(OH^-)=0.050$ mol/L

根据水的离子积求得 $c(H^+)=1.0\times 10^{-14}/0.050=2.0\times 10^{-13}$ mol/L

则 $pH=-\lg c(H^+)=-\lg 2.0\times 10^{-13}=12.70$

(2) 一元弱酸（弱碱）溶液的 pH 值计算 在一元弱酸溶液中，同时存在着弱酸和水的两种解离平衡。如一元弱酸 HAc 在水溶液中存在以下两个解离平衡

$$HAc \rightleftharpoons H^+ + Ac^-$$
$$H_2O \rightleftharpoons H^+ + OH^-$$

假设 HAc 的起始浓度为 c mol/L，则

当 $c\cdot K_a \geq 20 K_w$ 时，可以忽略水的解离所产生的 H^+，溶液中 H^+ 主要来自 HAc 解离产生。根据 $HAc \rightleftharpoons H^+ + Ac^-$ 可知达到平衡时，

$$c(H^+)=c(Ac^-) \quad c(HAc)=c-c(H^+)$$

$$K_a=\frac{c(H^+)\cdot c(Ac^-)}{c-c(H^+)}=\frac{c^2(H^+)}{c-c(H^+)}$$

当 $c/K_a \geq 500$，$\alpha < 5\%$ 时，已经解离的弱酸分子极少，为了计算简便，$c(HAc)=c-c(H^+)\approx c$，则

$$K_a=\frac{c^2(H^+)}{c-c(H^+)}=\frac{c^2(H^+)}{c}$$

$$c(H^+)=\sqrt{c\cdot K_a}$$

上式是计算一元弱酸溶液中 H^+ 浓度的近似公式（最简式），相对误差 $\leq 2.2\%$。

当 $c/K_a \leq 500$，$\alpha > 5\%$ 时，需解以下一元二次方程：

$$c^2(H^+)+K_a\cdot c(H^+)-c\cdot K_a=0$$

则

$$c(H^+)=\frac{-K_a+\sqrt{K_a^2+4K_ac}}{2}$$

上式为计算一元弱酸溶液中 H^+ 浓度的较为精确的公式。

同理可以推导出一元弱碱溶液中的 OH^- 的浓度的计算公式。

当 $c/K_b \geq 500$，$\alpha < 5\%$ 时，$c(OH^-)=\sqrt{c\cdot K_b}$

当 $c/K_b \leq 500$，$\alpha > 5\%$ 时，$c(OH^-)=\frac{-K_b+\sqrt{K_b^2+4K_bc}}{2}$

【例2-4】 计算 25℃时 0.20mol/L HAc 溶液的 H^+ 浓度、pH 值。（已知 K_a 为 1.76×10^{-5})

解： 因 $c/K_a=0.20/(1.76\times 10^{-5})>500$

所以可用最简式计算

$$c(H^+)=\sqrt{c\cdot K_a}=\sqrt{0.20\times 1.76\times 10^{-5}}=1.88\times 10^{-3}$$

$$pH=-\lg c(H^+)=-\lg(1.88\times 10^{-3})=3-\lg 1.88=2.73$$

(3) 多元弱酸（弱碱）溶液的 pH 值计算 多元酸（碱）的解离平衡是分步进行的。常见的多元弱酸有 H_2CO_3、H_2S、H_3PO_4 等。一元酸（碱）的解离平衡原理，也适用于多元酸（碱）的解离平衡。如二元弱酸 H_2CO_3 在溶液中分两步解离，同时存在两个解离平衡，

并有各自的平衡常数。

$$H_2CO_3 \rightleftharpoons H^+ + HCO_3^-$$

$$K_{a1} = \frac{c(H^+) \cdot c(HCO_3^-)}{c(H_2CO_3)} = 4.3 \times 10^{-7}$$

$$HCO_3^- \rightleftharpoons H^+ + CO_3^{2-}$$

$$K_{a2} = \frac{c(H^+) \cdot c(CO_3^{2-})}{c(HCO_3^-)} = 5.6 \times 10^{-11}$$

由 $K_{a1} \gg K_{a2}$ 可以说明第二步解离比第一步解离困难得多，即多元弱酸溶液中的 H^+ 主要来源于第一步解离。因此，在实际计算过程中，当 $c/K_{a1} \geq 500$ 时，可以忽略第二步解离，按一元弱酸作近似计算，则溶液中的 H^+ 浓度为

$$c(H^+) = \sqrt{c \cdot K_{a1}}$$

在 H_2CO_3 溶液中，第一步解离给出的 H^+ 与 HCO_3^- 浓度相等，而由于同离子效应的结果，第二步解离平衡产生的 H^+ 和所损耗的 HCO_3^- 是很少的，这样可以认为 H_2CO_3 溶液中的 H^+ 与 HCO_3^- 浓度近似相等。

因此由 H_2CO_3 的二级解离平衡常数表达式 $K_{a2} = \dfrac{c(H^+) \cdot c(CO_3^{2-})}{c(HCO_3^-)}$ 得

$$c(CO_3^{2-}) = \frac{K_{a2} \cdot c(HCO_3^-)}{c(H^+)} \approx K_{a2}$$

如果多元弱酸的第一级解离平衡常数大大超过第二级和第三级（相差 10^4 以上），则其酸根离子浓度的数值近似等于该弱酸的第一级解离平衡常数 K_{a1}，与该酸的初始浓度无关。

【例 2-5】 室温时计算 0.10mol/L 的 H_2S 饱和溶液中 H^+、S^{2-} 离子浓度以及溶液的 pH 值。

解： 查表可知，$K_{a1}(H_2S) = 9.1 \times 10^{-8}$，$K_{a2}(H_2S) = 1.1 \times 10^{-12}$

因 $K_{a1} \gg K_{a2}$，在计算 H^+ 浓度时可以忽略第二步解离，只考虑第一步解离。

又因 $c/K_{a1} = 0.10/(9.1 \times 10^{-8}) > 500$，可按近似公式计算

$$c(H^+) = \sqrt{c \cdot K_{a1}} = \sqrt{0.10 \times 9.1 \times 10^{-8}} = 9.5 \times 10^{-5} \text{mol/L}$$

$$pH = -\lg c(H^+) = -\lg(9.5 \times 10^{-5}) = 5 - \lg 9.5 = 4.02$$

$$c(S^{2-}) = K_{a2} = 1.1 \times 10^{-12}$$

4. 溶液 pH 值的测定

测定溶液 pH 值的方法很多，常用 pH 试纸和酸度计来测定。

（1）pH 试纸 常用的 pH 试纸有两种：广泛 pH 试纸和精密 pH 试纸。pH 试纸根据溶液的酸碱性不同而呈现不同的颜色。通常将待测溶液用玻璃棒或胶头滴管滴在试纸上，然后与标准比色卡对照，根据颜色的接近情况就可大致测出待测溶液的 pH 值。一般而言，广泛 pH 试纸的误差约为 1 个 pH 单位，而精密 pH 试纸的误差约为 0.2 个 pH 单位。

（2）酸度计 酸度计是可以精确测定溶液 pH 的仪器。目前常用的有 pHS-25 型数字 pH 计、pHS-3C 型精密 pH 计等。

第三节 缓冲溶液

在实践生产上有许多生产过程和化学反应包括动植物机体的代谢活动（生物化学反应）必须在具有适宜的 pH 值范围的环境中才能进行或进行得比较完全。但是有的反应随着溶液

中 H^+、OH^- 的增加或减少，其 pH 值会发生明显变化，以致影响反应的进行。这就要求溶液具备能够维持自身 pH 范围基本不变的能力。实验发现弱酸及其盐、弱碱及其盐等的混合溶液具有这种能力。

一、缓冲溶液的组成

缓冲溶液是具有保持溶液酸碱度相对稳定能力的溶液。它能够抵抗外加少量的酸、碱和水的稀释，而使溶液本身的 pH 值不发生显著变化。

缓冲溶液一般是由弱酸及其盐、弱碱及其盐或多元弱酸的两种不同盐组成的。如 HAc-NaAc、$NH_3·H_2O-NH_4Cl$、$Na_2HPO_4-NaH_2PO_4$ 等。缓冲溶液的组成同时具有抗酸和抗碱成分，两种成分之间一定存在某种平衡关系。那么这两种具有缓冲作用的组成成分称为缓冲溶液的缓冲对或缓冲体系。

缓冲溶液的组成通常有以下几种类型：

弱酸及其盐，如 HAc-NaAc，$H_2CO_3-KHCO_3$ 等；

弱碱及其盐，如 $NH_3·H_2O-NH_4Cl$ 等；

多元弱酸的两种盐，$KHCO_3-K_2CO_3$，$Na_2HPO_4-NaH_2PO_4$，$Na_2HPO_4-Na_3PO_4$ 等。

二、缓冲溶液的作用原理

缓冲溶液为什么具有缓冲作用呢？这是由缓冲溶液的组成成分决定的。现以 HAc-NaAc 缓冲体系为例来分析其作用原理。

在 HAc-NaAc 体系中，HAc 为弱电解质，只能部分解离出 Ac^- 与 H^+ 离子；而 NaAc 为强电解质，完全解离成 Ac^- 和 Na^+ 离子，使溶液中 Ac^- 离子浓度大大增加。

$$HAc \rightleftharpoons H^+ + \boxed{Ac^-}$$
$$NaAc \longrightarrow Na^+ + \boxed{Ac^-}$$

由于同离子效应，抑制了 HAc 的解离，加上 HAc 本身电离度就很小，所以此时溶液中 H^+ 浓度很小，而 HAc 和 Ac^- 的浓度很大。

根据 HAc 的解离平衡可得，溶液中 $c(H^+) = K_a \dfrac{c(HAc)}{c(Ac^-)}$，也就是说溶液中 $c(H^+)$ 的大小取决于 $\dfrac{c(HAc)}{c(Ac^-)}$。当溶液中加入少量强酸（如 HCl）时，强酸解离产生的 H^+ 基本上与 Ac^- 结合生成 HAc，使 HAc 平衡向左移动，溶液中增加的 HAc 分子相对原来的大量 HAc 可以忽略，减少的 Ac^- 与原有的相比也可视为几乎不变，这样 $\dfrac{c(HAc)}{c(Ac^-)}$ 比值变化极其微小，使得溶液中的 pH 值几乎保持不变。在这里，Ac^- 充当了缓冲溶液的抗酸成分。

同理，如果往上述体系中加入少量的强碱，由强碱解离出来的 OH^- 离子与溶液中一定量的 HAc 分子结合，生成 Ac^- 离子和难解离的 H_2O。当建立新平衡时，$c(HAc)$ 略有减少，$c(Ac^-)$ 略有增加，但 $\dfrac{c(HAc)}{c(Ac^-)}$ 比值变化仍是微小，其结果是，溶液中的 pH 值能够维持相对稳定。那么 HAc 就是该缓冲溶液的抗碱成分。

如果往溶液中加少量的 H_2O 稀释时，溶液中 $c(HAc)$ 和 $c(Ac^-)$ 都减小，这样 $\dfrac{c(HAc)}{c(Ac^-)}$ 比值在一定范围内变化仍然很小，因此溶液中 pH 值仍几乎保持不变。

三、缓冲溶液 pH 值的计算

以一元弱酸及其盐 HA-NaA 缓冲体系为例，体系存在的反应为

$$HA \rightleftharpoons H^+ + A^-$$
$$NaA \rightleftharpoons Na^+ + A^-$$

由弱酸 HA 的解离平衡得 $c(H^+) = K_a \dfrac{c(HA)}{c(A^-)} \approx K_a \dfrac{c_{弱酸}}{c_{弱酸盐}}$，则

$$pH = pK_a + \lg \dfrac{c_{弱酸盐}}{c_{弱酸}}$$

同理，NH_3-NH_4Cl 组成的缓冲体系，其 $pOH = pK_b + \lg \dfrac{c_{弱碱盐}}{c_{弱碱}}$

【例 2-6】 计算由 0.20mol/L HAc 溶液和 0.20mol/L NaAc 组成的缓冲溶液的 pH 值。

解： $c(HAc) = 0.20 mol/L$；$c(Ac^-) = 0.20 mol/L$
已知 $K_a(HAc) = 1.76 \times 10^{-5}$，代入缓冲溶液 pH 值计算公式

$$pH = pK_a + \lg \dfrac{c_{弱酸盐}}{c_{弱酸}} = 4.74 - \lg \dfrac{0.20}{0.20} = 4.74$$

四、缓冲溶液的能力限度

由于缓冲对的缓冲作用是有限度的，超过缓冲组分所能承受的限度，缓冲溶液就会失去缓冲能力。

实践证明，当 $c_{弱酸盐} : c_{弱酸} = 1$ 时，缓冲溶液的缓冲能力最大；当 $c_{弱酸盐} : c_{弱酸} = 1/10 \sim 10$ 时，缓冲体系有较好的缓冲作用。一般来说任何一个缓冲体系只能在一定的缓冲范围内发挥其缓冲作用，这个范围是 $pH = pK_a \pm 1$ 或 $pOH = pK_b \pm 1$。所以在选用缓冲溶液时应注意其缓冲范围。

五、缓冲溶液的配制

缓冲溶液的缓冲能力是有一定限度的，适当提高缓冲对的浓度可提高缓冲溶液的缓冲能力。但缓冲对浓度过高时可能不利于化学反应的进行，而且造成试剂的浪费，因此在实际工作中，缓冲对的浓度一般以控制在 0.05~0.5mol/L 为宜。配制一定 pH 值的缓冲溶液，可以通过计算，也可以从有关化学手册中查到。

配制缓冲溶液可按以下步骤进行。

① 根据实际需要配制的缓冲溶液的 pH 或 pOH 值，选择满足 $pK_a = pH \pm 1$ 或 $pK_b = pOH \pm 1$ 的合适缓冲对。

② 计算缓冲对的浓度比，或取浓度一致的缓冲对溶液，计算其体积比，以保证所配制的缓冲溶液 pH 或 pOH 值符合要求。

③ 根据计算结果，配制缓冲溶液，并控制缓冲对的浓度在 0.1~1mol/L 范围内。

常见的配制缓冲溶液的方法有以下几种。

① 在一定量的弱酸（或弱碱）溶液中加入共轭碱（或酸）固体或溶液。

【例 2-7】 欲配制 pH 为 4.50 的缓冲溶液 500mL，并使其中醋酸的浓度为 0.10mol/L。问需要多少 mL 0.50mol/L 的 HAc 溶液和多少克固体 $NaAc \cdot 3H_2O$？

解： 由题意知该溶液的缓冲对为 HAc-NaAc，则

根据缓冲溶液 pH 计算公式 $pH = pK_a + \lg \dfrac{c_{弱酸盐}}{c_{弱酸}}$ 可得

$$\lg \dfrac{c_{弱酸盐}}{c_{弱酸}} = pH - pK_a = 4.50 - 4.75 = -0.25$$

$$\dfrac{c_{弱酸盐}}{c_{弱酸}} = \dfrac{c_{NaAc}}{c_{HAc}} = 10^{-0.25} = 0.56$$

$$c(\text{NaAc}) = 0.1 \times 0.56 = 0.056 \text{ (mol/L)}$$
$$m(\text{NaAc} \cdot 3\text{H}_2\text{O}) = 0.056 \times 500 \times 10^{-3} \times 136 = 3.8 \text{ (g)}$$
$$V(\text{HAc}) = 0.10 \times 500 \times 10^{-3} \div 0.50 = 0.10 \text{ (L)} = 100 \text{ (mL)}$$

② 在一定量的弱酸（碱）溶液中加入一定量的强碱（酸），通过反应生成的共轭碱（酸）与多余的弱酸（碱）构成缓冲溶液。

【例 2-8】 用 50.00mL 0.20mol/L HAc 溶液与 20.00mL 0.20mol/L NaOH 溶液混合，并稀释到 100mL，求此时溶液的 pH 值。

解：
$$\text{HAc} + \text{NaOH} = \text{NaAc} + \text{H}_2\text{O}$$

NaOH 与 HAc 完全反应后，产物 NaAc 与多余的 HAc 形成 HAc-NaAc 缓冲体系。

根据缓冲溶液 pH 计算公式 $\text{pH} = \text{p}K_a + \lg\dfrac{c_{弱酸盐}}{c_{弱酸}}$ 得

$$\text{pH} = \text{p}K_a + \lg\frac{c_{\text{NaAc}}}{c_{\text{HAc}}} = 4.75 + \lg\frac{(0.20 \times 20.00) \div 100}{(0.20 \times 50.00 - 0.20 \times 20.00) \div 100} = 4.57$$

六、缓冲溶液的应用

缓冲溶液在工农业生产、生物学、科学实验等方面有着重要的意义。如土壤中存在 H_2CO_3-$NaHCO_3$、NaH_2PO_4-Na_2HPO_4、土壤腐殖酸-腐殖碱等缓冲体系，能够维持土壤环境有一相对稳定的酸碱度，有利于土壤微生物的正常活动和农作物的正常生长。人体内同样因存在 H_2CO_3-$NaHCO_3$、NaH_2PO_4-Na_2HPO_4 等缓冲体系，使血液酸碱度维持在 pH=7.35~7.45 的正常范围。

除此之外，缓冲溶液还可以作为标准缓冲溶液，用于校准酸度计。

本 章 小 结

一、弱电解质的解离平衡

1. 强电解质和弱电解质

凡在水溶液中能全部解离成离子的化合物称为强电解质。在强电解质溶液中只有水合离子，没有电解质分子，其电离方程式用"==="表示。

弱电解质是指在水溶液中只能部分解离成离子的化合物。在弱电解质溶液中既有离子存在，又有弱电解质分子存在，其电离方程式用"⇌"表示。

2. 弱电解质的解离平衡

（1）解离平衡常数　弱酸的解离平衡常数用 K_a 表示，而弱碱的解离常数用 K_b 表示。同类弱电解质的 K_a 或 K_b 可以表示弱酸或弱碱的相对强度。

（2）电离度 α

$$\alpha = \frac{\text{已解离的分子数}}{\text{解离前的分子总数}} \times 100\%$$

（3）解离常数 K_i 和电离度 α 的关系——稀释定律

$$K_i = c\alpha^2 \text{ 或 } \alpha = \sqrt{\frac{K_i}{c}}$$

在一定温度下，同一弱电解质的电离度与其浓度的平方根成反比，与其解离常数的平方根成正比。即浓度越稀，电离度越大；解离常数越大，电离度越大。

（4）影响解离平衡的因素

① 同离子效应：在弱电解质溶液中加入一种与弱电解质含有相同离子的强电解质时，

导致弱电解质的电离度降低的现象称为同离子效应。

② 盐效应：在弱电解质溶液中加入不含相同离子的强电解质，使弱电解质解离出来的离子结合成分子的机会减少，结果导致弱电解质的电离度略有增大，这种现象成为盐效应。

二、溶液的 pH 值及计算

1. 酸碱质子理论

凡是能提供质子（H^+）的物质（含分子和离子）都是酸，凡是能接受质子的物质都是碱。酸 HA 与碱 A^- 之间的相互关系称为共轭关系，HA 与 A^- 互称为共轭酸碱对。酸碱之间反应的本质是质子的传递过程。

2. 水的解离

水的离子积常数 $K_w = c(H^+) \cdot c(OH^-) = 1 \times 10^{-14}$

3. 溶液的酸碱性和 pH 值

$$pH = -\lg c(H^+)$$
$$pOH = -\lg c(OH^-)$$

4. pH 值的计算

（1）强酸（强碱）溶液的 pH 值计算　强酸（强碱）在水溶液中全部解离，一般情况，pH 值的计算直接由溶液中 $c(H^+)$ 取负对数得到。但如果溶液浓度很稀，小于 1.0×10^{-6} mol/L 时，计算溶液的 pH 值还必须考虑由水解离出来的 H^+ 或 OH^-。

（2）一元弱酸（弱碱）溶液的 pH 值计算　当 $c/K_a \geq 500$，$\alpha < 5\%$ 时，$c(H^+) = \sqrt{c \cdot K_a}$；当 $c/K_a \leq 500$，$\alpha > 5\%$ 时，$c(H^+) = \dfrac{-K_a + \sqrt{K_a^2 + 4K_a c}}{2}$

一元弱碱与一元弱酸相似，用 K_b 代替 K_a 即可。

（3）多元弱酸（弱碱）溶液的 pH 值计算　多元酸（碱）的解离平衡是分步进行的。当第一步解离平衡常数大大超过第二步、第三步解离常数时，且 $c/K_{a1} \geq 500$ 时，可以忽略第二步、第三步等解离，按一元弱酸作近似计算，则溶液中 H^+ 浓度为

$$c(H^+) = \sqrt{c \cdot K_{a1}}$$

如果多元弱酸的第一级解离平衡常数大大超过第二级和第三级（相差 10^4 以上），则其酸根离子浓度的数值近似等于该弱酸的第一级解离平衡常数 K_{a1}，与该酸的初始浓度无关。

5. 溶液 pH 值的测定

测定溶液 pH 值的方法很多，常用 pH 试纸和酸度计来测定。

三、缓冲溶液

1. 缓冲溶液的组成

缓冲溶液是具有保持溶液酸碱度相对稳定的溶液。缓冲溶液一般是由弱酸及其盐、弱碱及其盐或多元弱酸的两种不同盐组成的。其组成同时具有抗酸和抗碱成分，两种成分之间一定存在某种平衡关系。

2. 缓冲溶液 pH 值的计算

$$pH = pK_a + \lg \dfrac{c_{弱酸盐}}{c_{弱酸}} \text{ 或 } pOH = pK_b + \lg \dfrac{c_{弱酸盐}}{c_{弱酸}}$$

3. 缓冲溶液的能力限度

缓冲溶液的缓冲作用是有限度的。缓冲溶液的缓冲范围是 $pH = pK_a \pm 1$ 或 $pOH = pK_b \pm 1$。

4. 缓冲溶液的配制

① 根据所需溶液的 pH 值选择适合的缓冲对；

② 计算各缓冲组分所需的量；
③ 测定缓冲溶液的 pH 值。

思考与练习

1. 在 H_2S 溶液中，分别加入少量 Na_2S、HCl、NaOH、NaCl 溶液，H_2S 的电离度将各如何变化？加水稀释又如何？请说明原因。
2. 判断下列化合物哪些属于强电解质？哪些属于弱电解质？
$Cu(OH)_2$，$NaHCO_3$，H_2SO_4，H_2S，H_2O，$NH_3 \cdot H_2O$，HF，NaCl
3. 已知 25℃时甲酸（HCOOH）的解离常数 K_a 为 1.77×10^{-4}，试计算 0.20mol/L 的甲酸中的 $c(H^+)$ 值和电离度。
4. 根据酸碱质子理论，判断在水溶液中下列物质哪些是酸？哪些是碱？哪些是两性物质？分别写出它们的共轭酸（碱）的化学式。
CO_3^{2-}，NH_3，NO_3^-，OH^-，H_2O，CN^-，H_3PO_4，HCO_3^-，H_2S
5. 计算 0.1mol/L 下列溶液的 pH 值。
H_2SO_4，HAc，$NH_3 \cdot H_2O$，NaCN，NH_4Cl，Na_2CO_3
6. 计算室温下饱和 CO_2 水溶液（即 0.04mol/L）中 pH 值、$c(HCO_3^-)$、$c(CO_3^{2-})$。
7. 已知某氨水溶液的 pH=11.38，计算该氨水的浓度。
8. 计算 100mL 0.2mol/L 的 NaH_2PO_4 溶液与 50mL 0.1mol/L 的 HCl 混合后，溶液的 pH 值。
9. 将 50mL 0.2mol/L 的某一元弱酸溶液与 20mL 0.15mol/L NaOH 的溶液混合，稀释至 100mL，测得该溶液的 pH=5.0，求一元弱酸的 K_a。
10. 为了得到 pH=10.0 的缓冲溶液，问应在 50mL 0.2mol/L $NaHCO_3$ 中加入多少克固体 Na_2CO_3（忽略溶液体积变化）？如果改成加入 0.1mol/L 的 Na_2CO_3 溶液，则需用多少 mL？

实验实训　缓冲溶液的配制及 pH 值的测定

一、实训目标
1. 学会缓冲溶液的配制，巩固对缓冲溶液缓冲原理的认识。
2. 了解酸度计的原理，学会用酸度计测定溶液的 pH 值。

二、原理
缓冲溶液是指在一定程度上能抵抗外加少量酸、碱或稀释，而保持溶液 pH 值基本不变的混合体系。缓冲溶液一般是由共轭酸碱对组成的，如弱酸和弱酸盐，或弱碱和弱碱盐。缓冲组分浓度越大，缓冲容量越大；缓冲组分浓度比值为 1 时，缓冲容量最大。

pH 值的测定可以通过 pH 试纸、酸碱指示剂来测定，也可以用酸度计来测定。

三、器材和试剂
器材：试管若干，pHS-3C 酸度计，试管，量筒（100mL，10mL），烧杯（100mL，50mL），吸量管（10mL），胶头滴管 2 支，玻璃棒 1 根等。

试剂：0.1mol/L HAc，0.1mol/L NaAc，0.1mol/L $NH_3 \cdot H_2O$，0.1mol/L NH_4Cl 或固体 NH_4Cl，0.1mol/L HCl，0.1mol/L NaOH，pH=4 的 HCl，pH=10 的 NaOH，pH=4.00 的标准缓冲溶液，pH=9.18 的标准缓冲溶液，混合指示剂，广泛 pH 试纸，精密 pH 试纸，吸水纸。

四、实训内容及步骤
1. 缓冲溶液的配制与 pH 值的测定

配制 pH=9.00 的缓冲溶液，然后用精密 pH 试纸和 pH 计分别测定它们的 pH 值。

2. 缓冲溶液的性质

① 取 3 支试管，依次加入蒸馏水，pH=4 的 HCl 溶液，pH=10 的 NaOH 溶液各 3mL，用 pH 试纸测其 pH 值，然后向各管加入 5 滴 0.1mol/L HCl，再测其 pH 值。用相同的方法，试验 5 滴 0.1mol/L NaOH 对上述三种溶液 pH 值的影响。将结果记录在表 2-2 中。

表 2-2　结果记录表（一）

实验情况	蒸馏水	pH=4 的 HCl	pH=10 的 NaOH
未加其他试剂时 pH			
滴加 5 滴 0.1mol/L HCl 的 pH			
滴加 5 滴 0.1mol/L NaOH 的 pH			

② 取 3 支试管，分别加入已经配制好的 pH=9.00 的缓冲溶液各 3mL。然后向三支试管中分别加入 5 滴 0.1mol/L HCl，5 滴 0.1mol/L NaOH，5 滴蒸馏水，用精密 pH 试纸测其 pH 值。将实验结果记录在表 2-3 中。

表 2-3　结果记录表（二）

实验情况	pH=9.00 的缓冲溶液	pH=9.00 的缓冲溶液	pH=9.00 的缓冲溶液
未加其他试剂时 pH			
滴加 5 滴 0.1mol/L HCl 的 pH		—	—
滴加 5 滴 0.1mol/L NaOH 的 pH	—		—
滴加 5 滴蒸馏水的 pH	—	—	

③ 取 3 支试管，分别于三支试管中各加入 2mL 的 0.1mol/L HAc 和 2mL 的 0.1mol/L NaAc，分别加 1~2 滴混合指示剂，观察现象。然后向上述三支试管中分别加入 5 滴 0.1mol/L HCl，5 滴 0.1mol/L NaOH，5 滴蒸馏水，再次观察溶液有何变化？将实验结果记录在表 2-4 中。

表 2-4　结果记录表（三）

实验情况	HAc－NaAc 缓冲溶液	HAc－NaAc 缓冲溶液	HAc－NaAc 缓冲溶液
未加其他试剂时 pH			
滴加 5 滴 0.1mol/L HCl 的指示剂颜色		—	—
滴加 5 滴 0.1mol/L NaOH 的指示剂颜色	—		—
滴加 5 滴蒸馏水的指示剂颜色	—	—	

④ 取 3 支试管，依次加入 pH=4 的 HCl 溶液，pH=10 的 NaOH 溶液，pH=9.00 的缓冲溶液各 3mL，用 pH 试纸测其 pH 值，然后向各管中加入 5mL 蒸馏水，混匀后再用精密 pH 试纸测其 pH 值，将实验结果记录在表 2-5 中。

表 2-5　结果记录表（四）

实验情况	pH=4 的 HCl	pH=10 的 NaOH	pH=9.00 的缓冲溶液
未加其他试剂时 pH			
加入 5mL 水后溶液 pH			

3. pHS-3C 酸度计的使用

（1）pH 计标定

① 打开电源开关，按"pH/MV"按钮，使仪器进入 pH 测量状态；

② 按"温度"键使显示为溶液温度值（此时温度指示灯亮），然后按"确认"键，仪器确定溶液温度后回到 pH 测量状态。

③ 把用蒸馏水清洗过的电极插入 pH=6.86 的标准溶液 1 中，待读数稳定后按"定位"键

(此时 pH 指示灯慢闪烁，表明仪器在定位、标定状态)使读数为该溶液当前温度下的 pH 值。

④ 把用蒸馏水清洗过的电极插入 pH=4.01（或 pH=9.18）的标准溶液 2 中，待读数稳定后按"斜率"键（此时 pH 指示灯快闪烁，表明仪器在斜率标定状态）使读数为该溶液当时的 pH 值，然后按"确认"键，仪器进入 pH 测量状态，pH 指示灯停止闪烁，标定完成。

⑤ 用蒸馏水将电极清洗干净后即可对被测溶液进行测量。

⑥ 如果被测溶液温度与标定溶液的温度不一致，用温度计测量出被测溶液的温度，然后按"温度"键，使温度显示为被测溶液的温度，再按"温度"键，即可对被测溶液进行测量。

⑦ 一个样品测定完毕后，如果还要继续测定其他样品，可以连续进行，但要注意每一次测定完，需用蒸馏水将电极清洗干净后才能测定下一个样品。如果间隔时间不长，可不必关闭电源。

⑧ 实验结束后，关闭电源开关，将复合电极浸于蒸馏水中。

(2) pH 计标定错误后补救措施

① 如果标定过程中操作失败或按键错误而使仪器测量不正常，可关闭电源，然后按住"确认"键再开启电源，使仪器恢复初始状态。然后重新标定。

② 标定后，"定位"键及"斜率"键不能再按，如果触动此键，此时仪器 pH 指示灯闪烁，请不要按"确认"键，而是按"pH/MV"键，使仪器重新进入 pH 测量即可，而无须再进行标定。

③ 标定的缓冲溶液一般第一次用 pH=6.86，第二次用接近溶液的 pH 值的缓冲溶液，如果被测溶液为酸性时，缓冲溶液应选 pH=4.01；如被测溶液为碱性则选 pH=9.18 的缓冲溶液。

(3) 使用注意事项

① 仪器使用时要经过预热。

② 仪器必须尽可能放在干燥的环境中存放和使用，一般情况下即使不用也不要把电极插头从插座中拔出，以免吸湿影响聚四氟乙烯的绝缘性能。

③ 复合电极的敏感部分是下端的玻璃泡，一般不使用时，可把它浸在蒸馏水中，新的电极或干放时间较长的电极应在使用前放在蒸馏水浸泡 24h，以便活化电极敏感部分。

④ 复合电极中参比电极的陶瓷芯忌与油脂类物质接触，以防止堵塞。

⑤ 复合电极使用前，必须赶尽球泡头部和电极中间的气泡。

⑥ 测量时，电极的引线需保持静止，否则易引起测量不稳定。

五、思考题

1. 为什么缓冲溶液具有缓冲作用？配制一定 pH 值的缓冲溶液应注意什么？
2. 加入缓冲溶液的酸、碱溶液的体积增大时，缓冲溶液的 pH 值会发生变化吗？为什么？
3. 使用 pH 计测定溶液 pH 值时，应注意什么问题？

附：标准缓冲溶液的配制

① pH=4.01 的标准缓冲溶液配制：称取在 110℃ 烘干的分析纯邻苯二甲酸氢钾 10.21g，用蒸馏水溶解后定容至 1000mL。

② pH=6.86 的标准缓冲溶液配制：称取在 110℃ 烘干的分析纯磷酸二氢钾 3.39g 和磷酸氢二钠 3.53g，用蒸馏水溶解后定容至 1000mL。

③ pH=9.18 的标准缓冲溶液配制：称取分析纯硼砂 3.81g，用蒸馏水溶解后定容至 1000mL。

第三章 无机物与植物营养

学习目标
1. 了解无机营养对植物新陈代谢和生长发育的重要作用。
2. 了解植物必需的十七种营养元素在自然界的存在形式及生理作用。

植物体从外界环境中吸收生长发育所需的养分,以维持其生命活动的作用,称为植物营养。植物的组成非常复杂,其成分几乎包括自然界存在的全部元素,现已确定的有 60 种之多,这些元素以有机物的形式或无机物的形式存在于植物体内,但它们并非都是植物所必需的营养元素,经过大量的研究证明,植物必需的营养元素有 17 种,它们是:碳(C)、氢(H)、氧(O)、氮(N)、磷(P)、钾(K)、钙(Ca)、镁(Mg)、硫(S)、铁(Fe)、硼(B)、锰(Mn)、铜(Cu)、锌(Zn)、钼(Mo)、氯(Cl)、镍(Ni)。根据植物对必需元素需要量的大小,通常将植物的必需元素分为大量元素和微量元素两类。大量元素是指植物需要量大,在植物体的元素组成中,含量占植物干重的 0.1% 以上的元素,它们共有九种,即 C、H、O、N、P、K、Ca、Mg、S。微量元素是指植物需要量极微,含量一般为植物干重的 0.01% 以下的元素,即 Fe、B、Mn、Cu、Zn、Mo、Cl、Ni。

植物必需的营养元素中,C、H、O 属于非矿质元素,其余 14 种为植物必需的矿质元素,除氮外,其余 13 种又称为灰分元素。

第一节 非矿质营养元素

非矿质营养元素 C、H、O 来自空气和水分,C、O 营养素在干组织中的含量各占到 45%,H 元素占 6%,它们是组成植物体的主要元素,以无机物 H_2O、CO_2、O_2 的形式存在。

一、水

水是植物的重要组成成分,在植物生理活动中起着重要作用,是植物生命代谢不可缺少的基本物质,植物的含水量一般在 70%~90%,水生植物的含水量最高,可达鲜重的 98%,而沙漠植物含水量少,有的可低至 6%。

水是植物细胞原生质的重要成分,原生质含水量高时,细胞的各种代谢旺盛,随着含水量的减少,原生质变为凝胶,细胞的生命活动大为减弱,甚至引起原生质结构破坏,导致植物死亡;植物体内许多代谢过程的生化反应也需要水分子的直接参加,如光合作用要以水为原料,呼吸作用以及各种水解反应也需要水分子的参加。水是优良的溶剂,植物体内许多代谢过程的生化反应,都是在水中进行的,如土壤中的无机盐只有溶解于水中才能被植物吸收,植物体内各物质只有溶解于水,才能在植物体内运输;此外,细胞只有含有大量水分,才能保持其膨胀状态,使枝叶直立,便于接受阳光和进行气体交换,使花朵绽放,利于传授花粉;植物体内的大量水分在高温强光下通过蒸发带走大量热能,调节植物体温使之保持相对稳定。

二、二氧化碳

二氧化碳是光合作用的重要原料,它与水通过光合作用合成为有机物并放出氧气。

三、氧气

氧气是进行有氧呼吸的必要条件，细胞中的有机物在一系列酶的作用下被氧气逐步氧化分解，同时放出能量。

第二节 矿质营养元素

矿质营养元素几乎全部来自于土壤。因此，常将这些依靠土壤提供的植物生长发育所必需的营养元素称为土壤养分，土壤养分主要来自于施肥。

一、氮、磷、钾

植物对氮、磷、钾三种元素的需要量较大，而土壤中一般含量较少，所以在农林生产上经常需要施肥补充这三种元素，才能满足植物的营养要求，因此，氮、磷、钾被称为"三大营养素"或"肥料三要素"。

1. 氮

植物以吸收无机氮为主。无机氮也称为矿质氮，包括铵态氮、硝态氮、亚硝态氮和游离氮。地球上的氮99.78%存在于大气中和有机体内，土壤中无机氮只占土壤全氮量的1%～2%，主要是铵态氮和硝态氮两部分。常见的铵态氮肥有：液氨、氨水、碳酸氢铵、硫酸铵、氯化铵等；硝态氮肥有：硝酸铵、硝酸铵钙等。

氮在植物生长中占有很重要的地位，它的主要生理作用是：氮是构成植物蛋白质的主要成分，在蛋白质中氮的含量占到16%～18%，而蛋白质是细胞质、细胞核、细胞膜、酶的主要成分；氮是组成叶绿素的重要元素，植物叶片含氮量的高低与光合速率有密切关系；氮还是维生素、植物激素、生物碱及生物能量代谢物质的组成部分。总之，氮在生命活动中占有重要地位，所以氮又被称为"生命元素"。

缺氮时，有机物的合成受阻，植株矮小，叶片发黄，产量降低。氮素过量，则叶色深绿，叶枝徒长，成熟期推迟，植株抵抗不良环境能力差，易受病虫害侵袭，同时，茎部机械组织不发达，易倒伏。

2. 磷

土壤中无机磷约占全磷的50%～90%，主要由土壤中矿物质分解而成。植物的根系主要是以$H_2PO_4^-$或HPO_4^{2-}的形式吸收磷的，土壤中无机态磷根据植物对磷吸收程度可分为三种：① 水溶性磷，如：KH_2PO_4、NaH_2PO_4、K_2HPO_4、Na_2HPO_4、$Ca(H_2PO_4)_2$、$Mg(H_2PO_4)_2$等，以离子状态存在于土壤中，可被植物直接吸收利用；② 弱酸溶性磷，主要是$CaHPO_4$、$MgHPO_4$等，它们能被弱酸溶解，但不溶于水，能被植物吸收利用；③ 难溶性磷，不能被水和弱酸溶解，作物不能吸收利用，有时可被强酸溶解，主要是磷酸+钙[$Ca_{10}(PO_4)_6·F_6$]、磷酸八钙[$Ca_8H_2(PO_4)_6$]、氯磷灰石[$Ca_{10}(PO_4)_6·Cl_6$]等，难溶性磷是土壤无机磷的主要部分。

我国土壤中含磷量很低，土壤全磷的含量（P_2O_5）为0.3～3.5g/kg，其中99%为迟效磷，作物当季能利用的磷仅在0.1%。常用的磷肥有三种类型：水溶性磷肥，主要有过磷酸钙和重过磷酸钙；弱酸溶性磷肥，主要有钙镁磷肥、钢渣磷肥、脱氟磷肥、沉淀磷肥和偏磷酸钙等；难溶性磷肥，主要有磷矿粉、骨粉等。

磷的主要生理作用：磷存在于磷脂、核酸、核蛋白中，是细胞质和细胞核的组成成分；磷在代谢中起着重要作用，因为磷参与组成的ATP、ADP、NAD^+、$NADP^+$、FAD、FAN等，与光合作用、呼吸作用密切相关，是糖类、脂类及氮代谢过程中不可缺少的元素，而且磷还能促进糖类的运输；植物细胞中含有的磷酸盐，可以构成缓冲体系，在细胞渗透势的维持中起一定作用。

磷对植物的生长发育有很大作用。缺磷时，分蘖、分支减少，植株矮小，叶色暗灰绿或紫红，生长发育受阻，产量降低。

3. 钾

钾是植物必需的三大营养元素之一，在氮、磷、钾三要素中，植物钾的含量仅次于氮。土壤中全钾（K_2O）含量一般为5%～25%，包括以离子形态存在于土壤中的水溶性钾，吸附在带有负电荷的土壤胶体上的交换性钾，这两种钾都能被植物吸收利用，称为速效钾，但都只占土壤全钾量的0.15%～0.5%；此外，还有固定在黏土矿物层状结构中和较易风化的矿物中的缓效态钾，占土壤全钾量的2%左右，虽不能被植物吸收利用，但它是速效钾的储备；土壤中含量最高的是矿物态钾，占土壤全钾量的90%～95%，是植物不能吸收利用的钾，需要长期风化逐渐释放出来才能被植物利用。因此，需要施用钾肥来满足植物所需的钾营养素。

常见的钾肥有：氯化钾、硫酸钾、草木灰（K_2CO_3为主）、窑灰钾肥（水泥厂的副产品，含多种成分，除钾外，还有镁、硅、硫等）、钾镁肥（制盐工业的副产品，其成分为$K_2SO_4 \cdot MgSO_4$）。草木灰含K_2O较高，且这种钾90%以上都是水溶性的，植物吸收利用率较高，是主要的钾肥原料。

钾在植物内呈离子状态，不参加有机物的组成。钾的主要生理作用：作为酶的活化剂参与植物体内重要的代谢活动；能促进蛋白质、糖类的合成以及糖类的运输；增加原生质的水合度，降低其黏性，使细胞保水力增强，抗旱性提高；钾在植物体内的含量较高时，能有效地影响细胞的渗透势和膨压，参与控制细胞吸水、气孔运动等生理过程。

缺钾时，叶尖或叶缘首先枯黄，继而整个叶片枯黄，植株生长缓慢。易倒伏。严重缺钾时蛋白质代谢失调，导致有毒胺类形成，引起植物组织中毒坏死。

二、钙、镁、硫

根据钙、镁、硫在植物体内含量，它们属于中量元素，且钙、镁在土壤中含量较高，作为肥料补充植物营养的情况不多。

1. 钙

钙是以Ca^{2+}的形式被植物吸收的。土壤中的钙有矿物态钙，占全钙量的40%～90%，大多数含钙矿物较易风化，进入溶液中随水流失，故土壤中含量较低；还有土壤溶液中钙，是存在于土壤溶液中的钙离子，含量也不高；而土壤中的交换态钙是指吸附在土壤胶体表面的钙离子，是植物可利用的钙，含量很高。

如果交换态钙在400mg/kg（土）以下，施钙肥可产生明显效果。常见钙肥有：生石灰、熟石灰、碳酸石灰（主要是$CaCO_3$）、工业废渣（主要是高炉炉渣，主要成分是$CaSiO_3$）、过磷酸钙等。

钙的主要生理作用：Ca^{2+}是植物细胞壁胞间层中果胶酸钙的成分；Ca^{2+}与有丝分裂有关，有丝分裂时纺锤体的形成需要钙；Ca^{2+}具有解毒作用，植物代谢的中间产物有机酸积累过多时对植物有害，Ca^{2+}可以与有机酸结合为不溶性的钙盐（草酸钙、柠檬酸钙）而起解毒作用；Ca^{2+}可与钙调素结合成钙-钙调蛋白复合体参与信息传递；Ca^{2+}是少数的活化剂；Ca^{2+}有助于植物愈伤组织的形成，对植物抗病有一定作用。

2. 镁

镁是以Mg^{2+}的形式被植物吸收的。土壤中的镁主要以无机态存在，有矿物态、水溶态、交换态、非交换态、有机态五种。矿物态镁约占土壤全镁量的70%～90%，交换态镁约占全镁量的 10%～20%。常见的镁肥有硫酸镁、氯化镁等。

镁的主要生理作用：镁是叶绿素的成分，植物体中约 20% 的镁存在于叶绿素中；镁是光合作用及呼吸作用中许多酶的活化剂；蛋白质合成时氨基酸的活化需要镁的参与；镁是 DNA 聚合酶及 RNA 聚合酶的活化剂，因此在 DNA、RNA 合成过程中也有镁的参与；镁也是染色体的组成成分，在细胞分裂中起作用。

3. 硫

植物主要以 SO_4^{2-} 的形式吸收硫。土壤中的无机硫仅占 6%～15%，分为水溶态硫（以溶于土壤溶液的 SO_4^{2-} 形式存在）、吸附态硫（土壤胶体中吸附的 SO_4^{2-}）、矿物态硫（以硫化物、硫酸盐形式存在，如：FeS_2、ZnS、$MgSO_4$、$CaSO_4$ 等）

含硫的肥料主要有石膏、硫磺及其他硫酸盐，如：硫酸铜、硫酸铵、硫酸钾、硫酸镁等。

硫的主要生理作用：参与原生质的构成，含硫氨基酸几乎是所有蛋白质的构成成分；硫还是 CoA、硫胺素、生物素的构成成分，与糖类、蛋白质、脂肪的代谢都有密切关系。

缺硫时，蛋白质含量显著减少，叶绿素的形成也受到影响，因此植株的叶片呈黄绿色。

三、微量营养元素

微量元素包括：铁（Fe）、硼（B）、锰（Mn）、铜（Cu）、锌（Zn）、钼（Mo）、氯（Cl）、镍（Ni）。虽然植物对微量元素的需要量很少，但它们在保证植物正常生长发育方面的重要性与大量元素是相同的。

1. 铁

铁在植物体内的含量比其他微量元素多，铁是以 Fe^{2+} 形式被植物吸收的。在土壤中的含量也很高，但有效性不稳定，往往过低或过高，造成缺乏或毒害。

铁是形成叶绿素不可缺少的元素，植物缺铁易失绿黄化；铁还是光合作用中许多电子传递体的组成部分，如细胞色素氧化酶、过氧化氢酶、过氧化物酶中都含有铁，在这些酶中铁通过 Fe^{2+} 和 Fe^{3+} 两种价态的变化传递电子；植物缺铁，光合强度下降；铁是许多酶的活化剂；铁也是固氮酶中铁蛋白和钼铁蛋白的成分，在生物固氮中起作用；铁还参与核酸、蛋白质和蔗糖的合成。

2. 硼

硼在不同植物体内的含量差异很大。硼是以 H_3BO_3 的形式被植物吸收的。

硼的主要功能有：硼与植物的生殖有关，有利于花粉的形成，可促进花粉萌发、花粉管伸长及受精过程的进行；硼能促进植物体内糖的运输；硼与细胞的分裂、核酸、蛋白质的合成、激素反应、根系发育等生理过程有关；硼还能抑制植物体内咖啡酸、氯原酸的形成，防止植物组织坏死。

3. 锰

锰主要是以 Mn^{2+} 形式被植物吸收。

锰的主要生理作用：锰是植物细胞内许多酶的活化剂；锰调节植物体内的氧化还原反应，直接参与光合作用和氮素的转化，提高叶绿素的含量，促进碳水化合物的运转、养分的积累和维生素的合成；锰还能促进氨基酸、蛋白质的合成。

4. 铜

在通气良好的土壤中，铜多以 Cu^{2+} 的形式被植物吸收，而在潮湿缺氧的土壤中，多以 Cu^+ 的形式被植物吸收。

铜是一些氧化还原酶的组分，积极参加氧化还原反应，因此与呼吸作用密切相关；铜也是叶绿体中质体蓝素的成分，积极参与光合作用；铜还参与蛋白质和糖代谢。

5. 锌

锌是以 Zn^{2+} 的形式被植物吸收的。

锌的主要生理作用：锌是许多酶的组分或活化剂，可参与蛋白质、叶绿素以及生长素（IAA）的合成。缺锌时会导致植物体内 IAA 合成受阻，并最终使植株幼叶和茎的生长受阻，产生所谓的"小叶病"和丛叶症；锌是许多酶的活化剂；锌与蛋白质代谢有关；锌还可增强植物的抗逆性。

6. 钼

植物以 MoO_4^{2-} 的形式吸收钼。

钼是硝酸还原酶的成分，也是固氮酶中钼铁蛋白的组分，在植物氮代谢中有重要作用；钼与磷酸代谢有关，促进无机磷向有机磷转化；钼还可能增强植物抵抗病毒病的能力。

7. 氯

植物以 Cl^- 的形式吸收氯。只有很少量的氯结合进有机物；光合作用中水的光解需要氯；叶和根中的细胞分裂也需要氯；另外，氯在调节细胞渗透势和维持电荷平衡方面起重要作用。植物对氯的需要量不多，雨水和土壤水的含量足以满足植物的需要，一般不需施用氯肥。

8. 镍

镍也是大多数植物的必需元素，植物以 Ni^{2+} 的形式吸收镍，近年研究，镍是脲酶等的组成部分，有激活大麦中淀粉酶的作用；对植物氮代谢及生长发育的正常进行都是必需的。缺镍时，植物会因尿素的积累而对植物体产生毒害作用。

硫、硼、锌、钼、铜五种元素，植物需要量不高，但土壤中含量或有效性高低不一，有时需要施肥加以补充。微量元素肥料主要是含有硼、锌、钼、锰、铁、铜等营养元素的无机盐类和氧化物，如：硼砂、氧化锌、钼酸铵、硫酸锰、硫酸亚铁、五水硫酸铜等。

此外，还有些元素对植物的生长有作用，但不是必需元素，或只对某些植物在特定的条件下是必需元素，通常被称为有益元素。例如：钠、硅、钴、钒、硒、铝、碘、铬、砷、钽、铈等。

这些植物必需的营养元素，无论是大量元素还是微量元素，若缺乏时，植物生长发育会受到影响，但另一方面，过量时也会使植物中毒，微量元素严重过量时甚至危及人、畜健康，因此，应根据土壤的具体情况合理施用营养素肥料。

本 章 小 结

本章以植物营养为主线，主要介绍了十七种无机物植物营养元素在自然界的存在形态以及对植物代谢、生长发育等方面的生理作用。

土壤中的非矿质元素：C、H、O 营养素在植物体内的总含量占到植物体干重的 96% 以上，属于大量元素，以无机物 H_2O、CO_2、O_2 的形式存在于自然界。H_2O、CO_2 是植物光合作用合成有机物的主要原料；O_2 是植物进行呼吸作用的必要条件，通过氧气氧化植物体内有机物放出能量；H_2O 在植物营养吸收、养分运输、植物体内生化反应过程中是良好的溶剂，在保持植物直立状态和调节体温等方面也起到了重要的作用。

土壤非矿质元素中属于大量元素的有六种：即 N、P、K、Ca、Mg、S，植物对氮、磷、钾三种元素的需要量较大，而土壤中一般含量较少，需要施肥补充营养；而 Ca、Mg 在土壤中含量较高，一般不需要补充；植物对硫的需要量相对较少。它们在植物各种代谢中都有独特的生理作用。

  土壤非矿质元素中属于微量元素的有八种,即 Fe、B、Mn、Cu、Zn、Mo、Cl、Ni,虽然植物对它们的需要量很少,但在保证植物正常生长发育方面的重要性与大量元素是相同的,在调节植物生理功能方面起着不可或缺的作用。

思考与练习

1. 植物生长必需的元素有哪些?为什么把氮、磷、钾肥料称为植物三要素?
2. 在植物必需的营养元素中,哪几种元素在植物体内含量最高?
3. 微量元素的作用是否不如大量元素的作用大?为什么?
4. 土壤中的营养元素是否越多越好?施肥时应注意什么?

模块二

有机化学基础

第四章 有机化学概论

学习目标

1. 了解有机化学及其与农林生产、农林科学之间的关系。
2. 理解同分异构现象及烷烃系统命名法的主要原则。
3. 掌握取代反应和加成反应。
4. 掌握烃及其衍生物代表物的主要化学性质。

自然界里的物质是复杂多样的。模块一中讲述的非金属、金属及其化合物称为无机化合物，简称无机物。像油脂、淀粉、蛋白质、纤维素、塑料和染料等这类化合物被称为有机化合物，简称有机物。有机物和人类的关系非常密切，人类的生产、生活和科学研究都离不开它。有机物在自然界分布非常广泛，而且每年还有大量新的有机物被合成出来。目前，有机物相对确切的定义为碳氢化合物及其衍生物（碳的氧化物、碳酸及碳酸盐除外）。有机化学则是研究有机物的组成、结构、性质及其变化规律的科学。

有机化学与农林生产有着密切关系，植物的生长过程实质上是各种有机物的合成、分解与转化的过程。有机肥料的生产与使用、有机农药的生产与病虫害防治、农产品分析与环境保护、土壤有机质分析与因地制宜、病毒的控制与作物防疫、良种培育与组织培养、激素和除草剂的使用与粮食增产、植物的生长发育与外部调控、微生物发酵与农产品加工等都要求有机化学能提供理论依据和解决问题的途径。随着人们对蛋白质和核酸等生物大分子结构和功能的研究，人们可以在分子水平上解释生命现象，这必将极大地促进农林科学的发展。

第一节 烃

分子中只含碳和氢两种元素的有机物称为碳氢化合物，简称烃。烃是最简单有机物，可以看作有机物的母体。

根据烃分子结构中碳架的不同形式，可把烃分为链烃和环烃。链烃和环烃还可按分子结构中价键的不同，进一步分类如下：

$$
\text{烃}\begin{cases}\text{链烃（脂肪烃）}\begin{cases}\text{饱和链烃（烷烃）} \\ \text{不饱和链烃}\begin{cases}\text{烯烃}\\\text{炔烃}\end{cases}\end{cases}\\\text{环烃}\begin{cases}\text{脂环烃}\\\text{芳香烃}\end{cases}\end{cases}
$$

一、烷烃

甲烷是最简单、最重要的烷烃代表物。除甲烷外，还有一系列性质跟甲烷很相似的烷烃，其结构式及结构简式如下：

```
        结构式              结构简式
         H H
         | |
       H-C-C-H            CH₃—CH₃           乙烷
         | |
         H H

        H H H
        | | |
      H-C-C-C-H          CH₃—CH₂—CH₃         丙烷
        | | |
        H H H
```

在这些烃分子中，碳碳原子之间都以单键结合成链状，其余的价键全部跟氢原子相结合，达到"饱和"，故称之为饱和链烃，或称烷烃。如果碳原子数为 n，则氢原子数目为 $2n+2$，烷烃的分子式用通式 C_nH_{2n+2} 表示。

（一）同系物

像甲烷、乙烷、丙烷、丁烷这些物质，结构相似，但分子组成上相差一个或若干个"—CH₂—"原子团，这样的一系列化合物互称为同系物。甲烷、乙烷、丙烷都是烷烃的同系物。同系物的物理性质随碳原子数的增加存在着一定的递变规律，化学性质相似。

（二）同分异构现象、同分异构体

化合物具有相同的分子式，但具有不同结构的现象，叫做同分异构现象。具有同分异构现象的化合物互称为同分异构体。烷烃的异构现象比较简单，通常是由于分子中原子的连接顺序和连接方式不同而引起的碳架异构。随着碳原子数的增加，异构体数目也迅速地增加。戊烷有 3 种同分异构体，己烷有 5 种，庚烷有 9 种，辛烷有 18 种，而癸烷（$C_{10}H_{22}$）有 75 种之多。同分异构现象的存在是自然界中有机化合物种类繁多的主要原因。

（三）烃基

烃分子失去一个或几个氢原子后所剩的部分叫做烃基。用"—R"表示，如果是烷烃失去一个氢原子后剩余的原子团，就叫做烷基，烷基可以表示为—C_nH_{2n+1}。如—CH_3 叫甲基，—C_2H_5 叫乙基。

（四）烷烃的命名

1. 普通命名法（又称习惯命名法）

普通命名法适用于结构比较简单的烷烃的命名，其基本原则是：根据碳原子的数目称为某烷，十个碳原子以下用甲、乙、丙、丁、戊、己、庚、辛、壬、癸天干顺序命名，十一个碳原子以上用汉文数字十一、十二……命名。没有支链的烷烃（即直链烷烃），在名称前冠以"正"字；链端第二个碳原子有一个甲基支链的，在名称前冠以"异"字；链端第二个碳原子有两个甲基支链的，在名称前冠以"新"字。例如：

```
                                                    CH₃
                                                    |
CH₃—CH₂—CH₂—CH₂—CH₃    CH₃—CH—CH₂—CH₃       H₃C—C—CH₃
                              |                     |
                              CH₃                   CH₃
        正戊烷                    异戊烷                 新戊烷
```

普通命名法虽然比较简单，但对结构较为复杂的化合物就无法命名，所以系统命名法被广泛使用。

2. 系统命名法

系统命名法是根据国际纯粹和应用化学联合会（International Union of Pure and Applied Chemistry，IUPAC）指定的命名原则，结合我国文字特点对有机物进行命名。

在系统命名法中，直链烷烃的命名与普通命名法基本相同，只需去掉"正"字。例如：

$$CH_3CH_2CH_2CH_2CH_3 \quad 戊烷$$

$$CH_3(CH_2)_{10}CH_3 \quad 十二烷$$

对带有支链的烷烃可按下列步骤命名。

(1) 选择主链 在分子中选择含碳原子数最多的碳链做主链,当有几个等长碳链可供选择时,应选择支链较多的碳链作为主链。按直链烷烃的命名原则命名为"某烷"。主链以外的支链作为取代基。

(2) 主链碳原子编号 从靠近支链最近的一端开始给主链碳原子编号。当支链距主链两端相等时,把两种不同的编号系列逐项比较,最先遇到位次最小者为"最低系列",即是应选取的正确编号。

(3) 写名称 写名称时按取代基的位置、短横线、取代基的数目、名称、主链名称的顺序书写。相同的取代基合并,用"二、三、四"等数字表示其数目,位置序号之间用",",隔开;不同的取代基小的写在前面,大的写在后面,阿拉伯数字与汉字之间用半字线"-"连接。例:

$$CH_3-CH-CH_2-CH_2-CH_3$$
$$\quad\quad\quad |$$
$$\quad\quad CH_3$$
2-甲基戊烷

$$\quad\quad\quad\quad\quad\quad CH_3$$
$$\quad\quad\quad\quad\quad\quad |$$
$$CH_3-CH-CH-CH-CH_2-CH_3$$
2,3,5-三甲基己烷

$$CH_3-CH-CH_2-CH-CH_2-CH_3$$
$$\quad\quad |\quad\quad\quad\quad |$$
$$\quad\quad CH_3\quad\quad CH_2-CH_3$$
2-甲基-4-乙基己烷

$$CH_3-CH_2-CH-CH_2-CH_2-CH_3$$
$$\quad\quad\quad\quad |$$
$$\quad\quad\quad\quad CH_3$$
3-甲基己烷

(五)烷烃的性质

1. 物理性质

烷烃的物理性质随着碳原子数的增加而呈现规律性的变化。在常温常压(25℃、101325Pa)下,含1~4个碳原子的直链烷烃是气体,5~17个碳原子的直链烷烃是液体,18个碳原子以上的直链烷烃是固体。

烷烃的熔点沸点及密度都随相对分子质量增大而升高。烷烃是非极性或弱极性化合物,根据"相似相溶"原理,烷烃易溶于弱极性的有机溶剂中,而难溶于水。

2. 化学性质

通常情况下,烷烃的化学性质比较稳定,一般不与强酸、强碱或强氧化剂发生反应,如烷烃不能使酸性高锰酸钾溶液褪色。只有在某些特定的条件下才会发生某些反应。

(1) 氧化反应 烷烃在常温下不与氧化剂反应,也不与空气中的氧反应,但可在氧气或空气中燃烧,生成二氧化碳和水,并放出大量的热。因此,烷烃是重要的能源。

$$C_nH_{2n+2} + O_2 \xrightarrow{燃烧} CO_2 + H_2O + Q$$

若控制反应条件,烷烃可以氧化成醇、醛、羧酸等有机物,这样得到的含12~18个碳原子的高级脂肪酸可用于制造肥皂,可以节约大量的食用油脂。

(2) 卤代反应 有机物分子中某些原子或原子团被其他原子或原子团所代替的反应叫做取代反应。若被卤素原子取代称为卤代反应。烷烃卤代反应的反应活性为:$F_2 > Cl_2 > Br_2 > I_2$。

在室温或黑暗处,烷烃与氯气混合并不发生反应,但在光照、紫外线或加热的条件下,氯气与烷烃可发生剧烈反应,甚至引起爆炸。例如:

$$CH_4 + Cl_2 \xrightarrow{\text{光}} CH_3Cl + HCl$$

$$CH_3Cl + Cl_2 \xrightarrow{\text{光}} CH_2Cl_2 + HCl$$

$$CH_2Cl_2 + Cl_2 \xrightarrow{\text{光}} CHCl_3 + HCl$$

$$CHCl_3 + Cl_2 \xrightarrow{\text{光}} CCl_4 + HCl$$

在光照条件下，甲烷能与氯气发生反应，氯气的黄绿色就会逐渐变淡。反应中甲烷分子中的氢原子逐个被氯原子取代，直至生成 CCl_4。反应很难控制在某一步，反应产物是各种氯甲烷的混合物。

（3）裂化反应　在高温高压下，使烷烃分子发生裂解生成小分子的过程称为裂化。裂化反应是一个相当复杂的过程，碳原子数目越多、结构越复杂，裂化的产物就越复杂；反应条件不同，产物也不一致。隔绝空气加热到400℃以上的裂化叫热裂解反应（简称热裂）。例如：

$$CH_3CH_2CH_2CH_3 \longrightarrow \begin{cases} CH_4 + CH_3CH=CH_2 \\ CH_2=CH_2 + CH_3CH_3 \\ CH_3CH_2CH=CH_2 + H_2 \end{cases}$$

在催化剂作用下的裂化叫催化裂化。在催化裂化过程中，除发生了C—H键和C—C键的断裂外，还发生异构化、环化、脱氢等反应，生成带支链的烷烃、烯烃、芳香烃等。在石油加工的过程中，通常利用催化裂化得到大量有实用价值的产品，如作为内燃机燃料的汽油和作为化工原料的低级烷烃、烯烃以及环烷烃、芳香烃。

（六）生物体中的烷烃

生物体中烷烃很少，一些植物表皮外的蜡质层中含有少量高级烷烃。某些昆虫分泌的"外激素体"中也找到一些烷烃。例如，蚂蚁的信息素中含有正十一烷和正十三烷。有一种雌虎蛾能分泌出一种"性引诱剂"来引诱雄虎蛾，它的结构是2-甲基十七烷。人工合成性引诱剂来诱杀雄虫，使害虫不能繁殖后代。这种影响害虫某项生理活动而达到灭除害虫的农药，是新兴的"第三代农药"，有着广阔的发展前景。

二、烯烃

链烃分子中所含氢原子数比同数碳原子的烷烃少的烃叫不饱和链烃。分子中含有碳碳双键（$\diagdown$C=C$\diagup$）的不饱和链烃叫做烯烃。碳碳双键是烯烃的官能团。所谓官能团是指决定一类有机物主要化学性质的原子或原子团。烯烃里除乙烯外还有丙烯（$CH_3-CH=CH_2$）、丁烯（$CH_3-CH_2-CH=CH_2$）等一系列化合物，它们在组成上也是相差一个或若干个"—CH_2—"原子团，都是乙烯的同系物。烯烃分子的通式为 C_nH_{2n}。

（一）烯烃的同分异构现象

烯烃的同分异构体比相应的烷烃多，原因是烯烃除了碳架异构外，还存在另外两种异构：一是由于官能团（双键）的位置不同而产生的位置异构；二是由于原子或基团在空间的排列方式不同引起的顺反异构。例如：

$$CH_2=CH-CH_2-CH_3 \qquad CH_3-CH=CH-CH_3$$
$$\text{1-丁烯} \qquad\qquad\qquad \text{2-丁烯}$$

顺-2-丁烯　　　　反-2-丁烯

上述例子中，1-丁烯和2-丁烯属于位置异构；顺-2-丁烯和反-2-丁烯属于顺反异构。

（二）烯烃的命名

烯烃一般用系统命名法，其命名原则与烷烃相似，只是把"烷"字改为"烯"字。由于双键是烯烃的官能团，因此必须选择含双键的最长碳链作为主链（母体）；从靠近双键的一端开始给主链碳原子编号，并用阿拉伯数字标出双键的位置，写在母体名称前面。例如：

$$CH_3-C=CH-CH_3 \qquad CH_3-CH-CH=CH-CH_3$$
$$\quad\;\; | \qquad\qquad\qquad\qquad\qquad\;\; |$$
$$\;\;\; CH_3 \qquad\qquad\qquad\qquad\qquad CH_3$$

2-甲基-2-丁烯　　　　　　　　4-甲基-2-戊烯

（三）烯烃的性质

1. 物理性质

烯烃的熔点、沸点、密度和折射率等随碳原子数增加的变化规律与烷烃相似，直链烯烃的沸点比有支链的异构体略高，烯烃的密度都小于1。烯烃几乎不溶于水，而溶于四氯化碳、乙醚等有机溶剂。

2. 化学性质

碳碳双键是烯烃的官能团。有机化学反应一般发生在官能团上。由于烯烃分子中碳碳双键中的一条键很容易断裂，所以烯烃的化学性质比较活泼，容易发生化学反应。

（1）加成反应　有机物分子里不饱和的碳原子跟其他原子或原子团直接结合生成新物质的反应叫做加成反应。例如：将乙烯通入溴水时，溴水的红棕色褪去，生成无色的1,2-二溴乙烷。这个反应常用来检验碳碳双键的存在。

$$CH_2=CH_2+Br-Br \longrightarrow CH_2-CH_2$$
$$\qquad\qquad\qquad\qquad\qquad\quad |\quad\;\; |$$
$$\qquad\qquad\qquad\qquad\qquad\; Br\; Br$$

烯烃还能跟 H_2、Cl_2、HCl、H_2O 等在适宜的条件下起加成反应。

（2）氧化反应　烯烃很容易被氧化，冷的稀高锰酸钾碱性溶液就能把烯烃氧化。例如：

$$CH_2=CH_2 \xrightarrow[OH^-]{KMnO_4/H_2O} CH_2-CH_2$$
$$\qquad\qquad\qquad\qquad\qquad\quad |\quad\;\; |$$
$$\qquad\qquad\qquad\qquad\qquad OH\;\; OH$$

乙烯　　　　　　　　　乙二醇

$$R-CH=CH-R'+KMnO_4 \xrightarrow{OH^-} R-CH-CHR'+MnO_2$$
$$\qquad\qquad\qquad\qquad\qquad\qquad\qquad\qquad\;\; |\quad\;\; |$$
$$\qquad\qquad\qquad\qquad\qquad\qquad\qquad\; OH\;\; OH$$

烯烃与酸性高锰酸钾溶液反应时，可以生成羧酸类和酮类等物质。例如：

$$CH_3-C=CH-CH_3+KMnO_4 \xrightarrow{H^+} CH_3-COOH+CH_3-\overset{O}{\overset{\|}{C}}-CH_3$$
$$\quad\;\; |$$
$$\;\;\; CH_3$$

2-甲基-2-丁烯　　　　　　　　　乙酸　　　　丙酮

将烯烃通入酸性 $KMnO_4$ 溶液，溶液的紫色褪去。常用此反应来鉴别烯烃。

（3）聚合反应　在一定条件下，烯烃分子可以互相加成，生成大分子。这种由低分子量的化合物有规律地相互结合成高分子化合物的反应称为聚合反应。

乙烯在一定条件下可以聚合生成聚乙烯。

$$nCH_2=CH_2 \xrightarrow[\text{催化剂}]{\text{温度、压力}} \overset{}{\underset{}{\left[CH_2-CH_2\right]_n}}$$

聚乙烯

（四）重要的烯烃

自然界中很少存在烯烃。乙烯是植物体内自己能够产生的一种激素，很多植物器官中含有微量乙烯，乙烯在植物体内有很多生理功能。目前，农林生产上使用的乙烯利主要用于未成熟果实的催熟，防止苹果、橄榄等落果，促进棉桃在收获前张开等。

大量的乙烯、丙烯等烯烃来源于石油裂化加工，它们都是重要的化工原料。

三、炔烃

炔烃是指分子中含有碳碳三键（—C≡C—）的链烃。碳碳三键是炔烃同系物的官能团。乙炔是最简单的炔烃。除乙炔外，还有丙炔、丁炔等。炔烃的通式为 C_nH_{2n-2}。

（一）炔烃的命名与同分异构现象

炔烃同系物的命名规则与烯烃相似，只需将"烯"字改为"炔"字即可。

炔烃的同分异构体与烯烃相似，所不同的是炔烃没有顺反异构体。

（二）炔烃的性质

1. 炔烃的物理性质

炔烃的物理性质与烯烃相似，也是随着相对分子质量增加而呈现规律性变化。炔烃的熔点、沸点比相应的烯烃高，密度稍大。

2. 炔烃的化学性质

炔烃分子中因含有碳碳三键，化学性质比较活泼，易被氧化，易发生加成反应等。

（1）氧化反应　炔烃完全燃烧时生成 CO_2 和 H_2O，并带有大量的浓烟。实际上，烃类物质燃烧时，可用火焰的明亮程度和黑烟的多少来初步区别各类烃。火焰的明亮程度顺序为：烷烃＞烯烃＞炔烃＞芳香烃；黑烟多少的顺序为：芳香烃＞炔烃＞烯烃＞烷烃。

炔烃也能被高锰酸钾等氧化剂氧化，但较烯烃难。

（2）加成反应　炔烃与卤素加成反应比烯烃难，例如：乙炔与氯气要在光照或 $FeCl_3$ 催化下才能发生加成反应。

$$H—C≡C—H \xrightarrow{Cl_2} Cl—CH=CH—Cl \xrightarrow[Cl]{Cl_2} CHCl_2—CHCl_2$$

$$\text{乙炔} \qquad\qquad \text{1,2-二氯乙烯} \qquad\qquad \text{1,1,2,2-四氯乙烷}$$

炔烃还能跟 H_2、HCl、H_2O 等在适宜的条件下起加成反应。

（3）聚合反应　炔烃能发生聚合反应，但不能像烯烃那样聚合成高分子化合物。例如：乙炔在催化剂存在下可以聚合。

$$2CH≡CH \xrightarrow[NH_4Cl]{Cu_2Cl_2} H_2C=CH—C≡CH$$

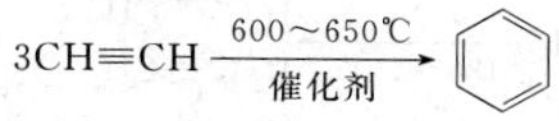

$$3CH≡CH \xrightarrow[\text{催化剂}]{600\sim650℃} \bigcirc$$

四、芳香烃

芳香烃简称芳烃，是一类具有特定的环状结构和特定的化学性质的有机物。这些特定的结构和性质，通常称为芳香结构和芳香性。

苯是最简单的芳香烃，是芳香烃的典型代表。

（一）苯的结构

苯的分子式是 C_6H_6，结构式为：

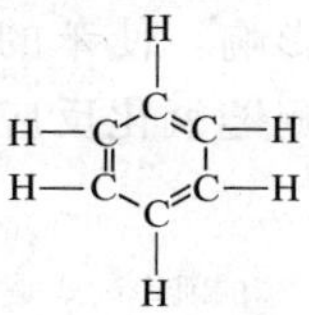

（也常用 ⬡ 表示）

从苯的结构式（又称凯库勒式❶）来看，苯的化学性质应该显示出不饱和烃的性质。但实验证明，苯跟一般不饱和烃在性质上有很大的差别。例如：苯与酸性高锰酸钾溶液不反应。

对苯的结构作进一步的研究后知道，苯分子中的6个碳原子和6个氢原子在同一平面上，6个碳原子形成正六边形的环状结构。6个碳碳键都是相同的，它既不同于一般的单键，也不同于一般的双键，而是一种介于两者之间的特殊的化学键。直到现在，凯库勒式的表示方法仍被沿用。

（二）苯的性质

1. 物理性质

苯是没有颜色、带有特殊气味的液体，比水轻，不溶于水。苯的沸点是80.1℃，熔点是5.5℃。

2. 苯的化学性质

苯具有特殊的环状结构，化学性质比较稳定，在一般情况下不与酸性 $KMnO_4$ 溶液或溴水发生反应。但在一定条件下，苯也可以发生一些反应。

（1）取代反应　苯分子中的氢原子能被其他原子或原子团所取代。例如在一定条件下，苯与浓 HNO_3 和浓 H_2SO_4 的混合酸发生取代反应。

$$\text{C}_6\text{H}_5\text{—H} + \text{HO—NO}_2\text{（浓）} \xrightarrow[50\sim60℃]{\text{浓 }H_2SO_4} \text{C}_6\text{H}_5\text{—NO}_2 + H_2O$$
（硝基苯）

苯分子中的氢原子被—NO_2 所取代的反应叫做硝化反应。—NO_2 称为硝基。

硝基苯是一种淡黄色的油状液体，有苦杏仁味，比水重，难溶于水，易溶于乙醇和乙醚。硝基苯是一种化工原料，人若吸入硝基苯或与皮肤接触，可引起中毒。

再如苯与浓 H_2SO_4 在一定条件下发生磺化反应。

$$\text{C}_6\text{H}_5\text{—H} + \text{HO—SO}_3\text{H（浓）} \xrightarrow{70\sim80℃} \text{C}_6\text{H}_5\text{—SO}_3\text{H} + H_2O$$
（苯磺酸）

苯分子中的氢原子被—SO_3H 所取代的反应，称为磺化反应。—SO_3H 称为磺酸基。

（2）加成反应　苯不具有典型的双键所应有的加成反应，但在特殊情况下，如在催化剂、高温、高压、光的影响下，仍可发生一些加成反应。例如，苯在一定条件下，可与氢气、氯气发生加成反应。

$$\text{C}_6\text{H}_6 + 3H_2 \xrightarrow[180\sim250℃]{Ni} \text{C}_6\text{H}_{12}\text{（或环己烷）}$$

（3）氧化反应　苯环不能被高锰酸钾和重铬酸钾等氧化。苯在空气里完全燃烧，生成二氧化碳和水，常因燃烧不完全而发出带有浓烟的明亮火焰。

（三）苯的同系物

单环芳烃除苯以外，常见的还有苯的同系物，如甲苯、二甲苯、三甲苯等。苯的同系物的通式为 C_nH_{2n-6}（$n \geq 6$）。苯的同系物在性质上跟苯有许多相似之处，例如，它们都能发生苯环上的取代反应。但由于苯环和侧链的相互影响，使苯的同系物也有一些化学性质跟苯不同，如甲苯能使酸性高锰酸钾溶液褪色，发生侧链氧化反应；甲苯可以和浓硝酸发生取代

---

❶ 凯库勒（F. A. Kekulé，1829—1896）为德国有机化学家，苯的凯库勒式是在1865年提出的。

反应生成 TNT 炸药。

苯及其同系物对人有一定的毒害作用。长期吸入它们的蒸气能损坏造血器官和神经系统。储藏和使用这些化合物的场所应加强通风，操作人员应注意采取保护措施。

第二节　烃的衍生物

若烃分子中的氢原子被其他原子或原子团取代，就可以得到一系列较复杂的化合物，如一氯甲烷、乙醇等，这些化合物从结构上都可以看作是由烃衍变而成，所以叫烃的衍生物。

一、溴乙烷

烃分子中的氢原子被卤素原子取代后所生成的化合物，叫做卤代烃。其通式可用 R—X 表示。卤素原子是卤代烃的官能团。

（一）溴乙烷的结构

溴乙烷的分子式是 C_2H_5Br，结构式是
$$\begin{array}{cc} H & H \\ | & | \\ H-C-C-Br \\ | & | \\ H & H \end{array}$$
，结构简式为 CH_3CH_2Br 或 C_2H_5Br。

（二）溴乙烷的物理性质

纯净的溴乙烷是无色液体，沸点 38.4℃，密度比水大，不溶于水，易溶于乙醇等有机溶剂。

（三）溴乙烷的化学性质

1. 溴乙烷的水解反应

溴乙烷在 NaOH 存在的条件下可以跟水发生水解反应，生成乙醇和溴化氢。

$$CH_3CH_2-Br + HO-H \xrightarrow{NaOH} CH_3CH_2-OH + H-Br$$

此反应的实质是取代反应。

2. 溴乙烷的消去反应

有机化合物在一定条件下，从一个分子中脱去一个小分子（如 H_2O、HBr 等），而生成不饱和（含双键或三键）化合物的反应，叫做消去反应。

溴乙烷与强碱（NaOH 或 KOH）的醇溶液共热可发生消去反应生成烯烃。

$$\begin{array}{cc} CH_2-CH_2 \\ | \quad\quad | \\ H \quad\quad Br \end{array} \xrightarrow[\triangle]{NaOH/乙醇} CH_2=CH_2 + NaBr + H_2O$$

二、乙醇

（一）乙醇的结构

乙醇分子式为 C_2H_6O，结构式为
$$\begin{array}{cc} H & H \\ | & | \\ H-C-C-O-H \\ | & | \\ H & H \end{array}$$
，结构简式为 CH_3CH_2OH 或 C_2H_5-OH，官能团为—OH（羟基）。

链烃基与羟基直接相连而成的化合物叫做醇。乙醇是醇的代表物。

（二）乙醇的物理性质

纯净的乙醇是无色、透明、易挥发、有特殊香味的液体，密度为 $0.8g/cm^3$，沸点为 78.3℃，乙醇是重要的有机溶剂，能溶解多种无机物和有机物，如医疗用的碘酒就是碘的酒

精溶液，乙醇也能与水以任意比例互溶。

(三) 乙醇的化学性质

乙醇分子是由乙基（C_2H_5-）和羟基（$-OH$）组成，分子中的 O—H 键和 C—O 键都有极性，比较活泼，多数反应发生在这两个部位。

1. 与活泼金属的反应

醇与水相似，能与活泼金属钠、钾、镁、铝等反应生成金属醇化物，并放出氢气。

$$2CH_3CH_2OH + 2Na \longrightarrow 2CH_3CH_2ONa + H_2\uparrow$$
　　乙醇　　　　　　　　　　乙醇钠

上述反应比水与金属钠反应要缓和得多，放出的热也不足以使生成的氢气自燃。因此，可利用乙醇与钠的反应销毁残余的金属钠。

2. 氧化反应

乙醇燃烧时，发出浅蓝色的火焰，并放出大量的热，因此乙醇是常用的燃料。

$$C_2H_5OH + 3O_2 \xrightarrow{\text{点燃}} 2CO_2 + 3H_2O + Q$$

乙醇蒸气在热的催化剂（Cu 或 Ag）存在下被空气氧化生成乙醛。

$$2CH_3CH_2OH + O_2 \xrightarrow[\triangle]{\text{Cu 或 Ag}} 2CH_3CHO + 2H_2O$$
　　乙醇　　　　　　　　　　　　乙醛

检验汽车司机是否饮酒的仪器，就是依据这个原理设计而成的。仪器里装有经过酸化处理过的橙红色的三氧化铬硅胶，若司机饮酒，呼出的气体含有乙醇蒸气，通过仪器遇到三氧化铬就会被氧化成乙醛，同时橙红色的三氧化铬被还原成绿色的三价铬离子，通过颜色的变化就可做出判断。

3. 脱水反应

乙醇与浓硫酸共热发生脱水反应，脱水方式随反应温度而异。

(1) **分子内脱水（又叫消去反应）**　当乙醇与浓硫酸共热至 170℃ 时，主要发生分子内脱水，生成乙烯。

$$\underset{\text{乙醇}}{H-\underset{\underset{H}{|}}{\overset{\overset{H}{|}}{C}}-\underset{\underset{OH}{|}}{\overset{\overset{H}{|}}{C}}-H} \xrightarrow[170℃]{\text{浓 }H_2SO_4} \underset{\text{乙烯}}{CH_2=CH_2\uparrow} + H_2O$$

(2) **分子间脱水**　两分子醇在较低温度下发生分子间脱水，生成醚。

$$\underset{\text{乙醇}}{C_2H_5\text{-}OH} + \underset{\text{乙醇}}{H\text{-}O\text{-}C_2H_5} \xrightarrow[140℃]{\text{浓 }H_2SO_4} \underset{\text{乙醚}}{C_2H_5\text{-}O\text{-}C_2H_5} + H_2O$$

凡两个烃基通过一个氧原子连接起来的化合物叫做醚，其通式为 R—O—R′，R 和 R′ 都是烃基，可以相同，也可以不同。

一般情况下，较高的温度有利于醇的分子内脱水，较低的温度有利于醇的分子间脱水。这说明控制反应条件的重要性和有机反应的复杂性。

(四) 乙醇的用途

乙醇是重要的有机合成原料，大量用于燃料或制造饮料、香料，如用乙醇可制造乙醛、乙酸、乙醚、农药、纤维、塑料、合成橡胶等 300 多种产品，是应用最广的一种醇。医疗上用的消毒酒精，是含 70%～75%（体积分数）乙醇溶液。

三、苯酚

羟基与芳香环直接相连的化合物叫做酚。羟基既是醇的官能团，也是酚的官能团，为了区别起见，我们把连在链烃上的羟基叫醇羟基，而把连在芳香环上的羟基叫酚羟基。苯分子里的 1 个氢原子被羟基取代而生成的酚，叫苯酚。苯酚是酚的代表物，也是最简单的酚。

（一）苯酚的结构

苯酚的分子式是 C_6H_6O，它的结构简式为 ⌬—OH 或 C_6H_5OH。

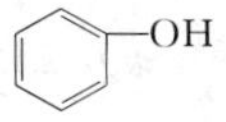

（二）苯酚的物理性质

苯酚存在于煤焦油中，俗名石炭酸，纯净的苯酚是无色晶体，易受空气中氧的氧化而带有不同程度的黄色或红色，因此保存苯酚要密闭。苯酚熔点 43℃，沸点 182℃，常温时苯酚微溶于水，在热水中溶解度增大，当温度高于 70℃ 时能与水任意混溶。苯酚易溶于乙醇、乙醚等有机溶剂。苯酚有腐蚀性，与皮肤接触能引起灼伤，假如不慎沾到皮肤上，应立即用酒精洗涤，苯酚有毒，能杀菌，具有特殊气味。

苯酚对人体和农作物也有伤害，用量不宜过大，苯酚进入饮用水和灌溉水，会影响农作物和水生生物的生存和生长。

（三）苯酚的化学性质

酚和醇的官能团都是羟基，但由于苯环与羟基直接相连，苯环影响羟基中氢原子，羟基影响苯环上的氢原子，因此苯酚表现出一些不同于醇，也不同于芳香烃的性质。

1. 苯酚的酸性

苯酚具有极弱的酸性，在水溶液中只能解离出极少量的 H^+，不能使指示剂变色，但能与氢氧化钠等强碱作用，生成苯酚钠而溶于水中。

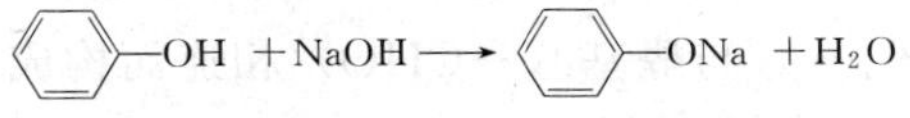

$$C_6H_5-OH + NaOH \longrightarrow C_6H_5-ONa + H_2O$$
苯酚　　　　　　　　　　苯酚钠

将二氧化碳通入苯酚钠溶液，就会有苯酚游离出来，说明苯酚酸性比碳酸还要弱。

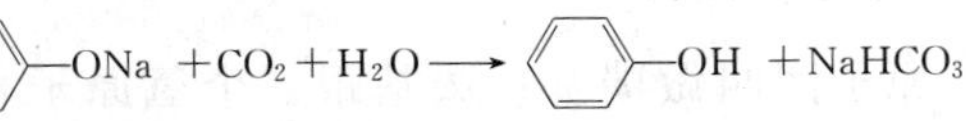

$$C_6H_5-ONa + CO_2 + H_2O \longrightarrow C_6H_5-OH + NaHCO_3$$
苯酚钠　　　　　　　　　　　　苯酚

工业上就是用这种方法提取酚类。粗制的棉籽油中含有对生殖系统有毒害作用的棉籽酚，利用这个原理，可使棉籽酚除去，得到精制的棉籽油。

2. 苯环上的取代反应

受羟基的影响，苯酚比苯更易与卤素、硝酸、硫酸等发生苯环上的取代反应。

（1）卤代　苯酚与溴水在常温下迅速反应，生成 2,4,6-三溴苯酚白色沉淀。此反应极为灵敏，而且定量完成，常用于苯酚的定性和定量测定。

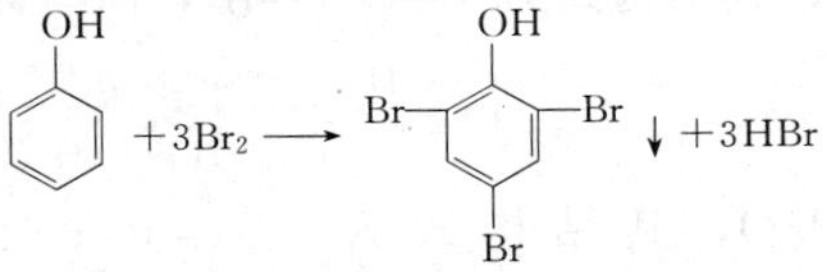

$$C_6H_5OH + 3Br_2 \longrightarrow C_6H_2Br_3OH \downarrow + 3HBr$$
苯酚　　　　　　　2,4,6-三溴苯酚（白色）

（2）硝化　低温下苯酚与稀硝酸作用生成邻硝基苯酚和对硝基苯酚。

$$\text{苯酚} \xrightarrow{\text{HNO}_3\text{（稀）}} \text{邻硝基苯酚} + \text{对硝基苯酚}$$

苯酚与混酸作用，可生成 2,4,6-三硝基苯酚（俗称苦味酸）。

$$\text{苯酚} + \text{HNO}_3 \xrightarrow{\text{浓 H}_2\text{SO}_4} \text{2,4,6-三硝基苯酚} + \text{H}_2\text{O}$$

苦味酸是黄色晶体，可溶于乙醇、乙醚和热水中，其水溶液酸性很强。苦味酸及其盐类都易爆炸，可用于制造炸药和染料。

3. 与三氯化铁的显色反应

苯酚与 $FeCl_3$ 溶液作用显紫色，利用此反应可检验苯酚的存在。

（四）苯酚的用途

苯酚是一种重要的有机合成原料，多用于制造酚醛塑料（俗称电木）、合成纤维（如锦纶）、炸药（如 2,4,6-三硝基苯酚）、染料、农药（如植物生长调节剂 2,4-D）、医药（如阿司匹林）等。

粗制的苯酚可用于环境消毒，纯净的苯酚可制成洗剂和软膏，有杀菌和止痛效用。药皂中也掺入少量的苯酚。

四、乙醛和丙酮

乙醇蒸气在热的催化剂（Cu 或 Ag）存在下，被空气中的氧氧化生成乙醛（CH_3—CHO）。乙醛是由甲基（CH_3—）与醛基（—CHO）相连而构成的。由烃基跟醛基相连（甲醛除外）而构成的化合物叫做醛。

醛的通式为 $R-\overset{O}{\underset{}{C}}-H$ 或 RCHO。

醛分子中 $\diagdown C=O$ 原子团叫做羰基；羰基跟一个氢原子相连就构成醛基（—CHO），醛基是醛的官能团。羰基与两个烃基相连而构成的化合物叫做酮，酮的通式为：$R-\overset{O}{\underset{}{C}}-R'$，简写为 RCOR'，其中 R 和 R' 可以相同，也可以不同。酮分子中的羰基（$\diagdown C=O$）又叫酮羰基，酮羰基是酮的官能团。最简单的酮是丙酮。

（一）乙醛和丙酮的结构

乙醛的分子式为 C_2H_4O，其结构式为 $H-\overset{H}{\underset{H}{C}}-\overset{O}{\underset{}{C}}-H$，简写为 $H_3C-\overset{O}{\underset{}{C}}-H$ 或 CH_3CHO。

丙酮的分子式为 C_3H_6O，其结构式为 $H-\overset{H}{\underset{H}{C}}-\overset{O}{\underset{}{C}}-\overset{H}{\underset{H}{C}}-H$，简写为 $H_3C-\overset{O}{\underset{}{C}}-CH_3$ 或 CH_3COCH_3。

（二）乙醛和丙酮的物理性质

乙醛是一种无色、易挥发、有刺激性气味的易燃液体，沸点 20.8℃，密度 0.7834g/cm³，能与水、乙醇、乙醚、氯仿等互溶。

丙酮是一种无色、易挥发、略带芳香气味的易燃液体，沸点 56.2℃，密度 0.7898g/cm³，能与水、乙醇、乙醚等以任意比例互溶，丙酮还能溶解脂肪、树脂和橡胶等有机物。

（三）乙醛和丙酮的化学性质

1. 还原反应

有机反应中，在分子中加入氧或脱去氢称为氧化，加氢或去氧称为还原。

在催化剂 Ni 的存在下，乙醛、丙酮分子中羰基的碳氧双键，都能与氢原子加成而被还原，分别生成乙醇和 2-丙醇。

$$H_3C-\underset{乙醛}{\overset{O}{\overset{\|}{C}}-H} + H_2 \xrightarrow[\triangle]{Ni} \underset{乙醇}{CH_3-CH_2-OH}$$

$$H_3C-\underset{丙酮}{\overset{O}{\overset{\|}{C}}-CH_3} + H_2 \xrightarrow[\triangle]{Ni} \underset{2-丙醇}{CH_3-\overset{OH}{\overset{|}{C}H}-CH_3}$$

2. 氧化反应

（1）与强氧化剂反应　如在高锰酸钾、热硝酸等作用下，乙醛被氧化生成乙酸，丙酮被氧化生成甲酸和乙酸。

$$H_3C-\underset{乙醛}{\overset{O}{\overset{\|}{C}}-H} \xrightarrow{[O]} \underset{乙酸}{CH_3-\overset{O}{\overset{\|}{C}}-OH}$$

$$H_3C-\underset{丙酮}{\overset{O}{\overset{\|}{C}}-CH_3} \xrightarrow{[O]} \underset{甲酸\quad 乙酸}{HCOOH + CH_3COOH}$$

（2）与弱氧化剂反应　在弱氧化剂的作用下，乙醛易被氧化，丙酮则不能被氧化。

托伦试剂（即银氨溶液）是一种弱氧化剂，它与乙醛作用，乙醛被氧化成乙酸，银氨配合物中的银离子被还原成金属银，附着在试管壁上，形成银镜，这个反应叫银镜反应。

$$CH_3CHO + [Ag(NH_3)_2]^+ + 2OH^- \xrightarrow{\triangle} CH_3COO^- + NH_4^+ + 2Ag\downarrow + 3NH_3 + H_2O$$

银镜反应常用来检验醛基（—CHO）的存在。这也是工业上制镜、制保温瓶胆的原理。

费林试剂（新制的氢氧化铜）也是一种弱的氧化剂，能氧化乙醛而不能氧化丙酮。费林试剂与乙醛作用，乙醛被氧化成乙酸，并且生成砖红色的 Cu_2O 沉淀，这个反应叫费林反应。

$$CH_3CHO + 2Cu(OH)_2 \xrightarrow{\triangle} CH_3COOH + \underset{（砖红色）}{Cu_2O\downarrow} + 2H_2O$$

银镜反应和费林反应是醛基的特有反应，常用来区别醛和酮。

（四）乙醛和丙酮的用途

乙醛是重要的化工原料，用来生产乙酸、三氯乙醛、丁醇、农药敌百虫等。

丙酮是重要的化工原料，用来合成有机玻璃、环氧树脂等，是良好的溶剂，广泛应用于实验室和制造油漆、胶片、人造丝等方面。代谢不正常的糖尿病患者的尿中含有较多的丙酮。

五、乙酸

乙酸是一种常见的、重要的羧酸，也是最早由自然界得到的有机物之一。日常生活中经常使用的调味品——食醋中就含有 3%～9%（质量分数）的乙酸，所以乙酸俗称醋酸。我国人民很早就用大米、高粱、麸皮、柿子等有机物在微生物的作用下发酵转化为乙酸的方法来制食醋，著名的有山西老陈醋、江苏镇江香醋等。乙酸在自然界分布很广，一些国家已研制出了醋酸饮料，乙酸还以盐、酯或游离态存在于动植物体内。

（一）乙酸的结构

乙酸的分子式为 $C_2H_4O_2$，结构式为 $H_3C-\overset{\overset{O}{\|}}{C}-OH$，结构简式为 CH_3COOH。

乙酸分子结构中的 $-\overset{\overset{O}{\|}}{C}-OH$（或—COOH）叫做羧基，是羧酸这一类有机物的官能团。

（二）乙酸的物理性质

乙酸是一种无色有强烈刺激性酸味的液体，沸点 117.9℃，熔点 16.6℃，当温度低于 16.6℃时，就凝结成似冰状的晶体，所以无水乙酸又成为冰醋酸。乙酸易溶于水、醇、乙醚等有机物中。

（三）乙酸的化学性质

乙酸分子结构中的 $-\overset{\overset{O}{\|}}{C}-OH$ 是由羰基 $-\overset{\overset{O}{\|}}{C}-$ 和羟基—OH 直接相连而成的，这两个官能团相互影响，使乙酸表现出特殊的性质。

1. 酸性

乙酸是弱酸，但比碳酸的酸性要强。具有酸的通性，能使石蕊变红，能与活泼金属、碱性氧化物、碱和某些盐发生反应。

$$2CH_3COOH + Zn \longrightarrow (CH_3COO)_2Zn + H_2\uparrow$$
$$CH_3COOH + NaOH \longrightarrow CH_3COONa + H_2O$$

2. 酯化反应

在浓硫酸存在下，加热乙酸和乙醇的混合物，产生一种有香味的物质——乙酸乙酯。

这个反应是可逆的，生成的乙酸乙酯在同样条件下，发生水解，生成乙酸和乙醇。浓 H_2SO_4 在反应中作为催化剂和脱水剂。

$$\underset{\text{乙酸}}{H_3C-\overset{\overset{O}{\|}}{C}-[OH + H]-O-C_2H_5} \underset{\triangle}{\overset{\text{浓}H_2SO_4}{\rightleftharpoons}} \underset{\text{乙酸乙酯}}{H_3C-\overset{\overset{O}{\|}}{C}-O-C_2H_5} + H_2O$$

（乙醇）

这种醇与酸脱水生成酯的反应称为酯化反应。酯化反应在常温下也能进行，但速度缓慢，如人们常说"酒是陈的香"，就是由于陈年老酒在放置过程中，发生一系列复杂的化学反应，其中的少量醇被氧化成酸，然后再与醇发生酯化反应，而产生各种酯所发出的浓香。

（四）乙酸的用途

乙酸是一种重要的有机化工原料，用途极为广泛，乙酸可用于生产醋酸纤维、合成纤维、喷漆溶剂、香料、染料、医药及农药等。

六、乙酸乙酯

（一）乙酸乙酯的化学性质

乙酸乙酯易水解，在无机酸或碱存在下，乙酸乙酯水解后生成乙酸和乙醇。

$$H_3C-\overset{\overset{O}{\|}}{C}-OC_2H_5 + H_2O \underset{}{\overset{\text{无机酸或碱}}{\rightleftharpoons}} H_3C-\overset{\overset{O}{\|}}{C}-OH + C_2H_5OH$$

乙酸乙酯   乙酸   乙醇

酯的水解是酯化反应的逆反应。

当在体系中加入碱时,碱中和了水解产生的乙酸,平衡向水解的方向进行,使水解反应趋于完全。

(二) 乙酸乙酯的物理性质及用途

乙酸乙酯是易挥发,并有水果香味的液体。其他简单酯类如乙酸丁酯具有梨香,乙酸异戊酯具有香蕉香,丁酸甲酯具有菠萝香,丁酸戊酯具有杏香,异戊酸异戊酯具有苹果香等。许多芳香的花和果实中就含有酯。

乙酸乙酯是酯的代表物,主要用作油漆等的溶剂。

本 章 小 结

一、有机化合物

有机化合物是指烃及其衍生物。研究有机化合物的化学叫做有机化学。

有机物分子结构中化学键的主要类型为共价键。碳原子之间可以形成碳碳单键、碳碳双键和碳碳三键,碳的骨架可以是链状,也可以是环状。

结构式是用短线代表共价键将原子相连接的式子,它既可以表示分子中原子的种类和数目,又可以表示分子中原子的连接顺序和方式。

二、烃的同分异构现象及其命名

1. 化合物具有相同的分子式,但具有不同结构的现象,叫做同分异构现象。
2. 烷烃的系统命名法命名原则主要有以下三点:

① 选最长的碳链作为主链,命名母体名称为某烷;
② 从距离支链(取代基)近端开始给主链编号;
③ 依次将取代基的位置、数目、名称写在母体名称之前。

三、烷烃、烯烃、炔烃和芳香烃的结构特点及重要性质

仅由碳和氢两种元素组成的有机化合物叫做烃,也称为碳氢化合物。烃的结构及性质见表4-1。

表 4-1   烃的结构及性质

项目	饱和链烃(烷烃)	不饱和链烃		芳香烃
		烯烃	炔烃	
结构特点及通式	C—C C_nH_{2n+2}	C=C C_nH_{2n}	C≡C C_nH_{2n-2}	介于单、双键之间的特殊键
代表物	甲烷	乙烯	乙炔	苯
化学特性	①取代反应 ②氧化反应	①加成反应 ②氧化反应 ③聚合反应	①加成反应 ②氧化反应 ③聚合反应	易发生取代反应,不易发生加成和氧化反应
鉴别方法	与酸性 $KMnO_4$ 溶液不反应	使酸性 $KMnO_4$ 溶液褪色	使酸性 $KMnO_4$ 溶液褪色	与酸性 $KMnO_4$ 溶液不反应
	不使溴水褪色	可使溴水褪色	可使溴水褪色	不使溴水褪色

四、烃的衍生物

烃分子中的氢原子被其他原子或原子团代替而生成的一系列新物质,叫做烃的衍生物。

本章介绍了烃的一些重要衍生物的结构、性质及鉴别方法，见表 4-2。

表 4-2　烃的重要衍生物的结构、性质及鉴别方法

类别	官能团	代表物	化学特性	鉴别方法
醇	—OH 醇羟基	C_2H_5—OH 乙醇	①与金属钠反应 ②氧化反应 ③脱水反应	无水乙醇与金属钠反应缓慢放出 H_2
酚	—OH 酚羟基	C_6H_5—OH 苯酚	①酸性 ②取代反应 ③与 $FeCl_3$ 显色	①与溴水反应,生成白色沉淀 ②与 $FeCl_3$ 溶液反应,显示紫色
醛	$\overset{O}{\underset{\parallel}{-C-H}}$ 醛基	CH_3—CHO 乙醛	①与 H_2 发生还原反应 ②氧化反应	①银镜反应 ②费林反应
酮	$\overset{O}{\underset{\parallel}{-C-}}$ 酮基	CH_3—CO—CH_3 丙酮	①与 H_2 发生还原反应 ②与强氧化剂反应	不发生银镜反应 不发生费林反应
羧酸	$\overset{O}{\underset{\parallel}{-C-OH}}$ 羧基	CH_3—COOH 乙酸	①酸性 ②酯化反应	①使紫色石蕊变红 ②与 Na_2CO_3 反应,放出 CO_2
酯	$\overset{O}{\underset{\parallel}{-C-O-}}$ 酯键	$CH_3COOC_2H_5$ 乙酸乙酯	水解反应	—

思考与练习

1. 填空题

（1）分子中仅含_____和_____两种元素的有机化合物叫做碳氢化合物，又叫_____。

（2）烷烃的通式为_____，戊烷的分子式为_____，含有 26 个氢原子的烷烃分子式为_____。甲基的结构简式为_____，乙基的结构简式为_____。

（3）烯烃分子结构中含有_____键，烯烃的通式为_____；炔烃分子结构中含有_____，炔烃的通式为_____。

（4）苯是一种_____色、_____气味的_____体，_____溶于水。苯属于_____烃，苯的结构式是_____。苯及其同系物的通式是_____。

（5）将乙炔和甲烷分别通入到溴水中，能使红棕色褪去的是_____，此反应的类型为_____。

（6）乙醇发生分子内脱水的反应温度为_____，生成物为_____，其结构式为_____，该反应类型为_____；发生分子间脱水的反应温度为_____，生成物为_____，其结构式为_____，该反应类型为_____。

（7）乙酸分子结构式为_____，其中 $\overset{O}{\underset{\parallel}{-C-OH}}$ 叫做_____基，是由_____基和_____基直接相连而成的。

（8）许多鲜花和果实中散发的香味是由于有_____的存在。在酯化反应中浓 H_2SO_4 主要起_____作用，也能除去生成物中的_____。

2. 选择题

（1）下列有机物中既能被 $KMnO_4$ 氧化，又能被托伦试剂氧化的是（　　）。

A. 乙醛　　　B. 甲烷　　　C. 丙酮　　　D. 苯

（2）下列物质中，能使紫色石蕊试液变红的是（　　）。

A. 乙醇　　　B. 乙醛　　　C. 乙酸　　　D. 乙酸乙酯

(3) 丙酮不能被费林试剂氧化说明了（　　）。
A. 丙酮不易被氧化　　　　B. 费林试剂中不含 NaOH
C. 丙酮分子中没有羟基　　D. 费林试剂是弱氧化剂，$KMnO_4$ 是强氧化剂
(4) 某饱和一元醇 1.15g，与足量金属钠完全反应，产生氢气（标准状况下）280mL，该醇是（　　）。
A. C_3H_7OH　　　B. CH_3OH　　　C. C_2H_5OH　　　D. C_4H_9OH
(5) 下列有机物中，能与 $FeCl_3$ 发生显色反应的是（　　）。
A. 乙醇　　　　B. 苯酚　　　　C. 乙醚　　　　D. 苯

3. 写出己烷的 5 种同分异构体的结构简式，并用系统命名法命名。

4. 用简单的化学方法鉴别下列各组化合物。
(1) 丙烷、丙烯、丙炔；(2) 苯、甲苯

5. 完成下列转换，并注明反应条件：

$$CH_2=CH_2 \longrightarrow CH_3-CH_2-OH \Longleftrightarrow CH_3-CHO \longrightarrow CH_3-\overset{\overset{O}{\|}}{C}-OH$$

第五章 有机物与植物营养

学习目标
1. 了解有机物与植物营养之间的关系。
2. 了解糖的结构、组成和分类。
3. 了解酶和酶促反应以及酶作为生物催化剂的特性。
4. 理解蛋白质和核酸的空间结构。
5. 掌握单糖、氨基酸、蛋白质和核酸的主要化学性质。

第一节 糖 类

糖是自然界里存在最多的一类有机化合物。常见的糖类化合物有葡萄糖、果糖、麦芽糖、蔗糖、淀粉和纤维素等，它们都是植物光合作用的产物，在植物中的含量可达干重的80%。

植物通过光合作用把太阳能储存于所生成的糖类化合物中，而糖类化合物经过一系列变化，又能释放出能量。因此糖类化合物是大多数生物体维持生命活动所需能量的主要来源。

一、糖的组成和分类

（一）糖的组成

实验表明，糖类是由 C、H、O 三种元素组成的一类有机化合物。糖的分子组成大都可以用通式 $C_n(H_2O)_m$ 来表示，n 与 m 可以相同，也可以不同，曾经糖类物质通常也称作碳水化合物。随着化学科学的发展，现在发现碳水化合物的名称没有正确反映糖类化合物的组成、结构特征。糖类中的氢原子和氧原子的个数比并不都是 2∶1，也并不以水分子的形式存在，如鼠李糖 $C_6H_{12}O_5$；而有些符合 $C_n(H_2O)_m$ 通式的物质也不是碳水化合物，如甲醛 CH_2O、乙酸 $C_2H_4O_2$ 等。所以碳水化合物这个名称虽然仍然沿用，但已失去原来的意义。下面是几个简单的糖类物质分子的链状结构。

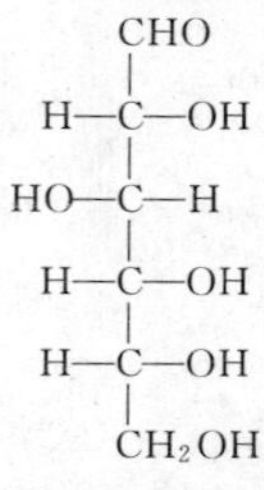

葡萄糖（$C_6H_{12}O_6$） 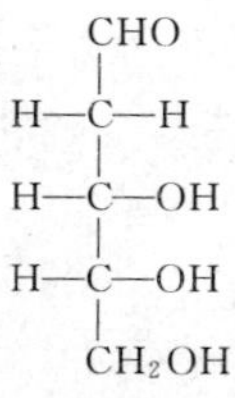　　2-脱氧核糖（$C_5H_{10}O_4$） 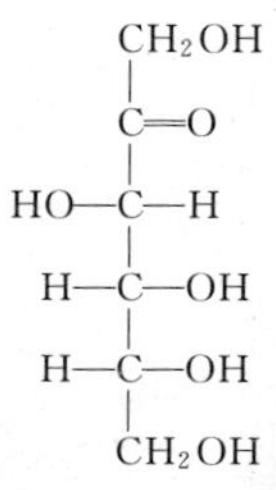　　果糖（$C_6H_{12}O_6$）

从上面的分子结构来看，它们都含有多个羟基，分别为多羟基醛和多羟基酮。另外，蔗糖、淀粉、纤维素等水解后也能生成葡萄糖、果糖等。所以糖类化合物的定义是：多羟基醛或多羟基酮以及水解后生成多羟基醛或多羟基酮的一类化合物。

（二）糖的分类

根据其能否水解及水解产物的多少，通常分为单糖、低聚糖和多糖三大类。

1. 单糖
单糖是指不能被水解的糖类。如葡萄糖、果糖、核糖、脱氧核糖等。

2. 低聚糖
低聚糖是由几个单糖分子缩水而成，低聚糖能水解为单糖，按照水解后生成单糖的数目，低聚糖又可分为二糖、三糖、四糖等。低聚糖中最重要的是二糖，如蔗糖和麦芽糖等。

3. 多糖
多糖是由多个单糖分子缩水而成的化合物。多糖也能够水解，水解后可生成许多个单糖分子。如淀粉、纤维素等都属于多糖。

二、单糖

（一）单糖的结构

单糖是多羟基醛或多羟基酮，按其结构它可分为醛糖和酮糖。根据单糖分子里碳原子的多少，又可把单糖分为丙糖、丁糖、戊糖、己糖等。其中最重要的是戊醛糖、己醛糖和己酮糖。自然界中分布最普遍又最重要的单糖有葡萄糖、果糖、半乳糖、核糖、脱氧核糖等。

单糖的链状结构不稳定，在溶液、结晶状态和生物体内主要以环状结构形式存在。单糖的环状结构是其羰基与羟基发生半缩醛反应而形成的五元或六元碳环，有 α-型和 β-型两种结构，其中形成的半缩醛羟基与原链状 C_4 或 C_5 上的羟基处于同侧的为 α-型，处于异侧的为 β-型。单糖的 α-型和 β-型环状结构之间可以通过链状结构相互转化。葡萄糖的环状结构为：

(二) 单糖的物理性质

单糖都是无色结晶，具有吸湿性，易溶于水，难溶于乙醇，不溶于乙醚。单糖有甜味，不同的单糖甜度也不相同，如以蔗糖甜度为 100，则葡萄糖的甜度为 74，果糖的甜度为 173。

(三) 单糖的化学性质

1. 糖的还原性

单糖是多羟基醛或多羟基酮，可被托伦试剂或费林试剂等弱氧化剂氧化，生成糖酸。

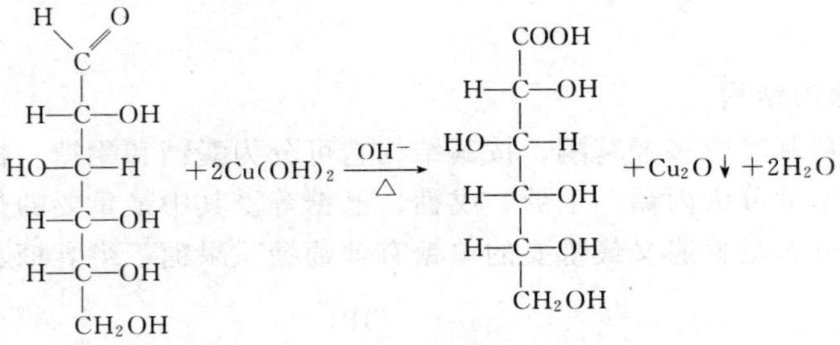

$$\text{葡萄糖} + 2Cu(OH)_2 \xrightarrow[\Delta]{OH^-} \text{葡萄糖酸} + Cu_2O\downarrow + 2H_2O$$

这种能被弱氧化剂氧化的糖称为还原糖，所有的单糖均为还原糖。在生物测定技术中，也常用此性质定量地测定葡萄糖等还原糖的含量。

2. 成酯反应

糖分子中的羟基与无机酸或有机酸反应生成酯的反应。在生物体内最常见的糖酯为糖的磷酸酯，其中最重要的是 1-磷酸葡萄糖、6-磷酸葡萄糖、6-磷酸果糖和 1,6-二磷酸果糖。它们的结构式为：

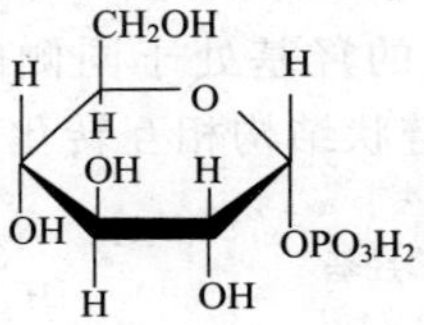

1-磷酸葡萄糖 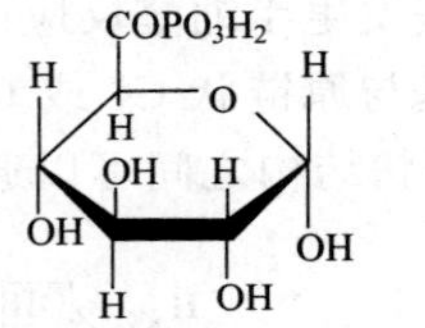   6-磷酸葡萄糖

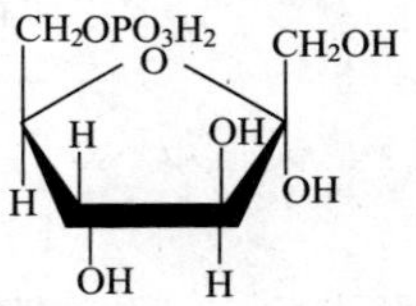

6-磷酸果糖 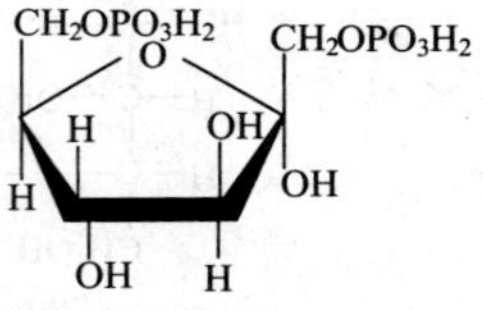   1,6-二磷酸果糖

1-磷酸葡萄糖和 6-磷酸葡萄糖是生物体内糖代谢的重要中间产物。农作物施磷肥的原因之一，就是为农作物体内糖的分解与合成，提供生成磷酸葡萄糖所需要的磷酸。如果缺磷就会影响农作物体内糖的代谢作用，农作物就不能正常生长。

3. 成苷反应

单糖分子中半缩醛羟基比其他醇羟基活泼，能跟其他羟基化合物或含氨基化合物如醇、酚等发生反应。

这种由糖的半缩醛羟基与其他羟基化合物脱水生成的化合物，成为糖苷（或称糖甙）。这种生成糖苷的反应称为成苷反应。糖苷分子中糖的部分称为糖基，非糖部分称为配基或非

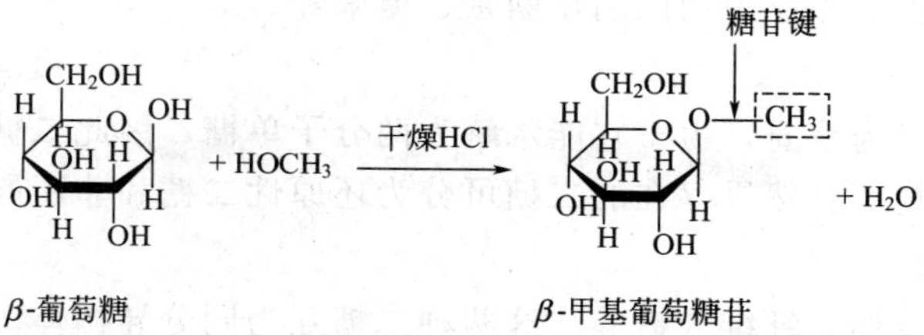

$$\beta\text{-葡萄糖} + HOCH_3 \xrightarrow{\text{干燥}HCl} \beta\text{-甲基葡萄糖苷} + H_2O$$

糖体，糖基与配基的连接键（C—O—C）称为糖苷键或苷键。连接糖基与配基是氧原子的糖苷称为含氧糖苷。

糖苷类物质主要存在于植物体中，例如许多植物的花色素、某些草药的有效成分都是糖苷。

4. 显色反应

单糖能与浓酸（如盐酸、硫酸）作用，脱水而成糠醛或它的衍生物。

在一定条件下，糠醛及其衍生物能与酚类、蒽酮等缩合生成各种不同的有色物质，虽然这些有色物质的结构和生成过程尚未十分清楚，但由于反应灵敏，显色清晰，故常用来鉴别各类糖。

（1）莫立许（Molisch）反应　在糖的水溶液中加入 α-萘酚的乙醇溶液，然后沿试管壁慢慢加入浓硫酸，不得振摇，密度比较大的浓硫酸沉到管底。在浓硫酸与溶液的交界面很快出现美丽的紫色环，这就是莫立许反应。

（2）塞利凡诺夫（Seliwanoff）反应　在酮糖（如果糖或蔗糖）的溶液中，加入塞利凡诺夫试剂（间苯二酚的盐酸溶液），加热，很快出现鲜红色，这就是塞利凡诺夫反应。在同样条件下醛糖看不出有什么变化，用此可鉴别酮糖和醛糖。

（四）重要的单糖

葡萄糖最初是从葡萄汁中分离结晶得到的，它广泛存在于生物体中，是最为重要的单糖。

葡萄糖的分子式为 $C_6H_{12}O_6$，是己醛糖。由于葡萄糖分子中既含有醛基又含有羟基，两者可以发生反应。一般是醛基与 5 位碳上的羟基发生反应生成两种环状的半缩醛异构体（α-葡萄糖和 β-葡萄糖）。在溶液中，这两种异构体可以通过开链式结构互相转变。α-葡萄糖和 β-葡萄糖的氧环式结构及其互变如下：

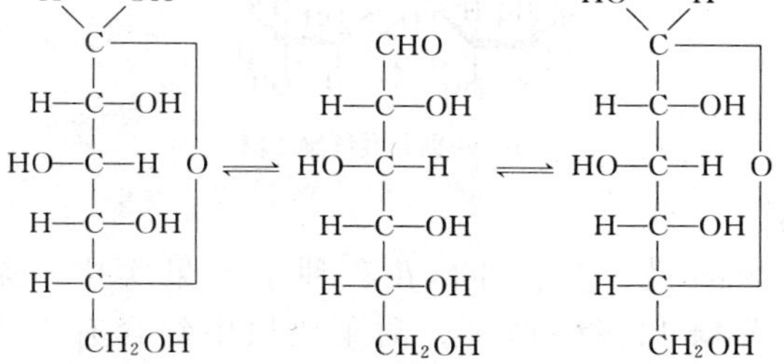

α-葡萄糖约占 37％　　开链式葡萄糖微量　　β-葡萄糖约占 63％

葡萄糖分子中含有醛基，能发生银镜反应。

葡萄糖是一种重要的营养物质，是动物体所需能量的主要来源。在工业上，葡萄糖是合成维生素 C 和制造葡萄糖酸钙等药物的原料。葡萄糖在医药上用作营养剂，并有强心、利尿和解毒等作用，在食品工业中用以制作糖浆、糖果等。

三、二糖

低聚糖中以二糖最为重要，由于它能水解为两分子单糖，因此二糖可以看作是由两分子单糖脱水形成的缩合物。自然界存在的二糖可分为还原性二糖和非还原性二糖。

（一）还原性二糖

还原性二糖有麦芽糖、纤维二糖等。这两种二糖互为同分异构体。

1. 麦芽糖

麦芽糖存在于发芽的种子中，特别是在麦芽中含量最多。淀粉在淀粉酶的作用下，可以水解产生麦芽糖。

$$淀粉 + nH_2O \xrightarrow{淀粉酶} n\ 麦芽糖$$

麦芽糖分子是由一分子 α-葡萄糖 C_1 上的半缩醛羟基与另一分子 α-葡萄糖 C_4 羟基脱水后通过糖苷键连接而成的二糖。这种糖苷键称为 α-1,4-糖苷键。其结构式如下：

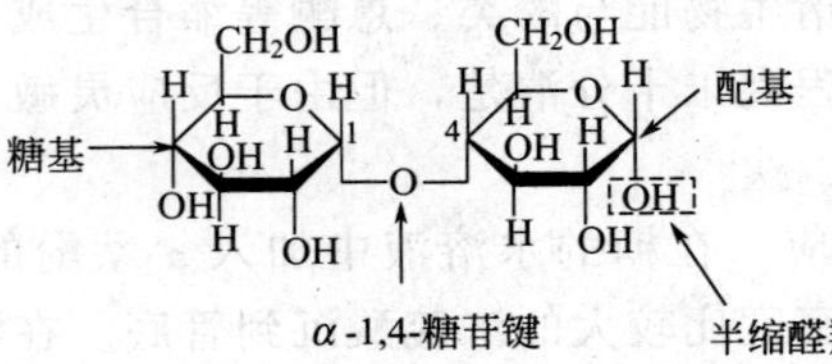

麦芽糖是白色结晶粉末，易溶于水，有甜味，但不如葡萄糖甜。麦芽糖能还原新制的氢氧化铜，是一种还原性二糖。麦芽糖在稀酸或麦芽糖酶的作用下，可被水解为葡萄糖。

$$C_{12}H_{22}O_{11} + H_2O \xrightarrow{麦芽糖酶} 2C_6H_{12}O_6$$

麦芽糖是饴糖的主要成分，饴糖是麦芽糖和糊精的混合物。麦芽糖是制作糖果食品的原料。

2. 纤维二糖

纤维二糖是由两分子葡萄糖通过 β-1,4-糖苷键连接而成的二糖，是组成纤维素的基本单位。其结构式如下：

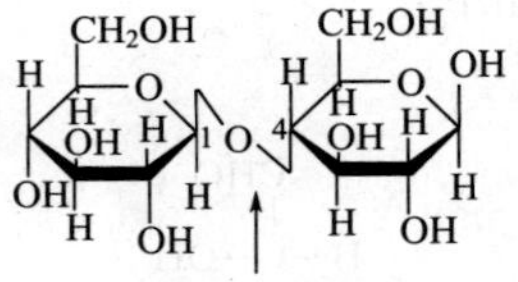

β-1,4-糖苷键纤维二糖

（二）非还原性二糖

蔗糖广泛存在于植物的根、茎、叶、花、种子和果实中，是自然界分布最广的二糖。例如，甘蔗中约含蔗糖 11%～17%，甜菜块根中约含有 14%～20%。我们日常食用的红糖、白糖和冰糖，都是不同形式的蔗糖。蔗糖是白色晶体，易溶于水，甜度仅次于果糖。

蔗糖分子是由一分子 α-葡萄糖 C_1 上的半缩醛羟基与一分子 β-果糖 C_2 上的半缩醛羟基脱水，以 1,2-糖苷键连接而成的二糖。

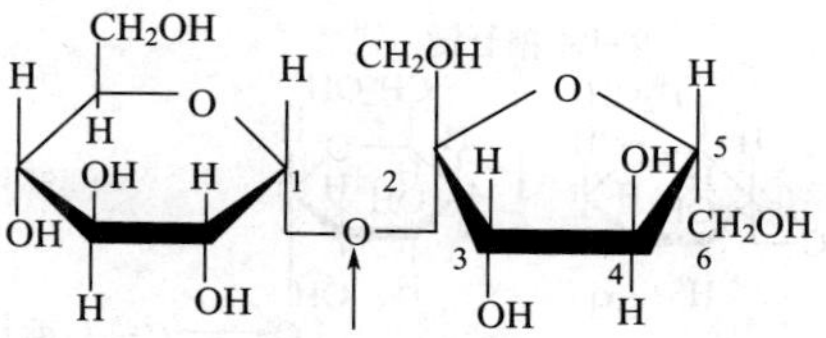

1,2-糖苷键蔗糖的结构

蔗糖分子中不存在半缩醛羟基,无还原性,是一种非还原性二糖。蔗糖在酸或酶的催化下水解,生成葡萄糖和果糖的混合物,这种混合物称为转化糖。转化糖中含有果糖,比蔗糖甜。蜂蜜中含有转化糖,所以很甜。

蔗糖是植物光合作用的重要产物,是植物体内糖类储藏、积累和运输的主要形式。

四、多糖

多糖是由成千上万个单糖分子相互脱水缩合,通过糖苷键连接而成的高分子化合物。它在自然界分布很广,如植物体内的淀粉是储藏了大量化学能的营养物质,属于储能多糖;纤维素是植物细胞壁的主要成分,属于结构多糖。这两种多糖都是由葡萄糖缩聚而成,它们的通式是 $(C_6H_{10}O_5)_n$。但这些多糖的分子里所包含的单糖单位 $(C_6H_{10}O_5)$ 的数目不同,即 n 值不同,因此,相互不是同分异构体。

(一) 淀粉

淀粉是植物储存的营养物质之一,广泛存在于植物的种子、块茎和块根中,如稻米含淀粉62%～82%;小麦含淀粉57%～75%等。淀粉一般由两种成分组成:一种是直链淀粉,另一种是支链淀粉。如稻米淀粉中,直链淀粉约占17%,支链淀粉约占83%;小麦淀粉中,直链淀粉约占24%,支链淀粉约占76%;糯米淀粉几乎全部都是支链淀粉;而绿豆中的淀粉几乎全都是直链淀粉。

1. 直链淀粉

直链淀粉大约由200～980个α-葡萄糖脱水,以α-1,4-糖苷键连接而成的链状化合物。平均相对分子质量约为16000～32000。其结构式为:

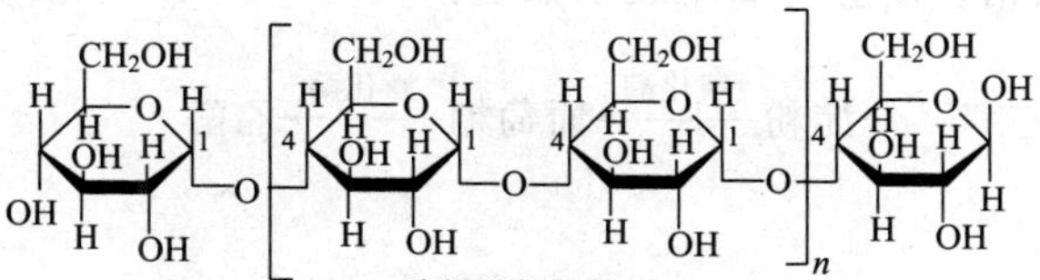

直链淀粉的结构

直链淀粉溶于热水形成胶体溶液,无甜味,遇碘显深蓝色,没有还原性。在酸或淀粉酶的作用下水解生成与淀粉结构相似,相对分子质量比淀粉小得多的多糖片段,称为糊精,糊精具有还原性。遇碘显红色的称为红糊精,红糊精再水解为相对分子质量更小的糊精,遇碘不变色的称为无色糊精,无色糊精进一步水解为麦芽糖,麦芽糖不能被淀粉酶水解,但可在酸或麦芽糖酶催化下水解生成葡萄糖。其水解过程如下:

$$\underbrace{淀粉 \longrightarrow 蓝糊精 \longrightarrow 红糊精 \longrightarrow 无色糊精}_{淀粉酶催化} \longrightarrow \underbrace{麦芽糖 \longrightarrow 葡萄糖}_{麦芽糖酶催化}$$

2. 支链淀粉

支链淀粉大约由600～6000个α-葡萄糖分子相互脱水,以糖苷键连接而成。相对分子质量为 $1.0×10^5$～$1.0×10^6$。链上的葡萄糖残基(即不完整的葡萄糖单位)之间,以α-1,4-糖苷键相连;在分支点上则以α-1,6-糖苷键相连,形成一个像树枝状的大分子(图5-1)。

图 5-1 支链淀粉的结构

支链淀粉不溶于水，与水共热时，膨胀成糊状。没有还原性。与碘作用成紫红色。在酸或淀粉酶作用下水解，先产生各种糊精，在进一步水解为麦芽糖，最后水解为葡萄糖。

$$(C_6H_{10}O_5)_n + nH_2O \xrightarrow{\text{催化剂}} nC_6H_{12}O_6$$
$$\text{淀粉} \qquad\qquad\qquad\qquad \text{葡萄糖}$$

工业上常用淀粉制葡萄糖和酒精等。淀粉在糖化酶的作用下，转化为葡萄糖，再在酒化酶的作用下，转变为酒精。反应可简略表示如下：

$$\text{淀粉} \xrightarrow{\text{糖化酶}} \text{葡萄糖} \xrightarrow{\text{酒化酶}} \text{乙醇}$$

（二）糖元

糖元是动物体内储存葡萄糖的一种形式，是葡萄糖在体内缩合而成的一种多糖。糖元主要存在于肝脏和肌肉中，因此又有肝糖元和肌糖元之分。

糖元的结构和支链淀粉相似，也是由许多个 α-D-葡萄糖结合而成的。不过组成糖元的葡萄糖单位更多，约有 6000~12000 个，其平均相对分子质量在 100 万~1000 万。整个分子团呈球形。由于糖元支链更多，而且比淀粉的支链短，每个支链平均约含有 12~18 个葡萄糖单位，因此糖元分子结构比较紧密。

（三）纤维素

纤维素是植物界分布最广的一种多糖。它是植物细胞壁的主要成分，是植物体的支撑物质。棉花含纤维素最高，可达 98%，亚麻含 70%，木材含 40%~50%，禾秆含 34%~36%。

纤维素分子约有 1200~10000 个 β-1,4-糖苷键连接而成的一条没有分支的长链，相对分子质量 $2×10^5 \sim 1.6×10^6$，其结构式如下：

纤维素的结构式

纤维素是白色纤维状固体，不溶于水和有机溶剂，但吸水膨胀，在酸或纤维素酶作用下水解，最后生成 β-葡萄糖。

人和大多数哺乳动物体内缺乏纤维素酶，不能消化纤维素，但是纤维素能刺激肠道蠕动，促进排便，减少胆固醇的吸收和肠道疾病。牛、羊等反刍动物肠胃中的微生物能分泌出纤维素酶，可使纤维素水解，生成葡萄糖，再经发酵转化为乙酸、丙酸、丁酸等低级脂肪酸，被肠道吸收利用。土壤中也存在某些微生物，它能把枯枝败叶分解为腐殖质，增强土壤的肥力。

（四）果胶质

果胶质是植物细胞壁的成分之一，存在于相邻细胞之间的中胶层中，使细胞黏合在一起。果胶质在植物的根、茎、叶、果实和种子里都有分布。水果及蔬菜中含量较多。

根据植物的不同成熟过程，果胶可分为原果胶、可溶性果胶及果胶酸三种形态。

1. 原果胶

原果胶存在于未成熟的水果和植物的茎和叶中，与纤维素结合成不溶于水的高分子化合物而使细胞黏合，未成熟的水果硬脆与此有关。随水果成熟，原果胶在果胶酶作用下转变成可溶性果胶。

2. 可溶性果胶

可溶性果胶的主要成分是半乳糖醛酸甲酯及少量半乳糖醛酸通过 1,4-糖苷键连接而成的长链高分子化合物，可溶于水，完全水解后生成半乳糖醛酸等。

$n=30\sim300$　　　　R 多数为—CH_3，少数为—H

3. 果胶酸

植物（如水果）由成熟向过成熟转化时，在果胶酯酶作用下，可溶性果胶中甲基酯的酯键水解生成具有游离羧基的果胶酸，果胶酸无黏性，稍溶于水。

植物落叶、落花、落果、落铃是中胶层细胞间的原果胶转变为可溶性果胶，进而转变为小分子糖，使细胞之间分离，即产生离层而引起的。

第二节　氨基酸、蛋白质和核酸

蛋白质和核酸是一类复杂的含氮生物大分子，是生物体内一切细胞必需的组成成分，是生命现象和生理活动的主要物质基础。蛋白质在生物催化、构成动植物机体组织和细胞、生物运动、氧气运输和电子传递、物质代谢的调节、氨基酸储藏、动植物免疫等方面都具有重要的生理功能；核酸是生物的遗传物质，与生物的生长、繁殖、遗传、变异都密切相关。

一、氨基酸

羧酸分子中烃基上的氢原子被氨基（—NH_2）取代后的衍生物叫做氨基酸。氨基酸的种类很多，迄今为止，在自然界发现的氨基酸已有 200 余种，大多数都以游离态存在于植物体内，不参与蛋白质的组成。组成蛋白质的氨基酸已知的有 30 余种，其中常见的有 20 多种，而且除个别外都是 α-氨基酸。即羧酸分子中的 α-碳原子（指与官能团直接相连的碳原子）上的氢原子被氨基取代而生成的化合物，它是组成蛋白质分子的基本单位。因此，氨基酸在人体中的存在，不仅提供了合成蛋白质的重要原料，而且对于促进生长，进行正常代谢、维持生命提供了物质基础。如果人体缺乏或减少其中某一种，人体的正常生命代谢就会受到障碍，甚至导致各种疾病的发生或生命活动终止。由此可见，氨基酸在人体生命活动中显得多么需要。α-氨基酸可用下面的通式表示：

$$\underset{NH_2}{\overset{H\ \ \ \text{α-碳原子}}{R-C-COOH}} \quad \text{或} \quad \underset{R}{\overset{H}{NH_2-C-COOH}}$$

（一）氨基酸的分类和命名

1. 氨基酸的分类

根据所含氨基和羧基的数目不同分为一氨基一羧基酸、一氨基二羧基酸、二氨基一羧基酸。组成蛋白质的氨基酸，可按烃基不同分为脂肪族氨基酸、芳香族氨基酸和杂环族氨基酸三大类。

2. 氨基酸的命名

氨基酸多按其来源或性质命名，如天冬氨酸和谷氨酸最初是分别来源于天冬的幼苗和谷物而得名；甘氨酸是因为有甜味而得名。

组成蛋白质的氨基酸见表 5-1。

表 5-1　组成蛋白质的氨基酸

分　类		俗名	简称	缩写	结构式
脂肪族氨基酸	一氨基一羧基氨基酸	甘氨酸	甘	Gly	CH_2-COOH $\mid$ NH_2
		丙氨酸	丙	Ala	$CH_3-CH-COOH$ $\mid$ NH_2
		*缬氨酸	缬	Val	$CH_3-CH-CH-COOH$ $\mid$ $\mid$ CH_3 NH_2
		*亮氨酸	亮	Leu	$CH_3-CH-CH_2-CH-COOH$ $\mid$ $\mid$ CH_3 NH_2
		*异亮氨酸	异亮	Ile	$CH_3-CH_2-CH-CH-COOH$ $\mid$ $\mid$ CH_3 NH_2
		丝氨酸	丝	Ser	$CH_2-CH-COOH$ $\mid$ $\mid$ OH NH_2
		*苏氨酸	苏	Thr	$CH_3-CH-CH-COOH$ $\mid$ $\mid$ OH NH_2
	一氨基二羧基氨基酸	天冬氨酸	天冬	Asp	$HOOC-CH_2-CH-COOH$ $\mid$ NH_2
		谷氨酸	谷	Glu	$HOOC-CH_2-CH_2-CH-COOH$ $\mid$ NH_2

续表

分类		俗名	简称	缩写	结构式
脂肪族氨基酸	二氨基一羧基氨基酸	精氨酸	精	Arg	$H_2N-C-NH-(CH_2)_3-CH-COOH$ $\qquad \|\qquad\qquad\qquad\qquad \|$ $\quad NH\qquad\qquad\qquad\quad NH_2$
		※赖氨酸	赖	Lys	$H_2N-(CH_2)_4-CH-COOH$ $\qquad\qquad\qquad\qquad \|$ $\qquad\qquad\qquad\quad NH_2$
	含硫氨基酸	※蛋氨酸	蛋	Met	$CH_3-S-CH_2-CH_2-CH-COOH$ $\qquad\qquad\qquad\qquad\qquad \|$ $\qquad\qquad\qquad\qquad\quad NH_2$
		半胱氨酸	半胱	Csy	$CH_2-CH-COOH$ $\|\qquad\quad\|$ $SH\quad NH_2$
	含硒氨基酸	硒代半胱氨酸	硒		$HSe-CH_2-CH-COOH$ $\qquad\qquad\quad \|$ $\qquad\qquad NH_2$
	酰胺氨基酸	天冬酰胺	天酰	Asn	$H_2N-C-CH_2-CH-COOH$ $\qquad \|\qquad\qquad\quad \|$ $\quad O\qquad\qquad\quad NH_2$
		谷胺酰胺	谷酰	Gln	$H_2N-C-CH_2-CH_2-CH-COOH$ $\qquad \|\qquad\qquad\qquad\quad \|$ $\quad O\qquad\qquad\qquad NH_2$
芳香族氨基酸		※苯丙酸氨	苯丙	Phe	$C_6H_5-CH_2-CH-COOH$ $\qquad\qquad\qquad \|$ $\qquad\qquad\quad NH_2$
		酪氨酸	酪	Tyr	$HO-C_6H_4-CH_2-CH-COOH$ $\qquad\qquad\qquad\qquad \|$ $\qquad\qquad\qquad NH_2$
杂环族氨基酸		组氨酸	组	His	咪唑环-$CH_2-CH-COOH$, NH_2
		※色氨酸	色	Trp	吲哚环-$CH_2-CH-COOH$, NH_2
		脯氨酸	脯	Pro	吡咯烷-COOH

表 5-1 中标有※的氨基酸是哺乳动物不能自己合成，也不能由其他物质通过代谢途径转化，而必须从食物中摄取的，称为必需氨基酸。若缺少这些氨基酸，就会影响人体和动物的生长发育。一般认为人体必需的氨基酸有 8 种（赖氨酸、色氨酸、苏氨酸、缬氨酸、亮氨酸、异亮氨酸、蛋氨酸、苯丙氨酸）。而动物体必需的氨基酸为 10 种（除上述 8 种外，还有组氨酸和精氨酸）。在评定蛋白食品的营养价值时，主要看所含必需氨基酸是否全面来确定。

（二）氨基酸的性质

氨基酸是无色晶体，一般易溶于水，难溶于有机溶剂。有些氨基酸有甜味或甘味。味精即谷氨酸的钠盐，它具鲜味。氨基酸的熔点一般在 200～300℃。

1. 两性

氨基酸分子中存在羧基（酸性基团）和氨基（碱性基团），因此，氨基酸是两性物质，它既能跟酸作用又能跟碱作用，生成相应的盐。

$$R\text{—}CH\text{—}COOH \rightleftharpoons R\text{—}CH\text{—}COO^-$$
$$\quad\quad |\quad\quad\quad\quad\quad\quad\quad |$$
$$\quad NH_2\quad\quad\quad\quad\quad\quad NH_3^+$$

2. 与水合茚三酮反应

α-氨基酸与茚三酮水溶液一起加热，能生成蓝紫色的有色物质。这是鉴别 α-氨基酸常用的方法。

3. 成肽反应

α-氨基酸分子间氨基与羧基失水，以酰胺键（—C(=O)—N(H)—）相连而成的一类化合物叫做肽，酰胺键又称肽键。

$$H_2N\text{—}CH(R)\text{—}C(=O)\text{—}OH + H\text{—}NH\text{—}CH(R')\text{—}C(=O)\text{—}OH \xrightarrow{-H_2O} H_2N\text{—}CH(R)\text{—}C(=O)\text{—}N(H)\text{—}CH(R')\text{—}C(=O)\text{—}OH$$

二肽

由两个氨基酸缩合而成的肽称为二肽，由三个氨基酸缩合而成的肽称为三肽，依此类推。多个氨基酸缩合而成的肽称为多肽。

二、蛋白质

蛋白质是生命的物质基础，生命是蛋白质存在的一种形式。如果人体内缺少蛋白质，轻者体质下降，发育迟缓，抵抗力减弱，贫血乏力，重者形成水肿，甚至危及生命。一旦失去了蛋白质，生命也就不复存在，故有人称蛋白质为"生命的载体"。可以说，它是生命的第一要素。

（一）蛋白质的元素组成

所有蛋白质都含有碳、氢、氧、氮四种元素，有些蛋白质还含有硫、磷、铁、铜、锌和碘等。

各种蛋白质含氮量都比较接近，一般为 15%～17%，平均为 16%（质量分数）。即每克氮相当于 6.25g 蛋白质。当测出样品的含氮量后，再乘以换算系数 6.25，即可求出蛋白质的近似含量。

$$蛋白质含量 \approx 样品含氮量 \times 6.25$$

各种不同来源的蛋白质，在催化剂的作用下，水解的最终产物都是各种氨基酸。

（二）蛋白质的结构

蛋白质是由多种 α-氨基酸组成的一类天然高分子化合物。它的结构非常复杂和精细，在蛋白质分子中，氨基酸之间以肽键连接，所以，从基本组成上可认为蛋白质就是多肽，但是由于蛋白质分子间因副键（二硫键、酯键、盐键、氢键）作用，形成了较为稳定的空间结构，而表现出特殊性质和独特的生物学功能。目前，运用物理和化学方法已对许多蛋白质的空间结构作出了不同程度的揭示，一般认为，蛋白质的结构分一级、二级、三级和四级结构，其中一级结构称初级结构，属于化学键结构（多肽长链）。二级、三级和四级结构为高级结构，属空间结构。

1. 蛋白质分子的一级结构

蛋白质的一级结构是指许多 α-氨基酸按一定顺序以肽键连接的多肽长链。对于每种蛋白质来说，形成多肽长链的氨基酸都有固定的种类和数目。另外，蛋白质不同，它们所含的多肽链数目也不同，有的蛋白质只有一条多肽链，有的则有两条或两条以上的多肽链。

每种蛋白质的一级结构不仅对它的二级、三级和四级结构起决定作用，而且对它的生理功能也起着决定性的作用。一级结构中任何一个氨基酸的变动，都可能导致整个蛋白质的立体构象和生理功能发生极大的变化，使有机体出现病态甚至死亡，例如，镰刀型红细胞贫血症患者的病因就是他的血红蛋白的多肽链中从 N-端起第 6 位上谷氨酸被缬氨酸代替的结果。

2. 蛋白质分子的二级结构

蛋白质的二级结构是指多肽链借氢键互相连接而形成的 α-螺旋状或 β-折叠片状的空间构象。

α-螺旋体构象的特征是肽链围绕中心轴以螺旋的方式上升，大约 18 个氨基酸残基绕 5 圈，长度为 2.7nm，也就是说平均每 3.6 个氨基酸残基构成一个螺旋圈，相邻两个螺旋圈之间的距离（螺距）为 0.54nm。多肽链上所有羰基的氧原子与下一层螺旋圈中所有亚氨基的氢原子都以氢键相结合，氢键的方向平行于螺旋中心轴（图 5-2）。α-螺旋就凭借这些氢键而维持其稳定的构象。

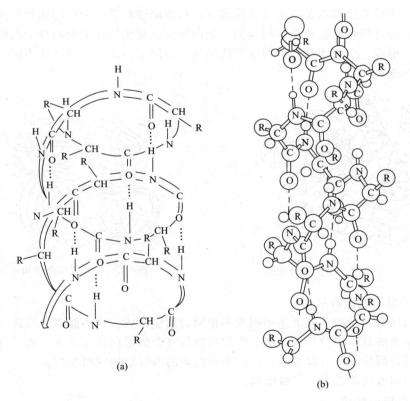

图 5-2　α-螺旋的立体模型

蛋白质的二级结构的另一种构象是 β-折叠片。其特征是两条或若干条肽链或者一条肽链的不同链段相互平行或反平行排列，每条肽链都处于高度伸展状态。而每个肽键所在平面有规则地折叠，相邻肽链借助于氢键又连成一个大折叠平面。氢键与链的伸展方向近于垂直，相邻氨基酸残基上的侧链则上下交替分布。如图 5-3 所示。

3. 蛋白质分子的三级结构

蛋白质的三级结构是指多肽链在形成二级结构的基础上，相隔较远的氨基酸残基通过氢

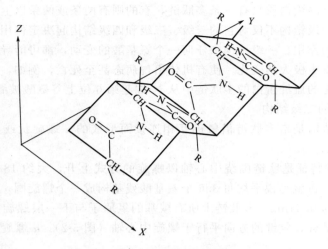

图 5-3 肽链的折叠

键、二硫键、酯键和盐键以及疏水交互作用（统称作副键）等分子内的相互作用而形成的卷曲状、折叠状和盘绕状的较复杂空间构象。蛋白质的三级结构使蛋白质分子能够较为紧凑地束缚在一起，形成一个不规则的近似球形的结构。不同蛋白质的三级结构不同。肌红蛋白的三级结构如图 5-4 所示。

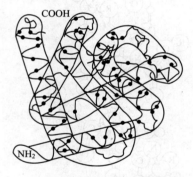

图 5-4 蛋白质三级结构示意图

图 5-5 蛋白质四级结构示意图

4. 蛋白质分子的四级结构

许多蛋白质都是由两条或多条相同或不相同的肽链构成。这些肽链之间具有可逆的缔合性能。参加缔合的最小单位称为亚基。生物功能较复杂的蛋白质都具有亚基。由相同或不同的亚基互相缔合而形成的更复杂的结构称为蛋白质的四级结构（图 5-5）。

蛋白质的四级结构取决于三级结构。

（三）蛋白质的性质

1. 蛋白质的两性

蛋白质分子中含有游离的氨基和羧基，所以它和氨基酸一样，具有两性。能跟酸或碱作用成盐，这一性质可使蛋白质对外来的酸、碱具有一定的抵抗能力，在一定程度上可使生物的体液保持一定的 pH 值，因而蛋白质是生物体内重要的缓冲剂。哺乳动物血液的 pH 值，主要靠血红蛋白的缓冲能力来调节，控制 pH 值在适宜范围内。

2. 胶体性质

蛋白质分子的直径一般在 1～100nm，恰好在胶体粒子的直径范围。因此，蛋白质溶液为胶体溶液，具有胶体溶液的性质，例如，具有丁铎尔（Tyndall）现象，布朗（Brown）运动和不能透过半透膜等。维持蛋白质胶体溶液稳定性的因素有以下两个。

（1）保护性水膜　蛋白质分子的表面有许多亲水基团，例如，—COOH，—NH_2，—NH—等，它们能吸引水分子，使蛋白质胶粒的外围形成一层水膜。因此，在蛋白质胶粒互相碰撞时便不能聚集沉淀。

（2）粒子带同性电荷　蛋白质分子中有许多可电离的基团，在一定的酸性环境或碱性环境中以同性电荷离子状态存在。它们互相排斥，也不易聚集而沉淀。

不同的蛋白质分子所带的电荷量是不同的，因此可以应用电泳技术来分离、提纯各种蛋白质。此外还可以采用半透膜渗析法来纯化蛋白质。

蛋白质溶液的胶体性质在生命活动中起着极为重要的作用。

3. 沉淀作用

在一定条件下，除去蛋白质外围的水膜和电荷，蛋白质分子可沉淀析出，这就是蛋白质的沉淀作用。蛋白质的沉淀作用分为可逆沉淀和不可逆沉淀两种。

（1）可逆沉淀　可逆沉淀是指沉淀出来的蛋白质分子的构象基本上没有变化，仍然具有原来的生物学活性，当除去沉淀因素以后，蛋白质沉淀又会重新溶解。

使蛋白质胶体溶液发生可逆沉淀最常用的方法是盐析法。在蛋白质溶液中加入大量盐（如 NaCl，Na_2SO_4 等），由于盐既是电解质又是亲水性的物质，它能破坏蛋白质的水化膜，因此当加入的盐达到一定的浓度时，蛋白质就会从溶液中沉淀析出。除盐析法之外，加入乙醇、丙酮等对水有很强亲和力的有机溶剂，也可使蛋白质从溶液中沉淀析出，这种沉淀如果时间短，它是可逆的，否则，便不可逆。

（2）不可逆沉淀　不可逆沉淀是指沉淀了的蛋白质，分子构象发生了变化，失去了原有的生物学活性，这时即使除去沉淀因素，蛋白质沉淀也不能重新溶解。

使蛋白质溶液发生不可逆沉淀的方法有很多，例如，加入 Hg^{2+}、Pb^{2+} 等能与蛋白质结合成不溶性蛋白质的重金属离子；加入三氯乙酸、苦味酸、单宁酸等生物碱试剂；蛋白质也可以和苯酚或甲醛作用生成不可逆沉淀；蛋白质胶体溶液受到紫外线或 X-射线照射、加热等也会发生不可逆沉淀。

4. 变性作用

蛋白质受某些因素作用以后，不仅表现出沉淀现象，而且它的空间结构、理化性质和生物学活性都发生了变化，这种现象称为蛋白质的变性。

变性后的蛋白质黏度增高，溶解度降低，渗透压和扩散速率降低，不易结晶，易被蛋白酶水解，失去原有的生物学活性，例如，酶失去其催化活性，病毒失去其致病活性，激素失去其应有的调节功能等。变性蛋白质不一定沉淀，沉淀也不一定变性。

必须指出，蛋白质的变性与蛋白质的沉淀在概念上并不是一回事。蛋白质的沉淀仅仅是一种现象或结果，它并没有反映出事物的本质。它可能是由于蛋白质的结构破坏而导致的结果，也可能仅是因为胶体粒子的双电层遭破坏（结构未遭破坏）而产生的。而蛋白质的变性，却首先是反映出事物的本质——结构遭破坏，至于产生的现象，可能形成凝固或沉淀，也可能看不出有什么变化（没有沉淀产生）。

蛋白质的变性与生命过程密切相关。例如，人的衰老过程必然伴随着人体蛋白质的变性。因此防止蛋白质变性也是防衰老研究的一个重要课题。

5. 水解反应

蛋白质在稀酸、稀碱或酶的作用下都可以水解成 α-氨基酸，例如，在酶的作用下，蛋白质水解可得到一系列中间产物，最终生成 α-氨基酸：

蛋白质→蛋白胨→蛋白胨→多肽→二肽→α-氨基酸

蛋白质的水解反应，对于蛋白质的研究以及蛋白质在生物体中的代谢，都具有十分重要的意义。

6. 颜色反应

蛋白质可以和多种试剂发生颜色反应，常利用这些颜色反应来鉴别蛋白质（见表 5-2）。

表 5-2 蛋白质的重要颜色反应

反应名称	试剂	颜色	反应基团	有反应的蛋白质
双缩脲反应	稀碱，稀硫酸铜溶液	粉红～蓝	两个以上肽键	各种蛋白质
茚三酮反应	水合茚三酮试剂	蓝紫	游离氨基	各种蛋白质
黄蛋白反应	浓硝酸、加热、稀 NaOH	黄～橙黄	苯基	含苯基的蛋白质
米隆反应	米隆试剂、加热	白～砖红	酚基	含酚基的蛋白质
乙醛酸反应	乙醛酸试剂、浓 H_2SO_4	紫	吲哚基	含吲哚基的蛋白质

（四）蛋白质的用途

1. 蛋白质是重要的营养物质

蛋白质是人类必需的营养物质，成年人每天要摄取 60～80g 蛋白质，才能满足生理需要，保证身体健康。人们从食物中摄取的蛋白质，在胃液中的胃蛋白酶和胰液中的胰蛋白酶作用下，经过水解生成氨基酸。氨基酸被人体吸收后，重新结合成人体所需的各种蛋白质。人体内各种组织的蛋白质也在不断地分解，最后主要生成尿素，排出体外。

2. 蛋白质在工业上的用途

动物的毛和蚕丝的成分都是蛋白质，它们是重要的纺织原料。蛋白质在灼烧时，产生具有烧焦羽毛的气味。因此，常用灼烧的方法来鉴别动物的毛和蚕丝。

动物的皮经过药剂鞣制后，其中所含的蛋白质就变成不溶于水、不易腐烂的物质，可以加工成柔软坚韧的皮革。

动物胶是用动物的骨、皮和蹄等经过熬煮提取的蛋白质，可用作胶黏剂。无色透明的动物胶叫白明胶，可用来制造照相胶卷和感光纸。阿胶是用驴皮熬制的胶，它是一种药材。

酪素是从牛奶中凝结出来的蛋白质，除用作食品外，还能跟甲醛合成酪素塑料。它可用来制造纽扣、梳子等生活用品。

（五）蛋白质的分类

天然蛋白质按其组成可分为单纯蛋白质和结合蛋白质两大类。仅有氨基酸组成的蛋白质称为单纯蛋白质，如血清蛋白、胶原蛋白和角蛋白等。由单纯蛋白质与非蛋白质分子（辅基）结合而成的复杂蛋白质称为结合蛋白质，如脱氧核糖核蛋白、血红蛋白等。

三、核酸

核酸存在于一切生物体中，因最初从细胞核中分离出来且具酸性而得名。核酸与蛋白质所组成的结合蛋白——核蛋白，在生物体的生长、繁殖和遗传等中起着主要的作用。核酸按其组成不同分为两类：一类是核糖核酸（RNA），主要存在于细胞质中，少量存在于细胞核的核仁中，RNA 主要参与蛋白质的生物合成；另一类是脱氧核糖核酸（DNA），绝大部分集中在细胞的染色体中，少量存在于线粒体及叶绿体中。DNA 是生物体的信息源，能储存、复制和传递信息。

（一）核酸的组成

核酸水解生成核苷酸，核苷酸进一步水解生成核苷和磷酸，核苷再水解生成含氮碱和戊糖。可见含氮碱、戊糖、磷酸是组成核酸的三种基本成分，其组成关系如下：

$$核酸 \xrightarrow{H_2O} 核苷酸 \xrightarrow{H_2O} \begin{cases} 磷酸 \\ 核苷 \end{cases} \xrightarrow{H_2O} \begin{cases} 戊糖 \\ 含氮碱 \end{cases}$$

1. 含氮碱

含氮碱是一类含氮的杂环化合物，呈弱碱性。构成核酸中的含氮碱（在核酸分子中又称碱基）包括嘌呤碱和嘧啶碱两类。

(1) 嘌呤碱　嘌呤碱是嘌呤的衍生物。核酸中常见的嘌呤碱有腺嘌呤（A）和鸟嘌呤（G）两种。RNA 和 DNA 分子中都含有这两种嘌呤碱。其结构式如下：

嘌呤　　　腺嘌呤　　　鸟嘌呤
　　　　（6-氨基嘌呤）　（2-氨基-6-氧嘌呤）

(2) 嘧啶碱　嘧啶碱是嘧啶的衍生物。核酸中常见的嘧啶碱有胞嘧啶（C）、尿嘧啶（U）、胸腺嘧啶（T）三种。其中胞嘧啶为 RNA 和 DNA 所共有，尿嘧啶存在于 RNA 中，胸腺嘧啶存在于 DNA 中。其结构式如下：

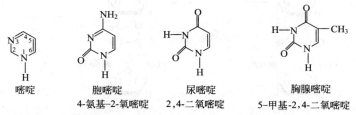

嘧啶　　胞嘧啶　　　　尿嘧啶　　　　胸腺嘧啶
　　　4-氨基-2-氧嘧啶　2,4-二氧嘧啶　5-甲基-2,4-二氧嘧啶

含有酮基的嘌呤碱或嘧啶碱，在溶液中都可发生酮式与烯醇式的结构互变，二者处于动态平衡状态，但在细胞生理 pH 值环境中主要以酮式结构存在。

除上述 5 种基本碱基外，核酸中还有少量由基本碱基经过修饰衍生的碱基（大多数是甲基化的碱基），称为稀有碱基。

2. 戊糖

核酸中的戊糖有两种，在 RNA 中是 β-核糖，在 DNA 中是 β-2-脱氧核糖。核糖和脱氧核糖的结构如下：

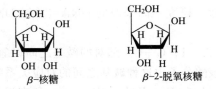

β-核糖　　　β-2-脱氧核糖

3. 磷酸

两类核酸中所含的磷都以磷酸的形式参与组成。磷酸与戊糖以酯键结合形成单酯或二酯。

(二) 核酸的结构

核酸是由许多不同种类的核苷酸按一定排列顺序连接成的生物高分子化合物，称为多核苷酸。核酸相对分子质量很大，结构也很复杂。核酸的分子结构与蛋白质类似，可分为一级结构和空间结构。

1. 一级结构

组成核酸分子的各核苷酸按一定排列顺序连接成的多核苷酸链,称为核酸的一级结构。在多核苷酸链中,核苷酸之间都是以 3′,5′-磷酸二酯键相互连接(见图 5-6)。这种磷酸二酯键是保持核酸一级结构稳定的主要因素。

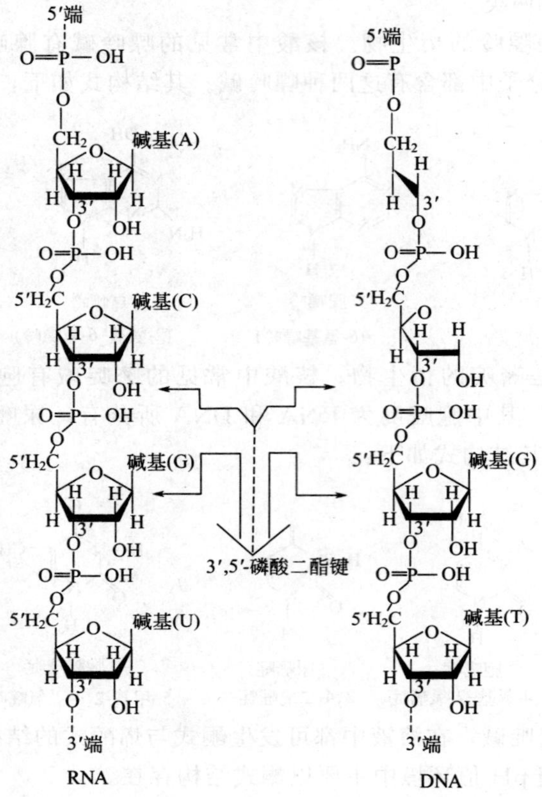

图 5-6　RNA 和 DNA 两种多核苷酸链的片段

2. 空间结构

核酸的空间结构是指多核苷酸链内部或链间通过折叠、卷曲、扭转等方式而形成的空间形状。按核酸空间结构的复杂程度不同,又可分为二级结构和三级结构。

(1) DNA 的空间结构

① DNA 的碱基配对规律。研究不同来源的 DNA(单链 DNA 除外)发现,其碱基组成有明显的规律性。

DNA 的碱基配对规律是 A—T;G—C。配对的碱基之间以氢键相连,A 与 T 之间两个氢键,G 与 C 之间三个氢键。核酸分子中这种碱基之间的对应关系叫做碱基配对或碱基互补。

② DNA 的双螺旋结构。1953 年,沃森(Watson)和克里克(Crick)在总结前人工作的基础上,根据 DNA 碱基组成的规律性和 X 光衍射分析,提出了 DNA 的双螺旋结构模型,即 DNA 的二级结构是由两条相互平行而走向相反的脱氧多核苷酸链,共同围绕一个假想的中心轴,盘绕形成的双螺旋状空间结构(如图 5-7 所示)。

双螺旋结构模型的确立,对分子遗传学的发展起了极大的推动作用。其重要意义在于首次提出了遗传信息的储存方式与复制表达机理,可利用 DNA 双螺旋结构说明生物遗传现象

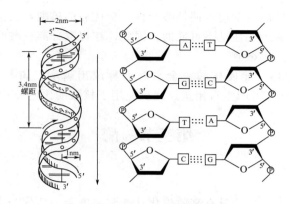

图 5-7 DNA 的双螺旋结构

的内在规律。尤其是碱基配对规律,可由一条链决定另一条链,为核酸的复制、转录、翻译以及遗传信息的稳定和传递提供了分子学基础。

双螺旋结构是 DNA 分子二级结构的主要形式,多数呈线形。DNA 分子的双螺旋结构可以进一步扭曲成闭合环状、线状等超螺旋,称为 DNA 的三级结构。

(2) RNA 的空间结构

生物体内的 RNA 包括信使 RNA（mRNA）、转移 RNA（tRNA）和核糖体 RNA（rRNA）三种类型。它们的碱基组成、分子大小、生物学功能以及在细胞中的分布都有所不同,分子结构的差异也很大。

RNA 中的碱基主要有腺嘌呤、鸟嘌呤、胞嘧啶和尿嘧啶四种,此外还有一些稀有碱基。RNA 分子中只有一条多核苷酸链,通过单链回折形成局部双螺旋区,由于 RNA 中没有胸腺嘧啶而有尿嘧啶,所以,RNA 中的碱基配对规律一般是 A—U 和 G—C。

在所有的 RNA 中,对 tRNA 研究得最多。目前已经清楚,各种生物的 tRNA 在结构上有许多共同点,多核苷酸链大都由 73~94 个核苷酸组成,含稀有碱基较多。二级结构都呈三叶草形。

(三) 核酸的物理性质

纯净的核酸是白色固体物质,DNA 呈纤维状,RNA 呈粉末状。微溶于水,在水中形成有一定黏度的溶液。核酸易溶解在碱金属盐溶液中,不溶于一般的有机溶剂,因此,常用酒精从溶液中沉淀核酸。DNA 在 50% 的酒精中易沉淀,RNA 在 75% 的酒精中易沉淀。核酸对 260nm 光（紫外光）吸收程度最大,常用于核酸的鉴定。

(四) 核酸的化学性质

1. 核酸的两性

在核酸分子中含有碱基和磷酸残基,因而,核酸具有两性性质。但因磷酸酰基比碱基更易解离,所以,核酸溶液都成酸性,更易与碱性试剂反应。鉴定核酸在细胞中的存在时,常用碱性染料染色法。

2. 核酸降解

核酸是生物大分子,在酸、碱或酶的作用下,逐步水解,最后生成磷酸、戊糖及含氮碱。

3. 核酸的变性

核酸受物理、化学等因素作用,其空间结构破坏,失去生理活性的现象,叫核酸的变性。凡能引起蛋白质变性的因素均能使核酸变性。变性后的核酸，其溶液黏度降低，易于沉淀。大多数情况下，核酸的变性是不可逆的，因此，在提取分离核酸时应防止其变性。

4. 核酸的颜色反应

将核酸在强酸中加热，能使核酸完全水解而释放出磷酸。磷与钼酸氨及还原剂（如 $SnCl_2$、维生素 C 等）反应可产生磷钼蓝。此反应用于核酸的比色分析。

第三节 酶

一、酶的概述

酶是由生物活细胞产生的，具有高效催化功能和高度专一性的一类特殊蛋白质，又叫生物催化剂。酶催化化学反应的性能叫做酶的催化活性。有催化活性的酶既能在生物体内也能在生物体外对一定的化学反应发挥催化作用。各种生物活细胞都能产生自己所需要的酶，生物体内物质代谢的各种化学反应，几乎都是在酶的催化下进行的。凡是有酶催化进行的化学反应都叫酶促反应。在酶促反应中，受酶催化发生变化的物质称为底物，由底物转变成的新物质称为产物。

二、酶的化学本质

根据近代物理及化学的分析证明，迄今已发现的 2000 多种酶都是蛋白质，其中已有 200 多种酶制得结晶，有几十种酶已搞清了氨基酸排列顺序，有的还确定了空间结构，目前还能人工合成核糖核酸酶。可以说，酶的化学本质是蛋白质，但不能说所有蛋白质都是酶，只有那些具有催化活性的蛋白质才是酶。

三、酶的分类

酶是蛋白质，按其组成不同也分为单纯蛋白酶和结合蛋白酶两类。

（一）单纯蛋白酶

由单纯蛋白质表现催化活性的酶叫单纯蛋白酶。这类酶不包含非蛋白质组分，水解的最终产物只有氨基酸，故这类酶又叫单成分酶，如脲酶、淀粉酶、蛋白酶、脂酶、核糖核酸酶等。

（二）结合蛋白酶

由蛋白质和其他非蛋白质组分结合在一起才表现催化活性的酶叫做结合蛋白酶。这类酶水解后除得到氨基酸外，还有非氨基酸类物质，故这类酶又叫双成分酶，如转氨酶、过氧化氢酶、细胞色素氧化酶、乳酸脱氢酶等。结合蛋白酶的蛋白质组分称为酶蛋白，非蛋白质组分称为辅助因子。酶蛋白与辅助因子结合在一起成为全酶。

结合蛋白酶的酶蛋白和辅助因子各自单独存在，都没有催化活性，只有二者结合成全酶后才具有催化活性。其中酶蛋白决定酶对底物的专一性和催化的高效率，辅助因子则决定催化反应的类型，参与电子、原子或某些基团的传递过程。

结合蛋白酶的辅助因子，有的是小分子有机化合物，有的是金属离子。它们与酶蛋白的结合有的紧密，有的疏松。通常把与酶蛋白结合得紧密，不易用透析等方法除去的辅助因子叫做辅基；把与酶蛋白结合得疏松，易用透析等方法除去的辅助因子叫做辅酶。但是辅酶和辅基并无严格区别。在生物体内酶蛋白的种类很多，而辅酶或辅基的种类并不多。一种酶蛋白通常只与一种辅酶或辅基结合，构成一种酶；而一种辅酶或辅基却往往能与多种不同的酶蛋白结合，构成多种专一性不同的酶。

四、酶的性质

（一）酶的蛋白质性质

酶是蛋白质，具有蛋白质所有的理化性质，主要表现在如下几方面。

① 酶是两性电解质，在不同 pH 值的溶液中可以呈阳离子、阴离子或两性离子存在，因此可用电泳进行分离鉴定。

② 酶是高分子化合物，具有胶体的性质，不能透过细胞膜。

③ 酶可被酸、碱或蛋白酶水解，得到各种氨基酸，从而失去催化活性。

④ 酶具有复杂的空间结构，凡能引起蛋白质变性的因素都能破坏酶的空间结构，造成酶的变性失活。

（二）酶的催化性质

1. 酶与普通催化剂的共同性质

酶作为催化剂，和普通催化剂有共同的性质，如下所示。

① 用少量酶就可以催化大量物质的化学反应。酶既能催化正反应，又能催化逆反应，缩短达到化学平衡的时间，但并不改变化学反应的平衡点。

② 酶在反应前和反应后，本身的性质和数量没有改变，但在反应过程中，酶可与反应物形成中间产物。

③ 酶只能催化热力学允许发生的反应，并按一定的方向进行。

④ 降低活化能，使化学反应速率加快。

⑤ 都会出现中毒现象。

2. 酶作为生物催化剂的特殊性质

酶作为生物催化剂，除具有普通催化剂的共同的性质外，还具有本身的特殊性质，如下所示。

（1）酶催化的高效性　酶的催化效率极高，同一化学反应，酶催化的效率一般要比普通催化剂高 $10^7 \sim 10^{13}$ 倍，这就是生物体内许多化学反应很容易进行的原因之一。例如，用蔗糖酶催化蔗糖水解要比用 H^+ 催化效率高 2.5×10^{12} 倍；用过氧化氢酶催化过氧化氢的分解要比用 H^+ 催化效率高 10^8 倍。

（2）酶的高度专一性　酶对底物的作用具有高度的专一性。所谓的专一性是指一种酶只能催化某一类甚至某一种特定的底物，进行一定的反应，生成一定的产物。酶对底物的专一性也叫酶的特异性，或者说酶对底物具有严格的选择性。例如，淀粉酶只能水解淀粉，而不能水解蛋白质和脂肪；蛋白酶只能催化蛋白质水解，而对淀粉和脂肪不起作用，甚至不同的蛋白酶对蛋白质的种类也有选择性。

（3）酶的高度不稳定性　酶是蛋白质，对环境条件的变化极为敏感。高温、高压、强酸、强碱以及重金属盐等能引起蛋白质变性的因素，都能使酶变性而丧失催化活性。甚至温度、pH 值的轻微变化，或少量抑制剂的存在，也能使酶的催化活性发生明显变化。因此，酶的催化作用一般都要求生物体的温度、常压、近中性的酸碱度等较为温和的环境条件。

（4）酶的催化作用受机体的调节控制　生物体对酶的催化作用能够通过多方面的因素进行调节和控制，使极其复杂的代谢活动能不断地、有条不紊地进行，使物质代谢与正常的生理机能互相适应。若因遗传缺陷造成某个酶缺损，或其他原因造成酶的活性减弱，均可导致该酶催化的反应异常，使物质代谢紊乱，甚至发生疾病。

五、酶的应用

1. 酶在生物体内的应用

人、动物和植物的集体中都含有自己的酶系统。在生物体内的酶是具有生物活性的蛋白质，存在于生物体内的细胞和组织中，作为生物体内化学反应的催化剂，不断地进行自我更新，使生物体内及其复杂的代谢活动不断地、有条不紊地进行。

人体内存在大量酶，结构复杂，种类繁多，到目前为止，已发现 4000 种以上（即多样性）。如米饭在口腔内咀嚼时，咀嚼时间越长，甜味越明显，是由于米饭中的淀粉在口腔分泌出的唾液淀粉酶的作用下，水解成葡萄糖的缘故。因此，吃饭时多咀嚼可以让食物与唾液充分混合，有利于消化。此外，人体内还有胃蛋白酶、胰蛋白酶等多种水解酶。人体从食物中摄取的蛋白质，必须在胃蛋白酶等作用下，水解成氨基酸，然后再在其他酶的作用下，选择人体所需的 20 多种氨基酸，按照一定的顺序重新结合成人体所需的各种蛋白质，这其中发生了许多复杂的化学反应。可以这样说，"没有酶就没有生命"，也就没有自然界中形形色色、丰富多彩的生物界。

今天，人们正是利用各种酶的特性，使原本发生在生物体内的反应，在生物体外也能高效快速地进行，从而诞生了一个崭新的技术领域——酶工程。酶工程具有投资少、见效快、能耗低、三废少等优点，它已经改变了传统的化学工业的生产方式，并正在成为一种新型的高效产业。

2. 酶在生产和生活中的应用

酶在生产和生活中的应用非常广泛，如酿酒工业中使用的酵母菌，就是通过有关的微生物产生的，酶的作用就是将淀粉等通过水解和氧化等过程，最后转化为酒精；酱油和食醋的生产也是在酶的作用下完成的；用淀粉酶和纤维素酶处理过的饲料，营养价值提高；洗衣粉中加入酶，可以使洗衣粉效率提高，使原来不易除去的汗渍等很容易除去等。总之，随着科学水平的提高，酶的应用将具有非常广阔的前景。

目前，酶可以从生物体内提取，如从菠萝皮中可提取菠萝蛋白酶。但由于酶在生物体内的含量很低，因此，它不能适应生产上的需要。工业上大量的酶是采用微生物的发酵来制取的。一般需要在适宜的条件下，选育出所需的菌种，让其进行繁殖，获得大量的酶制剂。另外，人们正在研究酶的人工合成。酶的提取和合成已成为当前重要的研究课题。

本 章 小 结

一、糖类

① 糖类化合物是多羟基醛或多羟基酮和它们的脱水缩合产物。根据水解情况，糖类可以分为单糖、低聚糖和多糖。

② 单糖是多羟基醛或多羟基酮，可分为醛糖和酮糖两类。最重要的单糖是戊醛糖、己醛糖和己酮糖。单糖能显示醛基或酮基的某些性质，如氧化、还原、成酯和成苷等反应。二糖是由两分子单糖脱去一分子水缩合而成的化合物。二糖可分为还原性二糖和非还原性二糖。多糖是由许多单糖分子脱水缩合而成的高分子化合物。重要的多糖有淀粉、糖元、纤维素和果胶质等。

二、α-氨基酸与蛋白质

① α-氨基酸是组成蛋白质的基本单位。α-氨基酸属于多官能团化合物，既有氨基反应，又有羧基反应，二者相互影响而表现的特性是两性。

② 肽是 α-氨基酸相互缩合失水所得的产物。多肽链中氨基酸的排列顺序就是蛋白质的一级结构，它决定着蛋白质的空间结构。蛋白质的肽链进一步卷曲、折叠形成二级结构、三级结构和四级结构。这些不同等级的结构决定了蛋白质分子的物理、化学性质和生理功能。

③ 蛋白质是两性化合物，其溶液为亲水胶体，蛋白质的性质与空间结构密切相关，当空间结构在物理或化学因素影响下发生改变，蛋白质即发生变性。蛋白质在酸、碱或蛋白酶的作用下水解的最终产物是 α-氨基酸。

④ 酶是一类特殊的蛋白质，因此具有蛋白质一切的理化性质。此外，酶还具有催化性质。

三、核酸

① 核酸是由许多不同种类的核苷酸按一定排列顺序连接成的生物高分子化合物。含氮碱、戊糖和磷酸是组成核酸的三种基本成分。核酸的分子结构与蛋白质类似，可分为一级结构和空间结构。

② 核酸具有两性，当空间结构在物理或化学因素影响下发生改变，核酸发生变性，凡能引起蛋白质变性的因素均能使核酸变性。

思考与练习

1. 选择题
(1) 下列物质属于还原糖的是（　　）。
　A. 葡萄糖　　　　　B. 蔗糖　　　　　C. 淀粉　　　　　D. 纤维素
(2) 淀粉彻底水解的产物是（　　）。
　A. 葡萄糖　　　　　B. 葡萄糖和果糖　　C. 二氧化碳和水　　D. 麦芽糖和葡萄糖
(3) 下列糖中既能发生银镜反应，又能发生水解反应的是（　　）。
　A. 果糖　　　　　　B. 麦芽糖　　　　　C. 蔗糖　　　　　D. 葡萄糖
(4) 重金属盐会使人中毒，如果误食了铜盐，解毒方法可用（　　）。
　A. 喝适量冷开水　　B. 喝适量生蛋清
　C. 喝适量热牛奶　　D. 喝适量稀氨水
(5) 下列氨基酸中，不属于必需氨基酸的是（　　）。
　A. 苯丙氨酸　　　　B. 苏氨酸　　　　　C. 丙氨酸　　　　D. 蛋氨酸

2. 试用化学方法区别下列各组化合物。
(1) 葡萄糖和蔗糖；
(2) 麦芽糖和淀粉；
(3) 葡萄糖和果糖；
(4) 葡萄糖、蔗糖和淀粉。

3. 用化学方法区别蔗糖、淀粉和蛋白质溶液。

4. 什么叫蛋白质的变性？哪些因素可以使蛋白质变性？

5. 根据蛋白质的性质回答下列问题。
(1) 为什么高温、高压可以消毒？
(2) 为什么铜、汞、铅等重金属盐对人畜有毒？
(3) 波尔多液为什么能杀菌？
(4) 血红蛋白具有缓冲作用，为什么？

6. 组成核酸的基本单位是什么？它由哪些成分构成？

7. 什么是酶和酶促反应？

8. 什么是单纯蛋白酶和结合蛋白酶？什么是全酶？辅酶和辅基有何区别？

9. 酶作为生物催化剂有何特性？

10. 酶为什么能降低反应的活化能？

模块三

分析化学基础

第六章 分析化学概论

学习目标

1. 知道分析化学的任务和作用是什么，理解分析化学的分类。
2. 了解系统误差和偶然误差，理解误差产生的原因。熟练掌握误差、偏差的计算、可疑值取舍、有效数字及其运算，理解精密度与准确度的关系。
3. 了解滴定分析的基本概念及滴定方式。熟练掌握滴定分析的计算。掌握标准溶液的配制和标定，以及基准物质应具备的条件。

第一节 分析化学概述

一、分析化学的任务和作用

分析化学是化学领域中最基础、最根本的一个分支，它是研究物质的组成、分析方法及有关理论的一门学科。因此，在分析物质的组成时，分析化学的任务包括三个方面的内容：①确定物质是由哪些基本单元组成，即定性分析；②测定有关基本单元的含量，即定量分析；③测定有关基本单元的存在形态和结构，即形态分析和结构分析。对于一个未知物，我们先要确定其组成成分，然后才能选择合适的分析方法来测定这些成分的含量，进而测定基本单元的结构。因此，一般来说，定性分析应先于定量分析和结构分析，如果被分析的物质中含有哪些成分已经大致知道，就可略去定性分析仅做定量分析。根据农林专业的实际情况，本课程主要学习有关定量分析的基本方法和有关理论。

分析化学不仅对化学本身发展起重要作用，而且对农林科学、材料科学、能源科学、环境科学、生物学、医疗卫生及科学研究的发展都有很大的实际意义。素有生产、科研的"眼睛"之称。例如，在农业生产上，水质、土壤、化肥、农药及农林副产品的综合利用，几乎都要作分析测定。在国防建设中，半导体材料、原子能材料、超纯物质、航天技术等的研究要应用分析化学。在环境保护和"三废"的综合利用上，分析化学发挥了重要作用。科学技术和生物技术的进步更离不开分析化学。20 世纪 90 年代以来，人类基因组研究项目已成为各国科学家关注的焦点，其中作为基础研究的大规模脱氧核糖核酸（DNA）测序、定位工作，取得了很大进展，于 2000 年提前完成"人类基因组工作草图"的绘制。这在很大程度上得益于分析化学。在发展高新技术和微电子工业领域新材料的研究中，更是离不开分析检测工作。在资源和能源科学中，在工业生产中，对材料的选择，中间产物和产品质量控制，分析化学起着不可估量的作用。

二、分析方法的分类

分析方法的分类有多种。根据分析任务的不同分为定性分析、定量分析、结构分析。根据分析原理的不同分为化学分析法和仪器分析法。根据分析对象的不同分为有机分析和无机分析。依据分析时所需试样量的多少可分为常量分析、半微量分析、微量分析和超微量分析。见表 6-1。另外，还有其他特殊命名的分析方法，如例行分析、快速分析和仲裁分析等。

表 6-1 常量、半微量、微量和超微量分析方法分类

分析方法名称	常量分析	半微量分析	微量分析	超微量分析
固体试样质量/mg	>100	10~100	0.1~10	<0.1
液态试样体积/mL	>10	1~10	0.01~1	<0.01

三、分析化学的发展趋势

分析化学的发展同现代科学技术的发展紧密联系，一方面，科技的发展对分析化学提出了更高的要求，同时，也向分析化学提供了新的理论、方法和手段，迅速地改变着分析化学的面貌。

从对分析化学的要求看，分析手段必须越来越灵敏、准确、快速、简便和自动化。是在综合光、电、热、声和磁等现象的基础上进一步采用数学、计算机科学及生物学等学科新成就对物质进行纵深分析；从解决的任务看，现代分析化学已发展成为获取形形色色物质尽可能全面的信息，进一步认识自然、改造自然。现代分析化学的任务已不只限于测定物质的组成及含量，而是要对物质的形态、结构及化学和生物活性等作出瞬时追踪、在线监测等分析及过程控制。

随着计算机科学及仪器自动化的飞速发展，分析化学正在向着仪器化、自动化的方向发展，许多经典的分析方法也逐步同仪器的使用结合起来。分析化学也不能只满足于分析数据的提供，而是要和其他学科相结合，逐步成为生产和科学研究中实际问题的解决者。

尽管如此，化学分析目前仍然是分析化学的基础，经典的分析方法无论在教育价值上和实用价值上都是不可忽视的。当前许多仪器分析方法都离不开化学处理和溶液平衡理论的应用。如果缺乏分析化学基础理论和基本知识，仅仅依靠现代分析仪器，不可能正确解决日益复杂的分析问题。因此，本书的分析化学模块，还是要从化学分析的基础学起。并以滴定分析为本模块的教学基础。

第二节 定量分析的基本知识

一、定量分析的方法

根据测定原理和操作方法不同，定量分析方法可分为化学分析法和仪器分析法。

1. 化学分析法

根据物质的化学性质来准确测定物质中各成分（元素或基团）的含量或物质纯度的过程。可以分为以下几种。

（1）重量分析法　又称称量法，它是通过物理或化学反应将待测组分从一定质量的试样分离出来，再通过称量来求出待测组分的含量。

（2）容量分析法　又称滴定法，它是以计量标准溶液的体积和浓度来完成测定的方法，即先将待测物质制成溶液，然后向此溶液中逐滴加入与该待测组分有定量反应关系的标准溶液，直至全部待测组分刚好反应完毕（以指示剂指示）为止，从所消耗的标准溶液体积计算该待测组分含量。

（3）气体分析法　它是在一定温度和一定压力下，根据反应中产生的气体或气体样品在反应前后体积的变化，以测定物质的含量。

2. 仪器分析法

仪器分析法是以测量物质的物理或物理化学性质为基础来测定被测组分含量的分析方法。由于这类方法通常要使用较特殊的仪器而得名。根据分析原理可以分为以下几种。

（1）电化学分析法　利用物质的电学及电化学性质来测定物质含量的方法。如电位分析法、电导分析法等。

（2）色谱分析法　利用混合物各组分与互不相溶的两相之间的相互作用（吸附、溶解等）使各组分在两相间经过连续多次的分配平衡而最终实现分离与分析的方法。如气相色谱法、液相色谱法等。

（3）光分析法　利用物质的分子或原子与光的相互作用特性与物质的结构和组成的关系进行定性分析和定量检测的方法。如原子吸收光谱法、红外光谱法、核磁共振波谱法等。

（4）其他分析法　如热分析法、质谱法等。各种分析方法各有其特点和内在的规律，应根据实际情况选用合适的方法进行分析。

二、定量分析误差

（一）误差的来源及减小的方法

在定量分析中误差根据其性质可分为系统误差和偶然误差。

1. 系统误差

系统误差是由某些必然的或经常的原因造成的。其来源有方法误差，仪器、试剂误差及操作误差等。系统误差对分析结果的影响有一定的规律性，在重复测量时，他会重复表现出来。误差的大小常常比较接近，与理论值相比，实验值要么都提高，要么都偏低。对分析结果影响比较固定。例如用未经校正的砝码称量时，如果几次称量中使用同一个砝码，误差就会重复出现。为了减少系统误差，一般应用下列方法。

（1）校准仪器　在进行分析时，先将容量器皿和砝码等仪器进行校正，测定时用校正值来计算结果。

（2）空白试验　在不加试样的情况下，按照样品分析步骤和条件进行分析试验称为空白试验，所得结果称为空白值。从试样测定结果中扣除空白值，便可以消除因试剂、蒸馏水等因素引起的系统误差。

（3）对照试验　将组分含量已知的标准样品和待测样品在相同条件下进行分析测定。用标准样品的测定值与其真实值的差值来校正其他测量结果，这种方法称为对照试验。

（4）方法校正　引用其他分析方法做校正。

2. 偶然误差

偶然误差是由一系列微小变化的偶然原因造成的，产生这类误差的原因不是固定的，它的大小和正负符号均可改变。例如，测定时，室温、湿度的微小变动或滴定管读数时缺乏经验等都会引起偶然误差。表面看来，偶然误差很难控制、校正和测定。但偶然误差符合统计规律，表现为正负误差出现的机会相等，小误差出现的机会多而大误差出现的机会少。因此，在消除了系统误差的前提下，可以通过增加测定次数取平均值的方法减免偶然误差。

在实际工作中，除了这两类误差之外，还有因操作马虎、工作粗心而造成的过失误差。如加错试剂、加多试剂及记错数据等均可引起很大的误差。在计算结果时，这些较大误差的数值应弃去。除此之外，可通过制订正确的操作规程克服操作误差。

（二）误差与准确度

准确度指实验测定值（x）与真实值（μ）之间的符合程度，常用误差的大小来衡量。误差越小，表示分析结果越准确，即准确度越高。误差分为绝对误差和相对误差。绝对误差

指测定值与真实值之间的差值,用"E_a"来表示。相对误差指的是绝对误差占真实值的百分率,用"E_r"表示。即

绝对误差:$E_a = x - \mu$ (6-1)

相对误差:$E_r = \dfrac{E_a}{\mu} \times 100\%$ (6-2)

【例 6-1】 在标定盐酸溶液时,称取一份碳酸钠的质量为 2.1750g,其真实质量为 2.1751g。称取另一份质量为 0.2175g,其真实质量为 0.2176g。求他们的绝对误差和相对误差。

称取第一份碳酸钠时:

$$E_a = 2.1750 - 2.1751 = -0.0001(g)$$

$$E_r = \dfrac{-0.0001}{2.1751} \times 100\% = -0.005\%$$

称取第二份碳酸钠时:

$$E_a = 0.2175 - 0.2176 = -0.0001(g)$$

$$E_r = \dfrac{-0.0001}{0.2176} \times 100\% = -0.05\%$$

由此可见,两次称量的绝对误差虽相同,但相对误差却不一样。从例 6-1 可以看出,被测定的量较大时,相对误差就比较小,测定的准确度也比较高。因此,一般多用相对误差来表示分析结果的准确度。

应该注意,绝对误差和相对误差都有正值和负值。正值表示分析结果偏高,负值表示分析结果偏低。

(三) 偏差与精密度

在实际工作中真实值往往是不知道的,常无法求出准确度。因此,对分析结果的评定,常用精密度来表示。精密度指多次重复测定的结果相互接近的程度。精密度用偏差来表示,偏差是指各次测定的结果和平均值之间的差值。偏差越小,精密度越高。偏差越大,精密度越低。精密度高,表示各测定结果之间的重现性良好。

偏差分为绝对偏差 (d_i)、相对偏差 (Rd_i)、平均偏差 ($\bar{d}$) 和相对平均偏差 ($R\bar{d}$),它们的表达式为:

绝对偏差 $(d_i) = (x_i) - (\bar{x})$ (6-3)

相对偏差 (Rd_i):$Rd_i = \dfrac{d_i}{x}$ (6-4)

平均偏差:$\bar{d} = 1/n \sum\limits_{i=1}^{n} |d_i|$ (6-5)

相对平均偏差:$R\bar{d} = \dfrac{\bar{d}}{x} \times 100\%$ (6-6)

对于一般的滴定分析来讲,因测定次数不多,故常用相对平均偏差来表示实验的精密度。

(四) 准确度与精密度的关系

系统误差是定量分析中误差的主要来源,它影响分析结果的准确度;偶然误差影响分析结果的精密度。图 6-1 是四位同学在分析同一试样的分析结果。

从图 6-1 中可以看出,乙的个别测定结果相差很小,但平均值与真实值差相差较大,故

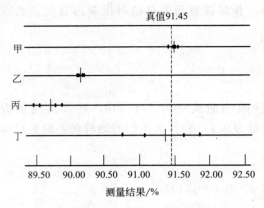

图 6-1 不同学生分析同一试样的结果
(·表示个别测定值，│表示平均值)

准确度不高，亦即其系统误差很大。甲的精密度和准确度都很高，说明方法中的系统误差和偶然误差均很小。丁的精密度很差，表明方法中偶然误差很大。虽然其平均值接近于真实值，但几个数值彼此间相差很大，而仅由于正负误差相互抵消才使结果接近真实值。丙的系统误差和偶然误差都很大，即准确度和精密度都很差。

根据以上分析可以知道：准确度高一定需要精密度好，但精密度好不一定准确度高。若精密度很差，说明所测结果不可靠，虽然由于测定的次数可能使正负偏差相互抵消，但已失去衡量准确度的前提。因此，在评价分析结果的时候，还必须将系统误差和偶然误差的影响结合起来考虑，以提高分析结果的准确度。

（五）公差

误差与偏差具有不同的含义，误差是以真实值为标准，偏差是以多次测定的算术平均值为标准，他们具有不同的含义。但是严格地说来，由于任何物质的"真实值"无法准确知道，人们只能通过多次反复的测定，得到一个接近于真实值的平均结果，用这个平均值代替真实值计算误差。所以，在实际工作中，很少去强调误差与偏差两个概念的区别。一般均称为"误差"，并用"公差"范围来表示允许误差的大小。

公差是生产实际中对于分析结果允许误差的一种表示方法。如果分析结果超出允许的公差范围，称为"超差"，遇到这种情况，该项分析应该重做。公差范围的确定，一般是根据以下几个方面来考虑：①生产的需要，也就是分析的目的和要求；②试样的组成、含量和方法的准确程度，试样的组成越复杂，进行某一项分析时遇到的干扰可能越多，因此引起误差的可能性就越大，所以当分析复杂的试样时，应比一般分析某些简单的物质的允许公差范围适当大一些；③确定允许的公差范围应考虑具体的分析方法，在进行同样试样的测定中，由于分析方法不同，达到的准确度也会不一样。因此，对于每一项具体的分析工作，各主管部门都规定了具体的公差范围，在实际应用中要加以注意。

三、有效数字和计算规则

（一）有效数字的意义及位数

1. 有效数字的意义

有效数字是指实际上能测量到的数值，在该数值中只有最后一位是可疑数字，其余的均为可靠数字。它的实际意义在于有效数字不仅表示数量的大小，而且还能反映出测定时的准确程度。例如，用最小刻度为 0.1cm 的直尺量出某物体的长度为 10.23cm，显然这个数值的前三位数是准确的，而最后一位数字"3"就不是那么可靠，因为它是测试者估计出来的，是可疑的，这个物体的长度可能是 10.24cm，亦可能是 10.22cm，测量的结果有 ±0.01cm 的误差。人们把这个数值的前面 3 位可靠数字和最后一位可疑数字称为有效数字。这个数值就是四位有效数字。有效数字最末一位是估计的、可疑的。如果是"0"也要记上。

2. 有效数字位数

在确定有效数字位数时,特别需要指出的是数字"0"来表示实际测定结果,作为普通数字使用时,他便是有效数字。例如,分析天平称得的物体质量为7.1560g,滴定时滴定管读数为20.05mL,这两个数值中的"0"都是有效数字。在0.006g中的"0"只起到定位作用,不是有效数字。

在计算中常会遇到下列两种情况:一是化学计量关系中的分数和倍数,这些数不是测量所得,他们的有效数字位数可视为无限多位;另一种情况是关于pH、pK和lgK等对数值,其有效数字的位数仅取决于小数部分的位数,因为整数部分只与该真数中的10的方次有关。例如,pH=12.15为两位有效数字,整数部分12不是有效数字。若将其表示成$[H^+]=7.1×10^{-13}$,就可以看出12的作用仅是确定了$[H^+]$在10~14数量级上,其数学意义与确定小数点位置的"0"相同。分析化学中,在记录数据和计算结果时,根据使用的仪器的准确度,常用的一些数值,有效数字的位数参照如下:

试样的质量	0.5380g(分析天平称量)	四位有效数字
标准溶液浓度	0.5000mol/L	四位有效数字
滴定剂体积	18.53mL	四位有效数字
被测组分含量	53.36%	四位有效数字
解离常数	$K_a=1.8×10^{-5}$	二位有效数字
pH值	2.30 9.06	二位有效数字

(二)有效数字修约及运算

1. 有效数字修约规则

在分析中获得有效数字后,进行数据处理时,因为各个环节的测定精确度不一定完全一致,参加运算的有效数字位数也可能不同,因此,要对有效数字和运算结果进行合理的取舍,数据只有经过修约后,才能进行运算。常用的基本规则如下。

① 记录测定数值时,只保留一位可疑数字。

② 有效数字位数确定后,其余尾数应一律弃去。舍弃办法:采用"四舍六入五成双"的规则。即当尾数≤4时,舍去;当尾数≥6时,进一位;当尾数恰为5时,如果5后面还有不是零的任何数时,必须进一位。如果5后面的数字皆为零时,5前面的数字是偶数(包括"0")就舍去,是奇数就进一位。例如:

   13.25→13.2   0.6500→0.6
   13.35→13.4   0.7500→0.8
              2.0500→2.0

③ 有效数字位数确定后,进行尾数舍弃时,如果为两位以上数字时,不得进行多次修约。如将165.4546成三位,应一次修约为165,而不是165.4546→165.455→165.46→165.5→166。

④ 计算有效数字位数时,若第一位有效数字等于或大于8,其有效数字的位数可多算一位。如9.38实际上有三位,但可以认为它是四位有效数字。

2. 有效数字的运算规则

(1) 加减法 在进行加减运算时,有效数字取舍以小数点后位数最少的数值为准。例如,0.0331、25.57和2.16832三个数相加,24.57的数值小数点后位数最少,故其他数值也应取小数点后两位,其结果是

$$0.03+25.57+2.17=27.77$$

(2) 乘除法 在乘除运算中，应以有效数字最少的为准。例如，0.0331、25.57 和 2.16832 三个数相乘，0.0231 的有效数字最少，只有 3 位，故其他数字也只取 3 位。运算的结果也保留 3 位有效数字：

$$0.0331 \times 25.6 \times 2.17 = 1.84$$

在对数运算中，所取对数的位数应与真数的有效数字位数相同。例如，lg9.6 的真数有两位有效数字，则对数应为 0.98，不应该是 0.982 或 0.9823。又如 [H^+] 为 3.0×10^{-2} mol/L 时，pH 值应为 1.52。

正确运用有效数字规则进行运算，不但能够反映出计算结果的可信程度，而且能大大简化计算过程。

3. 有效数字在实际分析中的应用

① 正确地记录测定数据。如在分析天平上，称得某试样重 0.4500g，只能记录 0.4500g，不能记录为 0.45g 或 0.450g。如在量筒量取液体的体积为 12mL，就记录为 12mL，但在滴定管上读取 12mL，就应记录为 12.00mL，而不是 12mL。

② 正确地选取用量和选用适当的仪器。如称取样品的质量为 1～2g，用托盘天平就能满足要求，而不需要用分析天平。反过来，也可根据仪器来确定试样的用量。

③ 正确地表示分析结果。在进行试样分析时，如甲、乙二人同时进行分析，每次称取样品 4.5g，分析结果为：甲 0.051% 和 0.052%；乙 0.05199% 和 0.05201%，就应采用甲的结果表示。

第三节 滴定分析

一、滴定分析的基本术语和特点

将已知准确浓度的标准溶液滴加到被测物质的溶液中直至所加溶液物质的量按化学计量关系恰好反应完全，然后根据所加标准溶液的浓度和所消耗的体积，计算出被测物质含量的分析方法。由于这种测定方法是以测量溶液体积为基础，故又称为容量分析。

1. 滴定分析的基本术语

① 标准溶液：在进行滴定分析过程中，已知准确浓度的试剂溶液。

② 待测溶液：在进行滴定分析过程中，含有待测组分的试剂溶液。

③ 滴定和标定：滴定时，将标准溶液装在滴定管中（因而又常称为滴定剂），通过滴定管逐滴加入到盛有一定量被测物溶液（称为被滴定剂）的锥形瓶（或烧杯）中进行测定，这一操作过程称为"滴定"，若滴定是为了确定标准溶液的浓度，则称为标定。

④ 化学计量点（理论终点）：标准溶液与待测组分恰好按化学计量关系完全反应的那一点。

⑤ 滴定终点：滴定时，指示剂改变颜色的那一点称为"滴定终点"。

⑥ 终点误差（滴定误差）：滴定终点与理论终点之差。

2. 滴定分析法的特点

① 准确度高。相对误差一般在 ±0.1%～±0.2%。

② 仪器简单、操作简便、快速。

③ 应用广泛。通常用于待测组分含量在 1% 以上的常量组分的测定。

滴定分析由于其简便、快速等特点且有足够的准确度，不仅在化学、化工领域有很大的实用性，在农林、养殖、环监、医药卫生等工作中也有广泛的应用。

二、滴定方法及滴定方式

1. 滴定方法

根据滴定所依据化学反应类型的不同可分为四大类。

(1) 酸碱滴定法 以酸、碱之间质子传递反应为基础的一种滴定分析法。可用于测定酸、碱和两性物质。其基本反应为：

$$H^+ + OH^- \Longrightarrow H_2O$$

(2) 配位滴定法(络合滴定法) 以配位反应为基础的一种滴定分析法。可用于对金属离子进行测定。若采用 EDTA 作配位剂，其反应为：

$$M^{n+} + Y^{4-} \Longrightarrow MY^{4-n}(省略离子电荷数,简写为: M + Y \Longrightarrow MY)$$

式中，M^{n+} 为金属离子；Y^{4-} 为 EDTA 的阴离子。

(3) 氧化还原滴定法 以氧化还原反应为基础的一种滴定分析法。可用于对具有氧化还原性质的物质或某些不具有氧化还原性质的物质进行测定，如重铬酸钾法测定铁，其反应如下：

$$Cr_2O_7^{2-} + 6Fe^{2+} + 14H^+ \Longrightarrow 2Cr^{3+} + 6Fe^{3+} + 7H_2O$$

(4) 沉淀滴定法 以沉淀生成反应为基础的一种滴定分析法。可用于对 Ag^+、CN^-、SCN^- 及类卤素等离子进行测定，如银量法，其反应如下：

$$Ag^+ + Cl^- \Longrightarrow AgCl$$

2. 滴定方式

常用的滴定方式主要有四种。

(1) 直接滴定法 用标准溶液直接滴定待测物质的方式。它是滴定分析法中最常用和最基本的滴定方式。用直接滴定法测定时，标准溶液和待测物质之间必须符合滴定分析对化学反应的要求。凡能满足滴定分析要求的反应都可用标准滴定溶液直接滴定被测物质。例如用 NaOH 标准滴定溶液可直接滴定 HCl、H_2SO_4 等试样。

(2) 返滴定法（回滴法或剩余量滴定法） 在被测物质中加入已知量且过量的标准溶液，使其与被测物质充分反应后，再用另一种标准溶液返滴剩余的第一种标准溶液的从而测定待测组分的含量。主要适用于：①被测物质为固体；②被测物质与标准溶液反应较慢；③没有合适的指示剂指示终点。例如，Al^{3+} 与 EDTA 溶液反应速度慢，不能直接滴定，可采用返滴定法。

(3) 置换滴定法 先用适当试剂与被测物质反应，使其定量置换出另一生成物，再用标准溶液直接滴定此生成物的方式。适用于反应不能按确定的化学方程式进行，或伴随有副反应发生，使得标准溶液与被测物质之间的定量关系难以确定。例如，用 $K_2Cr_2O_7$ 标定 $Na_2S_2O_3$ 溶液的浓度时，就是以一定量的 $K_2Cr_2O_7$ 在酸性溶液中与过量的 KI 作用，析出相当量的 I_2，以淀粉为指示剂，用 $Na_2S_2O_3$ 溶液滴定析出的 I_2，进而求得 $Na_2S_2O_3$ 溶液的浓度。

(4) 间接滴定法 当被测物质不能与标准溶液反应时，可以通过另外的化学反应间接地进行测定，称之为间接滴定法。例如，溶液中 Ca^{2+} 几乎不发生氧化还原的反应，但利用它与 $C_2O_4^{2-}$ 作用形成 CaC_2O_4 沉淀，过滤洗净后，加入 H_2SO_4 使其溶解，用 $KMnO_4$ 标准溶液滴定 $C_2O_4^{2-}$，就可间接测定 Ca^{2+} 含量。

3. 滴定分析对化学反应的要求

① 反应要按一定的化学反应式定量进行，通常要求反应完全程度要达到 99.9% 以上，不发生副反应。

② 化学反应必须迅速完成，即反应速率要快。对于较慢的反应通常可通过加热或加入催化剂等方法来提高反应速率。

③ 必须有适当的方法确定理论终点，通常用指示剂来指示滴定终点。

三、基准物质和标准溶液

（一）基准物质

可用于直接配制标准溶液或标定溶液浓度的物质称为基准物质。作为基准物质必须具备以下条件。

① 纯度要高。一般要求试剂纯度必须在99.9%以上。其杂质的含量要小于分析方法允许的误差范围。

② 组成恒定。试剂组成必须与化学式完全相符。若含有结晶水，其结晶水的数目也要与化学式完全符合。

③ 性质稳定。在配制和储存的过程中，其质量和组成不能发生变化。不易吸收空气中的水分和CO_2，不分解，不易被空气氧化。

④ 摩尔质量大。摩尔质量大，以减少称量时相对误差。

常用的基准物质有邻苯二甲酸氢钾、草酸、碳酸钠、重铬酸钾、硝酸银等。

（二）标准溶液

1. 标准溶液的配制方法

（1）直接法　准确称取一定量的基准物质，经溶解后，定量转移于一定体积容量瓶中，用去离子水稀释至刻度。根据溶质的质量和容量瓶的体积，即可计算出该标准溶液的准确浓度。

（2）间接法　用来配制标准溶液的物质大多数是不能满足基准物质条件的，需要采用间接法（又称标定法）。这种方法是：先大致配成所需浓度的溶液（所配溶液的浓度值应在所需浓度值的±5%范围以内），然后用基准物质或另一种标准溶液来确定它的准确浓度。

2. 标准溶液浓度的表示方法

（1）物质的量浓度　指单位体积的溶液中所含溶质的物质的量。简称浓度。

物质B的浓度表达式为：

$$c_B = \frac{n_B}{V}$$

式中，c_B为物质的量浓度，mol/L；n_B为溶质的物质的量，mol；V为溶液的体积，L。

（2）滴定度　指每毫升标准溶液相当于被测物质的质量。在实际中也常用滴定度来表示标准溶液的浓度。用$T_{被测物/滴定剂}$表示。单位为g/mL或mg/mL。例如，氧化还原滴定中，$K_2Cr_2O_7$滴定Fe时，$T_{Fe/K_2Cr_2O_7} = 0.004892$ g/mL表示每毫升$K_2Cr_2O_7$溶液可把0.004892g/mL的Fe^{2+}滴定为Fe^{3+}。只要用消耗的标准溶液的体积乘以滴定度，就可直接得到被测物质的质量。滴定度主要用于生产企业的例行分析。

四、滴定分析中的计算

在滴定分析中，滴定分析结果的计算的主要依据：当滴定达到化学计量点时，他们的物质的量之间关系恰好符合化学反应所表示的化学计量关系。

（一）待测物的物质的量n_A与滴定剂的物质的量n_B的关系

在滴定分析中，如待测物质A与滴定剂B直接发生作用，那么，有反应式如下：

$$aA + bB = dD + eE$$

当达到化学计量点时，a mol 的待测物质 A 与 b mol 的滴定剂 B 完全反应，则 n_A 与 n_B 之比等于他们的化学计量数（反应系数）之比。即：

$$n_A : n_B = a : b \tag{6-7}$$

$$或 \ n_A = \frac{a}{b} n_B \qquad n_B = \frac{b}{a} n_A$$

在滴定分析中，待测物质和滴定剂的物质的量往往需要通过其体积和浓度来间接计算出来。因此，可得出推导式：

$$c_A V_A = \frac{a}{b} c_B V_B \tag{6-8}$$

【例 6-2】 滴定 25 mL 0.2175 mol/L H_2SO_4 溶液时，用去 NaOH 溶液 22.75mL，计算 NaOH 溶液的浓度。

解： $$2NaOH + H_2SO_4 = Na_2SO_4 + 2H_2O$$

根据题意和推导式

得 $$c_{NaOH} V_{NaOH} = 2 c_{H_2SO_4} V_{H_2SO_4}$$

代入数值 $$22.75 c_{NaOH} = 2 \times 25.00 \times 0.2175$$

$$c_{NaOH} = 0.4780 (mol/L)$$

（二）待测组分含量的测定

标准溶液的浓度确定后，即可对待测物质进行含量测定。例如，已标定的盐酸溶液可以用来测定某些碱性物质含量；已标定的氧化剂溶液可以用来测定某些还原性物质相对含量。一般待测组分的含量用质量分数表示。

即 $$w_A = \frac{m_A}{m_S} \times 100\% \tag{6-9}$$

式中，w_A 为待测物质 A 的质量分数；m_A 为滴定分析测得的待测物质的质量；m_S 为称取试样的质量。

待测物质的质量 m_A 可通过他的物质的量 n_A 来求得，n_A 可由滴定剂 B 的体积及浓度进行计算，即

$$m_A = n_A M_A$$

$$n_A = \frac{a}{b} n_B = \frac{a}{b} c_B V_B$$

$$w_A = \frac{m_A}{m_S} \times 100\% = \frac{\frac{a}{b} c_B V_B M_A}{m_S} \times 100\% \tag{6-10}$$

上式是滴定分析中计算被测物质含量的一般通式。

【例 6-3】 用 0.1970 mol/L HCl 溶液滴定 0.2648g 不纯的 Na_2CO_3，消耗 HCl 溶液 24.45 mL，计算 Na_2CO_3 百分含量。

解： $2HCl + Na_2CO_3 = 2NaCl + H_2CO_3$

$$w_A = \frac{m_A}{m_S} \times 100\% = \frac{\frac{a}{b} c_B V_B M_A}{m_S} \times 100\% = \frac{\frac{1}{2} c_{HCl} V_{HCl} M_{Na_2CO_3}}{m_S} \times 100\%$$

$$= \frac{\frac{1}{2} \times 0.1970 mol/L \times 24.45 \times 10^{-3} L \times 105.99 g/mol}{0.2648 g} \times 100\% = 96.40\%$$

本章小结

一、分析化学的任务和分析方法

根据分析任务的不同分为定性分析、定量分析、结构分析。根据分析原理的不同分为化学分析法和仪器分析法。根据分析对象的不同分为有机分析和无机分析。根据分析时所需试样量的多少可分为常量分析、半微量分析、微量分析和超微量分析。另外，还有其他特殊命名的分析方法，如例行分析、快速分析和仲裁分析等。

二、定量分析误差

（1）系统误差和偶然误差　在定量分析中误差根据其性质可分为系统误差和偶然误差。系统误差对分析结果的影响有一定的规律性，根据其产生的原因可以通过空白实验、仪器校正、对照实验等方法加以减免和消除。当系统误差消除和校正后，偶然误差就是主要的误差来源，可以通过多次平行测定加以减少和消除。

（2）准确度与精密度　准确度指实验测定值与真实值之间的符合程度，用误差表示。精密度指多次重复测定的结果相互接近的程度，用偏差表示。准确度高一定需要精密度好，但精密度好不一定准确度高。

三、有效数字的应用

有效数字的使用中注意"四舍六入五成双"的修约规则。运算过程中，在进行加减运算时，有效数字取舍以小数点后位数最少的数值为准。在乘除运算中，应以有效数字最少的为准。

四、滴定分析

（1）滴定分析中的基本概念　滴定、标定、基准物质、标准溶液、化学计量点、滴定终点。

（2）滴定方法及滴定方式　滴定方法有酸碱滴定、配位滴定、氧化还原滴定和沉淀滴定四大滴定法。主要滴定方式有直接滴定、返滴定、置换滴定和间接滴定。

（3）基准物质　可用于直接配制标准溶液或标定溶液浓度的物质称为基准物质。符合条件：纯度要高、组成恒定、性质稳定、摩尔质量大。

（4）标准溶液　标准溶液的配制方法有直接法和间接法。浓度的表示方法有物质的量浓度和滴定度。

思考与练习

1. 选择题

（1）下列哪一条不是基准物质所应具备的条件（　　）。
A. 与化学式相符的物质组成
B. 不应含有结晶水
C. 纯度应达 99.9% 以上
D. 在通常条件应具有相当的稳定性

（2）在滴定分析中，化学计量点与滴定终点间的关系是（　　）。
A. 两者含义相同　　　　B. 两者必须吻合
C. 两者互不相干　　　　D. 两者愈接近，滴定误差愈小

（3）已知准确浓度的试剂溶液称为（　　）。
A. 分析试剂　　　　　　B. 标定溶液
C. 标准溶液　　　　　　D. 基准试剂

（4）单次测定的相对偏差越大，表明一组测定值的（　　）越低？

A. 准确度　　　　　　B. 精密度
C. 绝对误差　　　　　D. 平均值

（5）有四位同学用光度法测定钢中锰含量，称取试样 1.5g 进行分析，它们的分析结果如下，问哪份报告合适？（　　）
A. 0.496%　　　　　B. 0.5%
C. 0.5021%　　　　　D. 0.50%

（6）可用哪种方法减少分析测试中的偶然误差？（　　）
A. 进行对照试验　　　B. 进行空白试验
C. 增加平行测定的次数　D. 进行仪器的校准

（7）常量滴定管可估计到 ±0.01mL，若要求滴定的相对误差小于 0.1%，在滴定时，耗用体积应控制为（　　）。
A. 10～2mL　　　　　B. 20～30mL
C. 30～40mL　　　　　D. 40～50mL

（8）对白云石经两次平行测定，得 CaO 含量为 30.20% 及 30.24%，则 $\frac{30.20\% - 30.22\%}{30.22\%} \times 100\%$ 及 $\frac{30.24\% - 30.22\%}{30.22\%} \times 100\%$ 为两次测定的（　　）。
A. 系统误差　　　　　B. 绝对误差
C. 相对误差　　　　　D. 相对偏差

（9）下列数据包括三位有效数据的是（　　）。
A. 1.052　　　　　　B. 10.030
C. 0.005000　　　　　D. 0.0345

（10）pH＝3.24 其有效数字位数为（　　）。
A. 一位　　　　　　　B. 二位
C. 三位　　　　　　　D. 不确定

2. 是非题
（1）所有纯度非常高的物质都为基准物质。
（2）滴定反应都具有确定的计量关系。
（3）滴定终点一定和化学计量点是吻合的。
（4）误差是指测定值与真实值之间的差，误差大小说明了分析结果的准确度的高低。
（5）偶然误差是定量分析中的主要误差来源，它影响分析结果的准确度。

3. 计算题
（1）按照有效数字运算规则，计算下列结果：
① $135321 \times 0.017 \times 37.00 = ?$
② $7.9936 \div 0.9967 - 5.03 = ?$

（2）为标定 HCl 溶液，称取硼砂（$Na_2B_4O_7 \cdot 10H_2O$）0.417g，用 HCl 溶液滴定至终点时，消耗 25.20mL。求 HCl 溶液的浓度？

（3）称取分析纯 Na_2CO_3 1.2738g，溶于水后稀释成 250mL，取该溶液 25.00mL，用 HCl 溶液进行滴定，以甲基橙为指示剂。当达终点时，用去 HCl 溶液 24.80mL，求此溶液的准确浓度。

（4）称取草酸 0.1670g 溶于适量的水中，用 0.1000mol/L 的 NaOH 标准溶液滴定，用去 23.46mL，求样品中 $H_2C_2O_4 \cdot 2H_2O$ 的质量分数。

实验实训一　分析天平称量练习

一、实训目标

1. 了解几种分析天平的构造，学会常见几种分析天平的使用方法。

2. 学会准确称取一定量的试样。
3. 培养准确、简明地记录实验原始数据的习惯。

二、原理

天平处于平衡状态下，当被称物放在秤盘上后，天平的悬挂系统由于增加了质量而下沉，横梁失去原有平衡，必须减去一定质量的砝码，即用被称物替代了悬挂系统中的砝码，所减去的砝码质量与被称物的质量相当。

三、器材

①半自动电光天平一台，并附有砝码一套；②镊子和药匙各一把；③洁净干燥的瓷坩埚两个；④装有石英砂的称量瓶一个。

四、实训内容及步骤

1. 天平的检查

检查天平是否保持水平，天平盘是否洁净。若不干净，可用软毛刷刷净。天平各部件是否在原位。

2. 天平零点的检查和调整

启动天平，检查投影屏上标尺的位置，如果零点与投影屏上的标线不重合，可拨动旋钮附近的扳手，挪动投影屏位置，使其重合。

3. 直接称量法

首先用铅笔在两个坩锅底部分别标上"1"号、"2"号，然后左手用镊子夹取1号瓷坩埚，置于天平左盘中央，右盘加砝码，用转动指数盘自动加取1g以下圈码。

待天平平衡后，记下盘中砝码质量、指数盘的圈码质量，并从投影屏上直接读出10mg以内的质量，即为1号坩埚的质量 m_1。再用药勺在坩埚内加石英砂 $0.9000 \sim 1.1000$ g（注意：石英砂不要洒在天平盘上），称出其准确质量，记下 m_2。求出石英砂的准确质量 m。

$$m = m_2 - m_1$$

4. 固定质量称量法

同步骤3称出1号瓷坩埚质量 m_1，在右盘加砝码 0.5000 g，然后在瓷坩埚内加入略小于 0.5 g 的石英砂，再轻轻振动药勺，使样品慢慢撒入瓷坩埚中，直到投影屏上的读数与称量坩埚时的读数一致。此时称取石英砂的质量与后来所加砝码的质量相等。

用2号坩埚重复一次。

5. 差减法称量

① 左手用镊子从干燥器中取出1号坩埚，置于天平左盘上，右盘上加砝码及圈码。称出1号坩埚的质量 m_0(g)，同样称出2号坩埚的质量 m_0'(g)。

② 从干燥器中取出盛有石英砂的称量瓶一个，切勿用手拿取，用干净的光纸条套在称量瓶上，手拿取纸条放在天平盘上，称得称量瓶加石英砂的质量 m_1(g)。

③ 用一干净的光纸条套在称量瓶上，用手拿取，再用一小块纸包住瓶盖，在坩埚上方打开称量瓶，用盖轻轻敲击称量瓶，转移石英砂 $0.3 \sim 0.4$ g于1号坩埚内，然后准确称出称量瓶和剩余石英砂的质量 m_2(g)。

以同样方法转移 $0.3 \sim 0.4$ g 石英砂于2号坩埚中，再准确称出称量瓶和剩余石英砂的质量 m_3(g)。

④ 准确称出两个坩埚加石英砂的质量，分别记为 m_4(g) 和 m_5(g)。

⑤ 在实验报告上作称量记录并进行数据处理。

五、注意事项

① 称坩埚、称量瓶之前，均要检查天平零点。
② 启动天平和旋转指数盘时，动作要轻。
③ 标尺向哪边移，说明哪边重。
④ 原始记录必须记在实验报告纸上。
⑤ 称量瓶与小坩埚除放在干燥器内和天平盘上外，须放在洁净的纸上，不得随意乱放，以免沾染。

六、思考题

1. 为什么分析天平在全开状态下不能往上加东西或取东西？
2. 直接称量法和减量法分别在什么情况下采用？

实验实训二　几种标准溶液的配制与标定

一、氢氧化钠标准溶液的配制和标定

（一）实训目标

1. 掌握 NaOH 标准溶液的配制和标定。
2. 掌握碱式滴定管的使用，掌握酚酞指示剂的滴定终点的判断。

（二）原理

NaOH 有很强的吸水性和吸收空气中的 CO_2，因而，市售 NaOH 中常含有 Na_2CO_3。
反应方程式：$2NaOH + CO_2 \longrightarrow Na_2CO_3 + H_2O$；
由于碳酸钠的存在，对指示剂的使用影响较大，应设法除去。

除去 Na_2CO_3 最通常的方法是将 NaOH 先配成饱和溶液（约52%，质量分数），由于 Na_2CO_3 在饱和 NaOH 溶液中几乎不溶解，会慢慢沉淀出来，因此，可用饱和氢氧化钠溶液，配制不含 Na_2CO_3 的 NaOH 溶液。待 Na_2CO_3 沉淀后，可吸取一定量的上清液，稀释至所需浓度即可。此外，用来配制 NaOH 溶液的蒸馏水，也应加热煮沸放冷，除去其中的 CO_2。

标定碱溶液的基准物质很多，常用的有草酸（$H_2C_2O_4 \cdot 2H_2O$）、苯甲酸（C_6H_5COOH）和邻苯二甲酸氢钾（$C_6H_4COOHCOOK$）等。最常用的是邻苯二甲酸氢钾，滴定反应如下：

$$C_6H_4COOHCOOK + NaOH \longrightarrow C_6H_4COONaCOOK + H_2O$$

计量点时由于弱酸盐的水解，溶液呈弱碱性，应采用酚酞作为指示剂。

（三）器材和试剂

器材：碱式滴定管（50mL）、容量瓶、锥形瓶、分析天平、台秤。
试剂：邻苯二甲酸氢钾（基准试剂）、氢氧化钠固体（A、R）、10g/L 酚酞指示剂：1g 酚酞溶于适量乙醇中，再稀释至100mL。

（四）实训内容及步骤

1. 0.1mol/L NaOH 标准溶液的配制

用小烧杯在台秤上称取 120g 固体 NaOH，加 100mL 水，振摇使之溶解成饱和溶液，冷却后注入聚乙烯塑料瓶中，密闭，放置数日，澄清后备用。

准确吸取上述溶液的上层清液 5.6mL 到 1000mL 无二氧化碳的蒸馏水中，摇匀，贴上标签。

2. 0.1mol/L NaOH 标准溶液的标定

将基准邻苯二甲酸氢钾加入干燥的称量瓶内,于 105～110℃烘至恒重,用减量法准确称取邻苯二甲酸氢钾约 0.6000g,置于 250mL 锥形瓶中,加 50mL 无 CO_2 蒸馏水,温热使之溶解,冷却,加酚酞指示剂 2～3 滴,用欲标定的 0.1mol/L NaOH 溶液滴定,直到溶液呈粉红色,半分钟不褪色。同时做空白试验。

要求做三个平行样品。

(五) 结果结算

NaOH 标准溶液浓度计算公式:

$$c_{NaOH} = \frac{m}{(V_1 - V_2) \times 0.2042}$$

式中,m 为邻苯二甲酸氢钾的质量,g;V_1 为氢氧化钠标准滴定溶液用量,mL;V_2 为空白试验中氢氧化钠标准滴定溶液用量,mL;0.2042 为与 1mmol 氢氧化钠标准滴定溶液相当的基准邻苯二甲酸氢钾的质量,g。

二、盐酸标准溶液的配制和标定

(一) 实训目标

1. 掌握减量法准确称取基准物的方法。
2. 掌握滴定操作并学会正确判断滴定终点的方法。
3. 学会配制和标定盐酸标准溶液的方法。

(二) 原理

由于浓盐酸容易挥发,不能用它们来直接配制具有准确浓度的标准溶液,因此,配制 HCl 标准溶液时,只能先配制成近似浓度的溶液,然后用基准物质标定它们的准确浓度,或者用另一已知准确浓度的标准溶液滴定该溶液,再根据它们的体积比计算该溶液的准确浓度。

标定 HCl 溶液的基准物质常用的是无水 Na_2CO_3,其反应式如下:

$$Na_2CO_3 + 2HCl = 2NaCl + CO_2 + H_2O$$

滴定至反应完全时,溶液 pH 值为 3.89,通常选用溴甲酚绿-甲基红混合液作指示剂。

(三) 试剂

① 浓盐酸(相对密度 1.19)。

② 溴甲酚绿-甲基红混合液指示剂:量取 30mL 溴甲酚绿乙醇溶液(2g/L),加入 20mL 甲基红乙醇溶液(1g/L),混匀。

(四) 实训内容及步骤

1. 0.1mol/L HCl 溶液的配制

用量筒量取浓盐酸 9mL,倒入预先盛有适量水的试剂瓶中,加水稀释至 1000mL,摇匀,贴上标签。

2. 盐酸溶液浓度的标定

用减量法准确称取约 0.15g 在 270～300℃干燥至恒量的基准无水碳酸钠,置于 250mL 锥形瓶,加 50mL 水使之溶解,再加 10 滴溴甲酚绿-甲基红混合液指示剂,用配制好的 HCl 溶液滴定至溶液由绿色转变为紫红色,煮沸 2min,冷却至室温,继续滴定至溶液由绿色变为暗紫色。由 Na_2CO_3 的质量及实际消耗的 HCl 溶液的体积,计算 HCl 溶液的准确浓度。

(五) 注意事项

① 干燥至恒重的无水碳酸钠有吸湿性,因此在标定中精密称取基准无水碳酸钠时,宜

采用"减量法"称取，并应迅速将称量瓶加盖密闭。

② 在滴定过程中产生的二氧化碳，使终点变色不够敏锐。因此，在溶液滴定进行至临近终点时，应将溶液加热煮沸，以除去二氧化碳，待冷至室温后，再继续滴定。

三、EDTA 标准溶液的配制和标定

（一）实训目标

1. 了解 EDTA 标准溶液标定的原理。
2. 掌握配制和标定 EDTAB 标准溶液的方法。

（二）原理

乙二胺四乙酸二钠盐（习惯上称 EDTA）是一种有机络合剂，能与大多数金属离子形成稳定的 1∶1 配合物，常用作配位滴定的标准溶液。

EDTA 在水中的溶解度为 120g/L，可以配成浓度为 0.3mol/L 以下的溶液。EDTA 标准溶液一般不用直接法配制，而是先配制成大致浓度的溶液，然后标定。用于标定 EDTA 标准溶液的基准试剂较多，例如 Zn、ZnO、$CaCO_3$、Bi、Cu、$MgSO_4 \cdot 7H_2O$、Ni、Pb 等。

用氧化锌作基准物质标定 EDTA 溶液浓度时，以铬黑 T 作指示剂，用 pH＝10 的氨缓冲溶液控制滴定时的酸度，滴定到溶液由紫色转变为纯蓝色，即为终点。

（三）试剂

① 乙二胺四乙酸二钠盐（EDTA）。
② 氨水-氯化铵缓冲液（pH＝10）：称取 5.4g 氯化铵，加适量水溶解后，加入 35mL 氨水，再加水稀释至 100mL。
③ 铬黑 T 指示剂：称取 0.1g 铬黑 T，加入 10g 氯化钠，研磨混合。
④ 40%氨水溶液：量取 40mL 氨水，加水稀释至 100mL。
⑤ 氧化锌（基准试剂）。
⑥ 盐酸。

（四）实训内容及步骤

1. 0.01mol/L EDTA 溶液的配制

称取乙二胺四乙酸二钠盐（$Na_2H_2Y \cdot 2H_2O$）4g，加入 1000mL 水，加热使之溶解，冷却后摇匀，如浑浊应过滤后使用。置于玻璃瓶中，避免与橡皮塞、橡皮管接触。贴上标签。

2. 锌标准溶液的配制

准确称取约 0.16g 于 800℃灼烧至恒量的基准 ZnO，置于小烧杯中，加入 0.4mL 盐酸，溶解后移入 200mL 容量瓶，加水稀释至刻度，混匀。

3. EDTA 溶液浓度的标定

吸取 30.00～35.00mL 锌标准溶液于 250mL 锥形瓶中，加入 70mL 水，用 40%氨水中和至 pH 为 7～8，再加 10mL 氨水-氯化铵缓冲液（pH＝10），加入少许铬黑 T 指示剂，用配好的 EDTA 溶液滴定至溶液自紫色转变为纯蓝色。记下所消耗的 EDTA 溶液的体积，根据消耗的 EDTA 溶液的体积，计算其浓度。

四、高锰酸钾标准溶液的配制和标定

（一）实训目标

1. 掌握高锰酸钾标准滴定溶液的配制、标定和保存方法。
2. 掌握以草酸钠为基准物标定高锰酸钾的基本原理、反应条件、操作方法和计算。

（二）原理

高锰酸钾（$KMnO_4$）为强氧化剂，易和水中的有机物和空气中的尘埃等还原性物质作用；$KMnO_4$ 溶液还能自行分解，见光时分解更快，因此 $KMnO_4$ 标准溶液的浓度容易改变，必须正确地配制和保存。

$KMnO_4$ 溶液的标定常采用草酸钠（$Na_2C_2O_4$）作基准物，因为 $Na_2C_2O_4$ 不含结晶水，容易精制，操作简便。$KMnO_4$ 和 $Na_2C_2O_4$ 反应如下：

$$2MnO_4^- + 5C_2O_4^{2-} + 16H^+ \xrightarrow{\triangle} 2Mn^{2+} + 10CO_2 + 8H_2O$$

滴定温度控制在 70～80℃，不应低于 60℃，否则反应速度太慢，但温度太高，草酸又将分解。

（三）试剂

① 基准试剂 $Na_2C_2O_4$
② 3mol/L H_2SO_4 溶液。

（四）实训内容及步骤

1. 0.02mol/L $KMnO_4$ 标准溶液的配制

称取 1.6g $KMnO_4$ 固体，置于 500mL 烧杯中，加蒸馏水 500mL 使之溶解，盖上表面皿，加热至沸，并缓缓煮沸 15min，并随时加水补充至 500mL。冷却后，在暗处放置数天（至少 2～3d），然后用微孔玻璃漏斗或玻璃棉过滤除去 MnO_2 沉淀。滤液储存在干燥棕色瓶中，摇匀。若溶液煮沸后在水浴上保持 1h，冷却，经过滤可立即标定其浓度。

2. $KMnO_4$ 标准溶液的标定

准确称取在 130℃烘干的 $Na_2C_2O_4$ 0.15～0.20g，置于 250mL 锥形瓶中，加入蒸馏水 40mL 及 H_2SO_4 10mL，加热至 75～80℃（瓶口开始冒气，不可煮沸），立即用待标定的 $KMnO_4$ 溶液滴定至溶液呈粉红色，并且在 30s 内不褪色，即为终点。标定过程中要注意滴定速度，必须待前一滴溶液褪色后再加第二滴，此外还应使溶液保持适当的温度。

根据称取的 $Na_2C_2O_4$ 质量和耗用的 $KMnO_4$ 溶液的体积，计算 $KMnO_4$ 标准溶液的准确浓度。

（五）结果计算

$KMnO_4$ 标准滴定溶液浓度按下式计算：

$$c(KMnO_4) = \frac{2m(Na_2C_2O_4)}{5M(Na_2C_2O_4)V(KMnO_4) \times 10^{-3}}$$

五、0.1mol/L 草酸标准溶液的配制

（一）配制

称取 6.4g 草酸，溶于 1000mL 水中，混匀。

（二）标定

1. 原理

$$KMnO_4 + 3H_2SO_4 + 5H_2C_2O_4 \longrightarrow 2MnSO_4 + 10CO_2 + 8H_2O$$

2. 仪器

滴定管 50mL，烧杯 250mL，吸液管 20mL，温度计 100℃。

3. 标定过程

准确量取 20mL 草酸溶液加到 250mL 三角瓶中，再加 100mL 含有 8mL H_2SO_4 的水溶液。用 $c(1/5KMnO_4)=0.1mol/L$ 高锰酸钾标准溶液滴定近终点时，加热至 70℃，继续滴

定至溶液呈粉红色，保持30s，同时做空白试验。

4. 计算

$$c(1/2\ H_2C_2O_4) = (V_1 - V_2)c_1/V$$

c_1 为草酸溶液量浓度，mol/L；V_1 为滴定消耗高锰酸钾用量数，mL；V_2 为空白试验高锰酸钾用量数，mL；V 为吸取草酸溶液数，mL。

5. 注意事项

① 反应开始时速度很慢，为了加速反应，须将溶液温度加热至70℃左右，不可太高，否则将引起 $H_2C_2O_4$ 的分解 $H_2C_2O_4 \longrightarrow CO + CO_2 \longrightarrow + H_2O$

② 溶液有效期一个月。

六、思考题

1. 配制标准碱溶液时，用台秤称取固体 NaOH 是否会影响浓度的准确度？
2. 能否用称量纸称取固体 NaOH？为什么？
3. 作为标定的基准物质应具备哪些条件？
4. 欲溶解 Na_2CO_3 基准物质时，加水 50mL 应以量筒量取还是用移液管吸取？为什么？
5. 本实验中所使用的称量瓶、烧杯、锥形瓶是否必须都烘干？为什么？
6. 标定 HCl 溶液时为什么要称0.15g左右 Na_2CO_3 基准物？称得过多或过少有何不好？
7. 用铬黑 T 指示剂时，为什么要控制 pH=10？
8. 配位滴定法与酸碱滴定法相比，有哪些不同？操作中应注意哪些问题？
9. 配制 $KMnO_4$ 标准溶液时，为什么要把 $KMnO_4$ 溶液煮沸一定时间和放置数天？为什么还要过滤？是否可用滤纸过滤？
10. 用 $Na_2C_2O_4$ 标定 $KMnO_4$ 溶液浓度时，H_2SO_4 加入量的多少对标定有何影响？可否用盐酸或硝酸来代替？
11. 用 $Na_2C_2O_4$ 标定 $KMnO_4$ 溶液浓度时，为什么要加热？温度是否越高越好，为什么？
12. 本实验的滴定速度应如何掌握为宜，为什么？试解释溶液褪色的速度越来越快的现象。
13. 滴定管中的 $KMnO_4$ 溶液，应怎样准确地读取读数？

第七章　物质的定量分析过程

学习目标
1. 了解物质的定量分析过程的各个步骤。
2. 根据实际情况对分析过程的具体分离和测定方法进行选择。

物质的定量分析过程，一般包括下列步骤：试样的采取与制备、定性检验、试样的分解、干扰杂质的分离和定量测定等。其中定性检验和定量测定的具体内容，在随后的各个章节进行详细介绍。本章主要对试样的采取与制备、试样的分解、干扰组分的分离和测定方法的选择等问题分别加以讨论。

第一节　试样的采取与制备方法

在分析实践中，常需测定大量物料中某些组分的平均含量。但在实际分析时，只能称取几克、十分之几克或更少的试样进行分析。取这样少的试样所得的分析结果，要求能反映整批物料的真实情况，则分析试样的组成必须能代表全部物料的平均组成，即试样应具有高度的代表性，否则分析结果再准确也是毫无意义的。因此，在进行分析之前，了解试样来源，明确分析目的，做好试样的采取与制备工作是非常重要的。所谓试样的采取与制备，是指先从大批物料中采取最初试样（原始试样），然后再制备成供分析用的最终试样（分析试样）。当然，对于一些比较均匀的物料，可直接取少量分析试样，不需再进行制备。

通常遇到的分析对象，从其形态可分为气体、液体和固体三类，对于不同的形态和不同的物料，应采取不同的取样方法。

一、气体和液体试样的采取

（一）气体试样的采取

对于气体试样的采取，需按具体情况，采用相应的方法。例如大气样品的采取，通常选择距地面 50～180cm 的高度采样，使与人的呼吸空气相同。对于烟道气、废气中某些有毒污染物的分析，可将气体样品采入空瓶或大型注射器中。

大气污染物的测定是使空气通过适当吸收剂，由吸收剂吸收浓缩之后再进行分析。

（二）液体试样的采取

装在大容器里的物料，只有在储槽的不同深度取样后混合均匀即可作为分析试样。对于分装在小容器里的液体物料，应从每个容器里取样，然后混匀作为分析试样。

在采取气体或液体试样时，必须先把容器及通路洗净，再用要采取的气体或液体冲洗数次或使之干燥，然后取样，以免混入杂质。

二、固体试样的采取与制备

固体试样种类繁多，经常遇到的有矿石、合金和盐类等，它们的采用方法如下。

（一）矿石试样的采取与制备

为了使所采取的试样具有代表性，应从不同的部位和深度选取多个取样点。采取的份数越多越有代表性。但是，采取量过大处理反而麻烦。一般而言，应取试样的量与矿石的性质均匀程度和颗粒大小等因素有关。通常试样的采取量可按以下的经验公式（采样公式）来计算：

$$Q = Kd^\alpha$$

式中，Q 为采集试样的最小质量，kg；d 为试样中最大颗粒的直径，mm；K 和 α 为经验常数，可由实验求得，通常 K 值为 0.02～1，α 值为 1.8～2.5，地质部门规定 α 值为 2。从公式可知，矿石的粒度越大，应采的试样越多，而且颗粒大小不均匀也不适合作分析用。

为制备颗粒高度均匀的分析试样，一般经过破碎、过筛、混匀和缩分四个步骤。大块矿样先用压碎机破碎成小的颗粒，过筛之后，再进行缩分。常用的缩分方法为"四分法"。将试样粉碎后混匀，堆成锥形后略为压平，通过中心四等分，取任何相对的两份，将其收集并混匀，这样试样便缩减了一半，称为缩分一次。这样连续进行多次缩分，直到缩分后试样的量符合采样公式的要求。这样再经过粉碎、缩分最后制备成所要求的分析试样，装入瓶中，贴上标签供分析用。

【例 7-1】 欲采取赤铁矿的试样，若矿石最大粒度的直径为 20mm，K 值为 0.06，则应取矿样的最少量为多少？若将原始试样粉碎至最大粒度的直径为 4mm，则应缩分的次数为多少？

解：根据 $Q = Kd^\alpha$ 可知取矿样的最小质量 $Q = 0.06 \times 20^2 = 24 \text{(kg)}$

当原始试样粉碎至最大粒度的直径为 4mm 时，应留试样的最小质量 $Q = 0.06 \times 4^2 \approx 1\text{kg}$

这样缩分四次后所留试样的质量为

$$24 \times \left(\frac{1}{2}\right)^4 = 1.5 \text{kg}$$

再进行一次缩分，则所留试样的质量小于 1kg，失去代表性。

在粉碎过程中，要尽量避免由于设备的磨损等原因而混进杂质，并应防止粉末的飞散。在过筛时，通不过筛孔的部分颗粒决不能丢弃，因为这部分不易研碎的颗粒往往具有不同的组成，所以必须反复的研磨，使所有细粒都能通过筛孔。各种筛号的规格见表 7-1。

表 7-1 筛号（网目）和筛孔的大小

筛号（网目）	20	40	60	80	100	120	200
筛孔的大小/mm	0.83	0.42	0.25	0.177	0.149	0.125	0.074

（二）金属或金属制品试样的采取

由于金属经过高温熔炼，组成比较均匀，因此对于片状或丝状试样，剪取一部分即可进行分析。但对于钢锭或铸铁，由于表面和内部的凝固时间不同，铁和杂质的凝固温度也不一样，因此，表面和内部的组成是不均匀的。取样时应先将表面清理，然后用钢钻在不同部位、不同深度钻取碎屑混合均匀，作为分析试样。

对于那些极硬的样品如白口铁、硅钢等，无法钻取，可用钢锤砸碎之后，再放入钢钵内捣碎，然后再取其一部分作为分析试样。

（三）粉状或松散物料试样的采取

常见的粉状或松散物料如盐类、化肥、农药和精矿等，其组成比较均匀，因此取样点可少一些，每点所取之量也不必太多。各点所取试样混匀即可作为分析样品。

第二节 试样的分解方法

试样的分解工作是分析工作的重要步骤之一。在一般分析工作中,通常先要将试样分解制成溶液。在分解试样时必须注意:①试样分解必须完全,处理后的溶液中不得残留原试样的细屑或粉末;②试样分解过程中待测组分不应挥发损失;③不应引入被测组分和干扰物质。常用的分解方法有溶解和熔融两种。

一、溶解分解法

采用适当的溶剂将试样溶解制成溶液,这种方法比较简单、快速。常用的溶剂有水、酸和碱等。能溶于水的试样一般称为可溶性盐类,如硝酸盐、醋酸盐、铵盐、绝大部分的碱金属化合物和大部分的氯化物、硫酸盐等。对于不溶于水的试样,则采用酸或碱作溶剂的酸溶法或碱溶法进行溶解,以制备分析试液。

(一) 酸溶法

酸溶法是利用酸的酸性、氧化还原性和形成配合物的作用,使试样溶解。钢铁、合金、部分氧化物、硫化物、碳酸盐矿物和磷酸盐矿物等,常采用此法溶解。常用的酸溶剂如下。

1. 盐酸 (HCl)

盐酸是分解试样的重要强酸之一,它可以溶解金属活动顺序中氢以前的金属及多数金属氧化物、氢氧化物、碳酸盐、磷酸盐和多种硫化物。盐酸中的 Cl^- 可以和许多金属离子生成稳定的配离子(如 $FeCl_4^-$、$SbCl_4^-$ 等),对于这些金属的矿石是很好的溶剂。Cl^- 还有弱的还原性,有利于一些氧化性矿物如软锰矿的溶解:

$$MnO_2 + 2Cl^- + 4H^+ \Longrightarrow Mn^{2+} + 2H_2O + Cl_2 \uparrow$$

盐酸和 Br_2 常用于分解硫化物矿石。盐酸和 H_2O_2 的混合溶剂,可以溶解钢、铝、钨、铜及其合金等。例如,分解铜的反应为:

$$Cu + H_2O_2 + 2H^+ \Longrightarrow Cu + 2H_2O$$

用盐酸溶解砷、锑、硒、锗的试样,生成的氯化物在加热时易挥发而造成损失,应加以注意。

2. 硝酸 (HNO_3)

硝酸具有强的氧化性,所以硝酸溶样兼有酸和氧化作用,溶解能力强而且快。除铂、金和某些稀有金属外,浓硝酸能溶解几乎所有的金属试样及其合金,大多数的氧化物、氢氧化物和几乎所有的硫化物都能溶解。但金属铝、铬等被氧化后,在金属表面形成一层致密的氧化物薄膜,使金属与酸隔离,不能继续起作用,这种现象称为金属的钝化。为了溶去氧化物薄膜,必须再加些非氧化性的酸如 HCl,才能达到溶样的目的。例如:

$$2Cr + 2HNO_3 \Longrightarrow Cr_2O_3 + 2NO \uparrow + H_2O$$
$$Cr_2O_3 + 6HCl \Longrightarrow 2CrCl_3 + 3H_2O$$

因此,单用硝酸只适用于溶解不产生钝化的金属,如铜、铅、锰、镉、钴、铋等合金以及铜、钴、镍、钼等金属矿石。

3. 硫酸 (H_2SO_4)

热浓硫酸具有强氧化性。除 Ba、Sr、Ca、Pb 外,其他金属的硫酸盐一般都溶于水。因此,用硫酸可溶解铁、钴、镍、锌等金属及其合金和铝、铍、锰、钍、铀等矿石。硫酸的沸点高 (338℃),可在高温下分解矿石,或用以除去挥发性物质和水分。

例如:

$$\text{FeTi(铁钛合金)} + 3H_2SO_4 \longrightarrow FeSO_4 + Ti(SO_4)_2 + 3H_2\uparrow$$

$$TiC + 5H_2SO_4 \longrightarrow Ti(SO_4)_2 + CO_2\uparrow + 3SO_2\uparrow + 4H_2O + H_2\uparrow$$

浓硫酸又是一种强的脱水剂，可以破坏有机物而析出碳，在高温下进一步转化为 CO_2。因此试样中含有有机物时，可用浓硫酸除去。

在 K_2SO_4、$CuSO_4$ 存在下，硫酸能分解金属或有机物中的氮化物，使之定量地转化为硫酸铵，再用凯氏法测定氮的百分含量。

此外，像磷酸（H_3PO_4）中 PO_4^{3-}、氢氟酸（HF）具有很强的配位能力，能溶解许多酸所不能溶解的矿石，如铬铁矿、铝矾土和许多硅酸盐矿物及金红石（TiO_2）等。氢氟酸主要用来分解硅酸盐，生成挥发性的 SiF_4。对于用单一酸无法溶解的物质可以用混合酸来溶解，常用的混合酸有 $H_2SO_4 + H_3PO_4$，$H_2SO_4 + HF$，$H_2SO_4 + HClO_4$ 和 $HCl + HNO_3 + HClO_4$ 等。

（二）碱溶法

碱溶法的溶剂主要为 NaOH 和 KOH。此法常用来溶解两性金属铝、锌及其合金，以及它们的氧化物、氢氧化物等。

用稀 NaOH 或 KOH 溶液，可以溶解各种酸性氧化物，如 WO_3、MoO_3、GeO_2 和 V_2O_5 等。

二、熔融分解法

熔融分解法是将试样与固体熔剂混合，在高温下加热使试样的全部组分转化为易溶于水或酸的化合物（如钠盐、钾盐硫酸盐或氯化物等）。根据所用溶剂的化学性质，可分为酸熔法和碱熔法两种。

（一）酸熔法

碱性试样可采用酸性熔剂。常用的酸性熔剂有 $K_2S_2O_7$（熔点 419℃）和 $KHSO_4$（熔点 219℃），后者经灼烧也转化为 $K_2S_2O_7$：

$$2KHSO_4 \xrightarrow{\text{灼烧}} K_2S_2O_7 + H_2O$$

所以两者的作用是一样的。这类熔剂在 300℃ 以上可与碱式或中性氧化物作用，生成可溶性的硫酸盐，常用于分解 Al_2O_3、Cr_2O_3、Fe_3O_4、ZrO_2、钛铁矿、铬矿、中性耐火材料（如铝砂、高铝砖）及碱性耐火材料（如镁砂、镁砖）等。

用 $K_2S_2O_7$ 熔剂进行熔融时，温度不应超过 500℃，以防 SO_3 过早过多地损失掉。熔融物冷却后用水溶解时应加入少量酸，以免有些元素（如 Ti、Zr）发生水解而产生沉淀。

近年来采用铵盐混合熔剂，其原理是铵盐在加热时分解出相应的无水酸，在高温下具有很强的溶解能力。此法分解速度很快，在熔样时取得较好的效果。

（二）碱熔法

碱性试样可采用酸性熔剂。如酸性矿渣、酸性炉渣和酸不熔试样可以采用此法转化为易溶于酸的氧化物或碳酸盐。常用的碱性熔剂有 Na_2CO_3（熔点 853℃）、K_2CO_3（熔点 903℃）、NaOH（熔点 318℃）、Na_2O_2（熔点 460℃）和它们的混合熔剂。

这些熔剂除碱性外，在高温下均具有氧化作用（本身的氧化性或空气氧化），可以把一些元素氧化成高价态，从而增强了试样的分解作用。有时为了增强氧化作用还加入 KNO_3 或 $KClO_3$，使氧化作用更完全。

① Na_2CO_3 或 K_2CO_3 常用来分解硅酸盐和硫酸盐等。分解反应如下：

$$Al_2O_3 \cdot 2SiO_2 + 3Na_2CO_3 \xrightarrow{\text{熔融}} 2NaAlO_2 + 2Na_2SiO_3 + 3CO_2\uparrow$$

$$BaSO_4 + Na_2CO_3 \xrightarrow{\text{熔融}} BaCO_3 + Na_2SO_4$$

在熔融时常将 Na_2CO_3 和 K_2CO_3 混合使用,这样可使熔点降低到712℃。还有混合熔剂 $Na_2CO_3 + S$,用来分解砷、锑、锡的矿石,将其分解转化成硫代酸盐。

② Na_2O_2 常用来分解很稳定的金属、合金和其他难分解的矿物。由于它本身是强氧化剂,能把矿石中的元素氧化成高价态。如铬铁矿的分解反应为:

$$2FeO \cdot Cr_2O_3 + 7Na_2O_2 = 2NaFeO_2 + 4Na_2CrO_4 + 2Na_2O$$

熔块用水处理,溶出 $NaCrO_4$,同时 $NaFeO_2$ 经水解生成 $Fe(OH)_3$ 沉淀。然后利用 $NaCrO_4$ 溶液和生成的 $Fe(OH)_3$ 沉淀分别测定铬和铁的百分含量。

有时为降低熔融温度,常采用 $Na_2O_2 + NaOH$ 混合熔剂;为减小氧化程度常采用 $Na_2O_2 + Na_2CO_3$ 混合熔剂。使用此法前应将有机物除去,以免在高温时发生爆炸。

③ NaOH 和 KOH 常用来分解硅酸盐、磷酸盐矿物、钼矿和耐火材料等,此法的优点在于熔融速度快、熔块易溶解、熔点低[如 NaOH 熔点318℃、KOH 熔点404℃、NaOH + Na_2CO_3(23%)熔点286℃],所以氢氧化物熔融法得到广泛应用。

总之,试样的分解是一个较复杂的问题,选择合适的方法与试样、被测组分和溶剂(或熔剂)的性质有关,因此应从多方面综合考虑。

第三节 干扰组分的分离和测定方法的选择

一、干扰组分的分离

在分析过程中,若试样组分较简单而且彼此不干扰测定,经分解制成溶液之后,即可直接测定各组分的含量。但在实际工作中遇到的试样,往往组成比较复杂,在测定时彼此发生干扰,影响分析结果,甚至无法进行测定。因此,在测定之前,必须设法消除干扰或者将干扰物质分离除去,然后进行被测组分的测定。

在分析过程中所涉及的分离方法很多,按所依据的原理不同可分为物理方法、化学方法和物理化学方法的联用;按试样的状态可分为固体、液体和气体三种类型。表 7-2 列出分析过程中常用的分离方法。

表 7-2 分析过程中常用的分离方法

试样状态	分离的物质	所用的分离方法及技术
固体	微粒	显微镜下手选、筛分、磁选、重液分离、浮选
	组分	选择性溶解、电解软件、升华、高温下转化为挥发性物质、有机试样干灰化、区域熔炼
液体	微粒	过滤、离心、浮选
	溶质	沉淀、共沉淀、电渗析、吸附、分子筛、离子交换、液液萃取、电泳、渗析、超离心、反渗透
气体	微粒	过滤、沉积、离心、静电除尘、吸收、吸附、渗透

在具体的分析过程中,应根据具体试样及待分离组分的性质来选择合适的分离方法。

二、测定方法的选择

任何一种组分的测定方法有多种,具体要选哪种方法,应考虑以下几个方面。

(一) 测定的具体要求

首先要明确分析目的和要求,确定测定组分、准确度以及要求完成的时间。如对于原子量的测定、标样分析和成品分析,准确度是主要的;而生产过程中的控制分析,速度便成了主要的问题。所以应根据分析的目的要求,选择适宜的分析方法。例如测定标准钢样中硫的含量时,一般采用准确度较高的重量法。而炼钢炉前控制硫含量的分析,则采用 1~2min 即可完成的燃烧容量法。

(二) 被测组分的性质

一般来说,分析方法都基于被测组分的某种性质。如 Mn^{2+} 在 pH>6 时可与 EDTA 定量配位,可用配位滴定法测定其含量;MnO_4^- 具有氧化性,可用氧化还原滴定法测定;MnO_4^- 呈现紫红色,可用光度法测定微量锰。对被测组分性质的了解,可帮助我们选择合适的分析方法。

(三) 被测组分的含量

测定常量组分时,多采用滴定分析法和重量分析法。当重量分析法和滴定分析法均可采用的情况下,一般选用滴定分析法。测定微量组分则多采用灵敏度比较高的仪器分析法。例如,测定磷矿粉中磷的含量时,则采用滴定分析法或重量分析法;测定钢铁中磷的含量时则采用光度分析法。

(四) 共存组分的影响

在选择分析方法时,必须考虑其他组分对测定的影响,尽量选择特效性较好的分析方法。如果没有适宜的方法,则应改变测定条件,加入掩蔽剂以消除干扰,或通过分离除去干扰组分之后,再进行测定。

此外还应根据本单位的设备条件、试剂纯度等,以考虑选择切实可行的分析方法。

第四节 应用分析示例——硅酸盐的分析

硅酸盐是水泥、玻璃、陶瓷等许多工业生产的原料,天然的硅酸盐矿物有石英、云母、滑石、长石和白云石等多种,它们的主要成分是 SiO_2、Fe_2O_3、Al_2O_3、CaO、MgO、TiO_2 等。现以硅酸盐的全分析为例进行较为详细的讨论。

一、试样的分解

根据试样中 SiO_2 含量多少的不同,分解试样可采用两种不同的方法,若 SiO_2 含量低,可用酸溶法分解试样。常用 HCl 或 HF—H_2SO_4 为溶剂。当用 HF 时对 SiO_2 的测定必须另取试样进行分析;若 SiO_2 含量高,可用碱熔法分解试样。此法常用 Na_2CO_3 或 Na_2CO_3+K_2CO_3 作溶剂,如果试样中含有还原性组分如黄铁矿、铬铁矿时,则于熔剂中加入一些 Na_2O_2 以分解试样。

熔样先在低温熔化,然后升高温度至试样完全分解(一般约需 20min),放冷,用热水浸取熔块,加 HCl 酸化。制备成一定体积的溶液。

二、SiO_2 的测定——重量分析法

试样经碱熔法分解,SiO_2 转变成硅酸盐,加 HCl 之后形成含有大量水分的无定形硅酸沉淀,为了使硅酸沉淀完全并脱去所含水分,可以在水浴上蒸发至近干,加入 HCl 蒸发至湿盐状,再加入 HCl 和动物胶使硅酸凝聚。于 60~70℃ 保温 10 min 以后加水溶解其他可溶性盐类,采用快速滤纸,滤纸在漏斗上铺好之后,再倾入少许纸浆,然后过滤、洗涤。滤液留作测定其他组分用,沉淀灼烧至恒重,称得 SiO_2 的质量,以计算 SiO_2 的百分含量。

上述手续所得到的 SiO_2 中,往往含有少量被硅酸吸附的杂质如 Al^{3+}、Ti^{4+} 等,经灼烧之后变成对应的氧化物与 SiO_2 一起被称重,造成结果偏高。为了消除这种误差,可将称过

重的不纯 SiO_2 沉淀用 $HF—H_2SO_4$ 处理，则 SiO_2 转变成 SiF_4 挥发逸去。所得残渣经灼烧称量，处理前后质量之差即为 SiO_2 的准确质量。所得残渣用 $K_2S_2O_7$ 熔融、水浸之后，浸出液与滤液合并，供测其他组分之用。

三、Fe_2O_3、Al_2O_3、TiO_2 的测定

将重量法测定 SiO_2 的滤液加热至沸，以甲基红作指示剂，用氨水中和至微碱性，则 Fe^{3+}、Al^{3+}、Ti^{4+} 生成氢氧化物沉淀，过滤、洗涤。滤液备作测 Ca^{2+}、Mg^{2+} 之用，沉淀用稀 HCl 溶解之后，进行 Fe^{3+}、Al^{3+}、Ti^{4+} 的测定。

（一）Fe_2O_3 的测定

铁含量低时采用光度法测定，含量高时采用滴定分析法测定。

1. 光度法

在 pH＝8～11 的氨性溶液中，Fe^{3+} 与磺基水杨酸生成红色配合物，即可用光度分析法测定。

2. 滴定分析法

铁含量高时，一般采取配位滴定法，在控制 pH＝1～1.7 的条件下，以磺基水杨酸作指示剂，用 EDTA 标准溶液滴定至淡黄色即为终点，根据 EDTA 标准溶液的用量来计算 Fe_2O_3 的含量。滴定后溶液备测 Al_2O_3、TiO_2 用。

（二）Al_2O_3、TiO_2 的测定

1. 滴定分析法

将滴定 Fe^{3+} 的溶液用氨水调节 pH 值在 4 左右，加入 HAc-NaAc 缓冲溶液及过量的 EDTA 标准溶液，加热促使 Al^{3+} 反应完全，再用硫酸铜标准溶液返滴剩余的 EDTA，用 PAN 为指示剂，滴定至溶液呈紫红色即为终点，这样可以测出 Al^{3+} 和 Ti^{4+} 的总量。

在滴定 Al^{3+} 和 Ti^{4+} 后的溶液中，加入苦杏仁酸加热煮沸，则钛的 EDTA 的配合物分解，而铝的 EDTA 的配合物不会变化。用硫酸铜标准溶液滴定释放出来的 EDTA，即可测出 TiO_2 的含量。

由返滴定求出 Al^{3+} 和 Ti^{4+} 所消耗 EDTA 标准溶液的总体积，减去置换滴定 Ti^{4+} 用去 EDTA 标准溶液的体积，则得到 Al^{3+} 配位用去 EDTA 标准溶液的体积，最后求出 Al_2O_3 的含量。

2. Ti^{4+} 的光度测定法

在 5%～10% 的硫酸介质中进行，Ti^{4+} 与 H_2O_2 作用生成黄色配合物，可用分光光度法测定。

四、CaO、MgO 的测定

分离 Fe^{3+}、Al^{3+}、Ti^{4+} 时的滤液即可用来测定 CaO、MgO 的含量。

以酸性铬蓝 K-萘酚绿 B 为指示剂，在 pH 值为 10 时，用 EDTA 滴定 Ca^{2+} 和 Mg^{2+}；在 pH＝12～12.5 时，用 EDTA 滴定 Ca^{2+}，求得 CaO 的含量，再用差减法求出 MgO 的含量。

本 章 小 结

一、试样的采取与制备

先从大批物料中采取最初试样（原始试样），然后再制备成供分析用的最终试样（分析试样）。液体、气体和固体试样的采取用不同的方法。

二、试样的分解

在一般分析工作中，通常先要将试样分解制成溶液。常用的分解方法有溶解和熔融两种。

三、干扰组分的分离

在分析过程中所涉及的分离方法很多，按所依据的原理不同可分为物理方法、化学方法和物理化学方法的联用；按试样的状态可分为固体、液体和气体三种类型。

四、测定方法的选择

主要根据测定的具体要求、被测组分的性质、被测组分的含量及共存组分的影响几个方面综合考虑。

思考与练习

1. 物质的定量分析过程包括哪些环节？各环节对于试样的分析工作有何意义？
2. 选择分析方法应注意哪几个方面的问题？
3. 简述下列溶（熔）剂对于分解试样的作用。

$$HCl、H_2SO_4、HNO_3、H_3PO_4$$
$$K_2S_2O_7、Na_2CO_3、KOH、Na_2O_2$$

4. 已知锌铝矿的 $K=0.1$，$\alpha=2$。问：①采取的原始试样最大颗粒直径为 30mm，最少应采取多少公斤试样才具有代表性？②将原始试样破碎并通过直径为 3.36mm 的筛孔，再采用四分法进行缩分，至多应缩分几次？③如果要求最后所得分析试样不超过 100g，试样通过筛孔的直径为几毫米？

5. 测得长石中各组分的百分含量如下：K_2O，16.90%；Al_2O_3，18.28%；SiO_2，64.74%。求长石的分子式。

第八章　酸碱滴定法

学习目标

1. 了解酸碱质子理论的内容。
2. 了解酸碱指示剂的变色原理、变色范围和理论变色点；掌握指示剂的选择原则，并正确选用指示剂。
3. 掌握酸碱滴定法原理；直接滴定的准确判断；滴定pH突跃范围及其影响因素；滴定误差计算；多元酸（碱）分步分别滴定条件。
4. 掌握酸碱滴定中分析结果计算方法。

本章是化学变化和化学平衡一般规律在酸碱溶液中的具体应用。滴定分析法是目前完成化学分析任务的很重要而又最广泛应用的一类分析方法。它包括酸碱滴定法、配位滴定法、氧化还原滴定法和沉淀滴定法四种不同类型的分析方法。酸碱滴定法是容量分析法中最重要的方法之一，也是其他三种滴定分析的基础，因此对本章内容的掌握，将有利于其他三种滴定分析方法的学习。

第一节　概　述

酸碱滴定法是滴定分析中最重要的方法，是利用酸碱反应即质子转移反应为基础的滴定分析法，也是应用最为广泛的分析方法之一。一般的酸、碱及能与酸、碱直接或间接进行质子转移反应的物质几乎都可以利用酸碱滴定法进行测定。在农业科学方面，植物、土壤和水等的酸度，空气中CO_2、蛋白质和氮肥的含氮量都可利用酸碱滴定法测定。

一、酸碱质子理论

（一）酸碱定义

酸碱质子理论认为：凡是能给出质子（H^+）的物质就是酸，凡能接受质子的物质就是碱。根据这一定义，一种碱（B）接受质子后其产物（H^+）便成为酸；同理，一种酸给出质子后，其剩余的部分便成为碱。

如HCl、H_2SO_4、NH_4^+等都是酸

$$HCl \longrightarrow H^+ + Cl^-$$
$$NH_4^+ \rightleftharpoons H^+ + NH_3$$

如NH_3，OH^-，Ac^-等都是碱

$$NH_3 + H^+ \rightleftharpoons NH_4^+$$
$$Ac^- + H^+ \rightleftharpoons HAc$$

酸与碱的这种关系用公式可表示为：

$$B + H^+ = HB^+$$
$$\text{碱　质子　酸}$$

既能给出质子又能接受质子的物质称为两性物质。例如 H_2O，HCO_3^-，HPO_4^{2-} 等。

$$HCl + H_2O \longrightarrow Cl^- + H_3O^+$$
（碱）

$$NH_3 + H_2O \rightleftharpoons NH_4^+ + OH^-$$
（酸）

（二）共轭酸碱对

根据酸碱质子理论，酸和碱不是孤立的。酸失去质子后转化为碱；碱得到质子又转化为酸。这种相互依存又相互转化的性质称为共轭，两者之间相差一个质子，他们共同构成一个共轭酸碱对：

例如：
$$酸 \rightleftharpoons H^+ + 碱$$
$$HAc \rightleftharpoons H^+ + Ac^-$$
$$NH_4^+ \rightleftharpoons H^+ + NH_3$$
$$H_2PO_4^- \rightleftharpoons H^+ + HPO_4^{2-}$$

右边的碱是左边酸的共轭碱；左边的酸是右边碱的共轭酸。酸越强，它的共轭碱越弱；酸越弱它的共轭碱越强。

HAc-Ac^-，NH_4^+-NH_3，$H_2PO_4^-$-HPO_4^{2-} 等称为共轭酸碱对。

（三）酸碱反应——两个共轭酸碱对共同作用的结果

从酸碱质子理论来看，酸碱反应的实质是两对共轭酸碱对之间传递和相互交换质子的过程，因此一个酸碱反应包含有两个酸碱半反应。

例如，HCl 在水溶液中的离解，作为溶剂的水分子同时起着碱的作用。

(1) $\quad HCl + H_2O \rightleftharpoons H_3O^+ + Cl^- \quad$ 简写为：$HCl \rightleftharpoons H^+ + Cl^-$
    酸1 碱2 酸2 碱1 （此式仍是一个完整的酸碱反应）
      └─共 轭─┘
    └──────共 轭──────┘

(2) NH_3 与 H_2O 反应，作为溶剂的水分子同时起着碱的作用。

$$NH_3 + H_2O \rightleftharpoons OH^- + NH_4^+$$
    碱1 酸酸2 碱2 酸酸
     └─共 轭─┘
    └─────共 轭─────┘

由此可知：NH_3 与 HCl 的反应，质子的转移是通过水合质子实现的。
酸碱反应：
① 酸和碱可以是分子，也可以是阳离子或阴离子；
② 有的酸和碱在某对共轭酸碱中是碱，但在另一对共轭酸碱对中是酸；
③ 质子论中不存在盐的概念，它们分别是离子酸或离子碱。

在以上各式中，水不单纯是溶剂，而是参与酸碱反应的一种酸或者一种碱。

酸碱的质子理论扩大了酸碱的含义和酸碱反应范围，摆脱了酸碱必须在水中发生反应的局限性，解决了一些非水溶剂或气体间的酸碱反应。但是，质子理论只限于质子的发出和接受，所以必须含氢，它不能解释不含氢的化合物。

二、酸碱指示剂

(一) 酸碱指示剂的变色原理

在酸碱滴定中外加的、能随着溶液 pH 值的变化而改变颜色从而指示滴定终点的试剂称为酸碱指示剂。酸碱指示剂是一类在特定 pH 范围内发生自身结构变化而显示不同颜色的有机化合物。常用的酸碱指示剂都是一些弱的有机酸（如酚酞、石蕊等）或弱的有机碱（如甲基橙、甲基红等）。他们在溶液中都存在酸式（即弱酸结构）和碱式（即弱酸的共轭碱结构）两种形式，而且这两种形式具有不同的颜色。

例如，酚酞是一种有机弱酸，在溶液中存在下列解离平衡

无色（羧酸盐式，酸色型）　　　　红色（醌式，碱色型）

甲基橙是一种有机弱碱，在溶液中存在下列解离平衡

红色（醌式，酸色型）　　　　黄色（偶氮式，碱色型）

酸碱指示剂的酸式（用 HIn 代表）和碱式（用 In⁻ 代表）在溶液中存在如下质子转移平衡

$$HIn + H_2O \rightleftharpoons H_3O^+ + In^-$$
（酸式）　　　　　　　　（碱式）

酸式和碱式各具有特殊颜色，则为双色指示剂（如甲基橙）；如果只是其一有颜色，则为单色指示剂（如酚酞）。

$$c(H^+) = K_{HIn} \cdot \frac{c(HIn)}{c(In^-)} \tag{8-1}$$

式中，K_{HIn} 是酸碱指示剂的酸解离常数，简称指示剂酸常数。

由上式可知，$c(In^-)$ 与 $c(HIn)$ 的比值，决定于溶液的 pH 值。因此，指示剂在溶液中显现的颜色是随着溶液 pH 值的变化而变化的。这就是酸碱指示剂的变色原理。

(二) 酸碱指示剂的变色范围和变色点

由式 (8-1) 可得以下结论。

① 当 $c(In^-)/c(HIn) = 1$ 时，溶液的 $pH = pK_{HIn}$ 称为指示剂的理论变色点（color change point）。可见，在变色点时，指示剂在溶液中显现的颜色是酸式和碱式两种显色成分等量混合的中间混合色。

② 当 $c(In^-)/c(HIn)$ 偏离于 1 (即 pH 偏离于 pK_{HIn}) 时，指示剂在溶液中显现的颜色也随之偏离中间混合色。一般认为，当 $c(In^-)/c(HIn) \geqslant 10$ 时，人的视觉只能察觉到 In⁻ 的颜色；当 $c(In^-)/c(HIn) \leqslant 0.1$ 时，人的视觉只能观察到 HIn 的颜色。这就是说，当溶液的 pH 值在 $pK_{HIn} \pm 1$ 的范围内，人的视觉才能观察到指示剂在溶液中颜色的变化。因此，溶液的 $pH = pK_{HIn} \pm 1$ 称为指示剂的理论变色范围。如甲基橙的 $pK_{HIn} = 3.7$，其理论变色范围为 pH = 2.70~4.70。但是，由于人的视觉对不同颜色的敏感程度不同，而使实际观察出来的变色范围并非与理论变色范围完全一致。如甲基橙的实际变色范围为 pH = 3.10~4.40。多数指示剂的实际变色范围都不足 2 个 pH 单位。一些常用酸碱指示剂的变色范围及其变色情况列于表 8-1。

表 8-1　常用酸碱指示剂

指示剂	变色范围(pH)	酸色-过渡色-碱色	变色点(pK_{HIn})	浓度	用量/(滴/10mL 试液)
百里酚蓝	1.2～2.8	红色-橙色-黄色	1.7	0.1%的20%乙醇溶液	1～2
甲基橙	3.1～4.4	红色-橙色-黄色	3.4	0.05%的水溶液	1
溴酚蓝	3.1～4.6	黄色-蓝紫-紫色	4.1	0.1%的20%乙醇溶液或其钠盐水溶液	1
溴甲酚绿	4.0～5.6	黄色-绿色-蓝色	4.9	0.1%的20%乙醇溶液或其钠盐水溶液	1～3
甲基红	4.4～6.2	红色-橙色-黄色	5.0	0.1%的20%乙醇溶液或其钠盐水溶液	1
溴百里酚蓝	6.2～7.6	黄色-绿色-蓝色	7.3	0.1%的20%乙醇溶液或其钠盐水溶液	1
中性红	6.8～8.0	红色-橙色-黄色	7.4	0.1%的60%乙醇溶液	1
酚酞	8.0～10.0	无色-粉红-红色	9.1	0.5%的90%乙醇溶液	1～3
百里酚酞	9.4～10.6	无色-淡蓝-蓝色	10.0	0.1%的90%乙醇溶液	1～2

(三) 混合指示剂

指示剂的变色范围越窄越好,这样在等量点附近 pH 值稍有变化时,指示剂便立即由一种颜色变为另一种颜色,变色非常敏锐。一般指示剂的变色范围为 1～2 个单位,但在某些弱酸碱滴定中达到等量点是 pH 突跃范围是比较小的,这就要求采用变色范围更窄、色调变化鲜明的指示剂才能正确地指示滴定终点。为缩小指示剂的变色范围,通常可以使用混合指示剂。

混合指示剂可由两种指示剂混合而成,也可由一种指示剂和一种染料组成,目的是使变色范围中过渡性的颜色褪去,从而使变色范围变窄,变色明显敏锐。

有机混合指示剂是将几种指示剂混合制成的,如常用的 pH 试纸,就是将试纸浸泡于多种混合指示剂中,晾干后制成的,通常用他可以粗略地测定溶液的 pH 值。

常用的酸碱混合指示剂列于表 8-2 中。

表 8-2　常用酸碱混合指示剂

混合指示剂	变色点 pH	颜色变化		备注
		酸色	碱色	
一份 0.1%甲基橙水溶液 一份 0.25%靛蓝二磺酸钠水溶液	4.1	紫	黄绿	pH=4.1 灰色
三份 0.1%溴甲酚绿乙醇溶液 一份 0.2%甲基红乙醇溶液	5.1	酒红	绿	pH=5.1 灰色
一份 0.2%中性红乙醇溶液 一份 0.1%亚甲基蓝乙醇溶液	7.0	紫蓝	绿	pH=7.0 紫蓝
一份 0.1%百里酚蓝 50%乙醇溶液 三份 0.1%酚酞 50%乙醇溶液	9.0	黄	紫	从黄到绿再到紫
一份 0.1%酚酞乙醇溶液 一份 0.1%百里酚酞乙醇溶液	9.9	无	紫	pH=9.6 玫瑰色 pH=10.0 紫色

第二节　酸碱滴定的基本原理

一、酸碱滴定法

以酸碱反应为基本反应的滴定分析法,称为酸碱滴定法。酸碱滴定法包括:强酸滴定强碱,强碱滴定强酸,强碱滴定弱酸和强酸滴定弱酸。

利用酸碱滴定法，可以测定一般酸、碱以及能与酸、碱反应的大多数物质的含量。

在酸碱滴定过程中，溶液本身一般不发生任何外观变化。为了确定滴定终点，通常在被滴定的溶液中加入一种能在化学计量点附近变色的指示剂，根据指示剂的颜色变化来指示终点，又由于反应完全时溶液不一定都显中性，因此必须了解酸碱滴定中所用指示剂的性质以及在滴定过程中溶液 H^+ 浓度的变化。

需要指出的是，判断滴定终点并不一定都用指示剂，还可以用光学或电学的方法来确定，这些方法也应包括在滴定分析中，但由于他们都要用到光学或电学仪器，通常把它放在仪器分析中讲述。

二、酸碱滴定曲线与指示剂的选择

在酸碱滴定中，必须选择适宜的指示剂，使滴定终点与计量点尽量吻合，以减少滴定误差。为此，应当了解滴定过程中溶液 pH 值的变化情况，尤其是在计量点前后滴加少量酸或碱标准溶液所引起溶液 pH 值的变化情况。以滴定过程中所加入的酸或碱标准溶液的量为横坐标，以所得混合溶液的 pH 值为纵坐标，所绘制的关系曲线称为酸碱滴定曲线。利用此曲线就可正确地选择指示剂，使所选用的指示剂的变色点与滴定反应的计量点尽量相符，才能用来确定滴定终点。下面分别讨论各种类型酸碱滴定的曲线和指示剂的选择。

（一）强酸与强碱的滴定

1. 滴定曲线

现以 0.1000mol/L NaOH 滴定 0.1000mol/L HCl 20.00mL 为例，说明滴定过程中溶液 pH 值的变化情况。

① 滴定前，溶液的 $c(H^+)$ 等于 HCl 的原始浓度
$$c(H^+)=1.00\times10^{-1}\ mol/L$$
$$pH=1.00$$

② 滴定开始至计量点前，溶液的酸度取决于剩余 HCl 的浓度。例如，当滴入 NaOH 溶液 18.00mL 时，溶液的 $c(H^+)$ 为
$$c(H^+)=\frac{0.1000\times2.00}{20.00+18.00}=5.26\times10^{-3}\ (mol/L)$$
$$pH=2.28$$

当滴入 NaOH 溶液 19.80mL 时，溶液中剩余 HCl 溶液 0.20mL，则
$$c(H^+)=\frac{0.1000\times0.20}{20.00+19.80}=5.02\times10^{-4}\ (mol/L)$$
$$pH=3.30$$

当滴入 NaOH 溶液 19.98mL 时，溶液的 $c(H^+)$ 为
$$c(H^+)=\frac{0.1000\times0.02}{20.00+19.98}=5.00\times10^{-5}\ (mol/L)$$
$$pH=4.30$$

③ 计量点时，溶液的组成为 NaCl，溶液的 $c(H^+)$ 由水的解离决定
$$c(H^+)=c(OH^-)=1.00\times10^{-7}\ mol/L$$
$$pH=7.00$$

④ 计量点后，溶液的组成为 NaCl+NaOH，溶液的 $c(H^+)$ 取决于过量的 NaOH 的浓度。如当滴入 NaOH 溶液 20.02mL 时，溶液的 $c(OH^-)$ 为
$$c(OH^-)=\frac{0.1000\times0.02}{20.00+20.02}=5.00\times10^{-5}\ (mol/L)$$

$$pOH = 4.30$$
$$pH = 9.70$$

按上述方法计算出的溶液 pH 值,均列于表 8-3 中。

表 8-3 0.1000mol/L NaOH 滴定 0.1000mol/L HCl pH 值的变化

加入 NaOH/mL	滴定百分数/%	剩余 HCl/mL	过量 NaOH/mL	pH	
0.00	0.00	20.00		1.00	
18.00	90.00	2.00		2.28	
19.80	99.00	0.20		3.30	
19.98	99.90	0.02		4.30	
20.00	100	0.00		4.30	突
20.02	100.1		0.02	7.00	
20.20	101.0		0.20	9.70	跃
22.00	110.0		2.00	11.70	
40.00	200.0		20.00	12.50	

以 NaOH 加入量为横坐标,所得混合溶液的 pH 值为纵坐标作图,即得强碱滴定强酸的滴定曲线,如图 8-1(1) 所示。

由表 8-3 和图 8-1(1) 可得出以下结论。

① 从滴定开始到加入 NaOH 溶液 19.98mL 时为止,溶液 pH 值从 1.00 增大到 4.30,仅改变了 3.30 个 pH 单位,所以曲线前段较平坦。

② 计量点的 pH=7.00,在其附近仅仅从剩余的 0.02mL HCl 溶液到过量的 0.02mL NaOH 溶液,溶液的 pH 值则从 4.30 猛增到 9.70,突然改变了 5.40 个 pH 单位。这种 pH 值的急剧改变,称为滴定突跃,简称突跃。突跃所在的 pH 值范围,称为滴定突跃范围,简称突跃范围。曲线中段近于垂直部分即是滴定突跃(pH4.30~9.70),其中间点为 pH=7.00,即此类滴定的计量点与中性点是一致的。

③ 突跃后继续加入 NaOH 溶液,溶液 pH 值的变化比较缓慢,所以曲线后段又转为平坦。

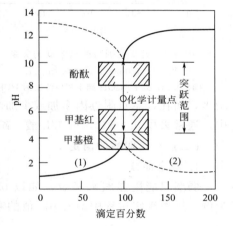

图 8-1 强酸和强碱的滴定曲线
(1) 0.1000mol/L NaOH 滴定
0.1000mol/L HCl 20.000mL
(2) 0.1000mol/L HCl 滴定
0.1000mol/L NaOH 20.00mL

上述滴定如果反过来,即用 0.1000mol/L HCl 滴定 0.1000mol/L NaOH 20.00mL 时,则可得一条与上述滴定曲线的形状相同但位置对称的滴定曲线,如图 8-1(2) 所示。

2. 指示剂的选择

理想的指示剂应恰好在反应的计量点时变色,但实际上这样的指示剂是很难找到的,而且也是没有必要的。因为只要在突跃范围内能发生颜色变化的指示剂,都能满足分析结果所要求的准确度。据此,选择指示剂的原则是:指示剂的变色范围在突跃范围内或至少占据突跃范围的一部分。根据这一原则,由于强酸强碱滴定的 pH 突跃范围为 4.30~9.70,所以,甲基橙(3.10~4.40)、酚酞(8.00~9.60)、甲基红(4.40~6.20)等都可选作这一类滴定的指示剂。

在实际滴定工作中,指示剂的选择,还应考虑人的视觉对颜色变化的敏感性。如酚酞由无色变为粉红色,甲基橙由黄色变为橙色容易辨别。即颜色由浅到深,人的视觉较敏感。因此,用强碱滴定强酸时,常选用酚酞作指示剂;而用强酸滴定强碱时,常选用甲基橙指示剂指示滴定终点。

3. 突跃范围与酸碱浓度的关系

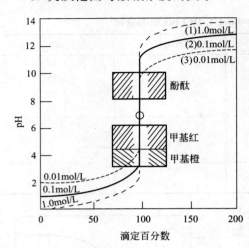

图 8-2 突跃范围与酸碱浓度的关系
用 (1) 1.0mol/L (2) 0.1mol/L
(3) 0.01mol/L NaOH 滴定相应浓度的 HCl

突跃范围的宽窄,与他们的浓度有关。例如,用 1.000mol/L、0.1000mol/L、0.01000mol/L NaOH,分别滴定 1.000mol/L、0.1000mol/L、0.01000mol/L HCl,他们的突跃范围分别为 pH=3.3~10.7、4.3~9.7 和 5.3~8.7,如图 8-2 所示。可见,酸、碱的浓度降低 10 倍时,突跃范围将减少 2 个 pH 单位,因而在选择指示剂时也应考虑酸、碱浓度对突跃范围的影响。如上述酸碱的三种不同浓度的滴定,前两种浓度的滴定均可选用甲基橙作指示剂,而第三种浓度的滴定甲基橙却不能选用。

由实验和计算可知,如果酸、碱的浓度小于 10^{-4} mol/L 时,其滴定突跃已不明显,无法用一般指示剂指示滴定终点,故不能准确进行滴定。酸、碱溶液愈浓,滴定突跃范围愈宽,愈有利于指示剂的选择,但每滴溶液中所含酸、碱的量却增多,而在计量点附近因多加或少加半滴标准溶液都可引起较大的误差。因此,在分析工作中,通常采用 0.1~0.5 mol/L 酸、碱标准溶液。

(二) 一元弱酸的滴定

1. 滴定曲线

弱酸只能用强碱来滴定,如以 0.1000mol/L NaOH 滴定 0.1000mol/L HAc 20.00mL 为例,这类滴定过程中溶液 pH 值的变化情况见表 8-4,并绘制滴定曲线如图 8-3 所示。

表 8-4 0.1000mol/L NaOH 滴定 20.00mL 0.1000mol/L HAc 溶液的 pH 值

滴入 NaOH V_{NaOH}/mL	滴定百分数/%	剩余 HCl 体积 V_{HCl}/mL	过量 NaOH 体积 V_{NaOH}/mL	pH	
0.00	0.0	20.00		2.87	
18.00	90.0	2.00		5.70	
19.80	99.0	0.20		6.73	
19.98	99.9	0.02		7.74	突
20.00	100.0	0.00		8.72	
20.02	100.1		0.02	9.70	跃
20.20	101.2		0.20	10.70	
22.00	110.0		2.00	11.70	
40.00	200.0		20.00	12.50	

2. 滴定曲线的特点和指示剂的选择

比较图 8-3 和图 8-1,可以看出强碱滴定一元弱酸有以下特点。

① 滴定曲线起点的 pH 值在 2.88 而不在 1.00。这是因为 HAc 是弱酸,滴定前溶液中的 $c(H^+)$ 不等于 HAc 的原始浓度。

② 滴定开始至计量点前的曲线两端坡度较大,但其中部较平缓。滴定刚开始时,由于

生成的 NaAc 抑制了 HAc 的解离，溶液中的 $c(H^+)$ 降低较迅速，于是出现坡度较大的曲线部分；随着滴定的进行，形成缓冲溶液，且溶液中 $c(Ac^-)$ 与 $c(HAc)$ 的比值愈来愈接近于 1，缓冲能力增大，使溶液的 pH 值的变化幅度变小，从而出现较平坦的曲线部分；继续滴定，溶液中 $c(Ac^-)$ 与 $c(HAc)$ 的比值经过等于 1 后又逐渐远离 1，缓冲能力减小，使溶液 pH 值的变化幅度变大，因而又出现坡度较大的曲线部分；当滴定接近计量点时，溶液中的 $c(HAc)$ 已很低。这时因滴加 1 滴 NaOH 溶液将会引起溶液 pH 值较大的改变，因此出现坡度更大的曲线部分，即已临近滴定突跃。

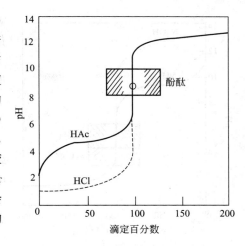

图 8-3　0.1000mol/L NaOH 滴定 0.1000mol/L HAc 20.00mL

③ 计量点时的 pH 值在 8.73 而不在 7.00。滴定达计量点时，HAc 与 NaOH 恰好反应完全生成 NaAc，而 Ac^- 是弱碱，所以溶液呈弱碱性而不是中性。

④ 突跃范围较窄，pH = 7.8～9.7。这个滴定突跃范围比相同浓度的强碱滴定强酸的突跃范围小得多，并且处在碱性范围内。

根据滴定突跃范围，此类滴定应选择在碱性范围内变色的指示剂。酚酞的变色范围为 8.00～9.60，所以他是这类滴定最合适的指示剂。

3. 滴定突跃与弱酸强度的关系

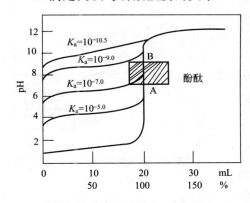

图 8-4　0.1000mol/L NaOH 滴定 0.1000mol/L 各种不同强度的弱酸 20.00mL

在强酸、强碱滴定中已经知道，滴定突跃范围与酸、碱的浓度有关。在弱酸的滴定中，突跃范围的大小除与酸、碱的浓度有关外，还与弱酸的强度有关。如用 0.1000mol/L NaOH 滴定 0.1000mol/L 各种不同强度的弱酸，其滴定曲线如图 8-4 所示。

从图 8-4 可看出，浓度相同而强度不同的弱酸，K_a 值愈小，突跃范围愈小。当弱酸的 $c(A)$ = 0.1000mol/L 和 $K_a \leqslant 10^{-7}$ 时，其滴定突跃已不明显，用一般的指示剂是无法确定滴定终点的。因此，弱酸能否用强碱直接进行滴定是有条件的。实验证明，当弱酸的 $K_a c(A) \geqslant 10^{-8}$ 时，才能用强碱准确滴定弱酸。

（三）一元弱碱的滴定

强酸滴定一元弱碱与强碱滴定一元弱酸的情况基本相仿。如用 0.1000mol/L HCl 滴定 0.1000mol/L $NH_3 \cdot H_2O$ 20.00mL 的过程中，溶液 pH 值变化的滴定曲线如图 8-5 所示。从图 8-5 可看出，强酸滴定一元弱碱的滴定曲线的形状与强碱滴定一元弱酸的形状相反；滴定突跃的 pH 值范围为 4.30～6.30，在酸性范围内；计量点的 pH 值为 5.28，与中性点不一致，溶液呈弱酸性。可见，这类滴定应选择在酸性范围内变色的指示剂，如甲基橙、甲基红等。

强酸滴定弱碱的突跃范围的大小也与弱碱的强度及其浓度有关。所以用强酸直接滴定弱

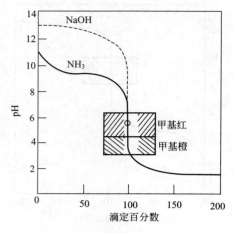

图 8-5　0.1000mol/L HCl 滴定
0.1000mol/L $NH_3 \cdot H_2O$ 20.00mL

碱时，通常也以 $K_b c(B) \geqslant 10^{-8}$ 作为能否用强酸直接准确滴定弱碱的依据。

弱酸与弱碱的滴定，由于无明显的滴定突跃，所以一般没有实用意义。

（四）多元酸、多元碱的滴定

用强碱滴定多元酸或强酸滴定多元碱时，其滴定是分步进行的。滴定过程中，溶液的 pH 值的计算比较复杂，通常采用 pH 计直接测定并记录其滴定过程中 pH 值的变化，从而绘制滴定曲线。由于多元碱（如 Na_2CO_3 和 $Na_2B_4O_7$ 等）应用得更为广泛，因此首先介绍它。如用 0.1000mol/L HCl 滴定 0.05000mol/L Na_2CO_3，其滴定反应分两步进行：

$$CO_3^{2-} + H_3O^+ \rightleftharpoons HCO_3^- + H_2O$$
$$HCO_3^- + H_3O^+ \rightleftharpoons H_2CO_3 + H_2O$$

CO_3^{2-} 和 HCO_3^- 的解离常数分别为：

$$K_{b1} = K_w / K_{a2} = 1.00 \times 10^{-14} / (4.68 \times 10^{-11}) = 2.14 \times 10^{-4}$$
$$K_{b2} = K_w / K_{a1} = 1.00 \times 10^{-14} / (4.47 \times 10^{-7}) = 2.24 \times 10^{-8}$$

其滴定曲线如图 8-6 所示。

对于多元碱的滴定，各步滴定反应是否有突跃，即能否用强酸直接进行滴定，也是有条件的。首先根据 $K_b c(B) \geqslant 10^{-8}$ 的原则，判断各步反应能否进行滴定，然后再从多元碱相邻 K_b 的比值是否大于 10^4，来判断能否进行分步滴定。

从图 8-6 可看出，滴定曲线出现两个突跃，即有两个计量点。第一计量点时的产物为 $NaHCO_3$ 此时溶液的近似 pH 值为

$$pH = \frac{1}{2}(pK_{a1} + pK_{a2}) = \frac{1}{2} \times (6.35 + 10.33) = 8.34$$

在这一步滴定中，可选择酚酞作指示剂。但 CO_3^{2-} 的 K_{a1} 与 K_{a2} 的比值接近于 10^4，加之 HCO_3^- 的缓冲作用，所以突跃不太明显，终点误差较大。如果采用甲酚红与百里酚蓝混合指示剂指示终点，可减少误差。

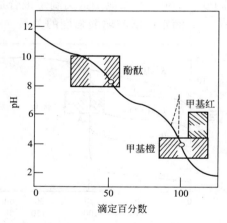

图 8-6　0.1000mol/L HCl 滴定
0.05000mol/L Na_2CO_3

第二计量点时，反应产物为 H_2CO_3，而它在溶液中主要是以溶解状态的 CO_2 形式存在，其饱和溶液的浓度（常温）为 0.040 mol/L，所以这时溶液的酸度为

$$c(H^+) = \sqrt{K_{a1} c(A)} = \sqrt{4.47 \times 10^{-7} \times 0.040} = 1.34 \times 10^{-4} (\text{mol/L})$$
$$pH = 3.87$$

这一步滴定选用甲基橙作指示剂是适宜的。但溶液中剩余的 CO_2 易形成过饱和溶液，使溶液的酸度稍增，终点出现稍早。因此，滴定快到终点时，应剧烈摇动溶液，最好是加热煮沸使 CO_2 逸出，冷却后再继续滴定至终点。

多元酸的滴定与多元碱的滴定类似，能否滴定的判断原则有两条：

① $K_a c(A) \geqslant 10^{-8}$，（判断是否能进行滴定）；
② $K_{a1}/K_{a2} > 10^4$，$K_{a2}/K_{a3} > 10^4$，……，（判断是否能分步滴定）。

例如，用 0.1000 mol/L NaOH 滴定 0.1000 mol/L H_3PO_4，其滴定反应分三步进行：

$$H_3PO_4 + NaOH \Longleftrightarrow NaH_2PO_4 + H_2O$$
$$NaH_2PO_4 + NaOH \Longleftrightarrow Na_2HPO_4 + H_2O$$
$$Na_2HPO_4 + NaOH \Longleftrightarrow Na_3PO_4 + H_2O$$

其滴定曲线如图 8-7 所示。

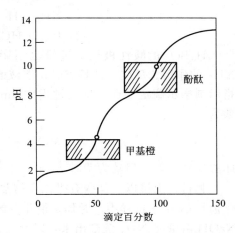

从图 8-7 可见曲线上的滴定突跃只有两个而不是三个。由于 H_3PO_4 的 $K_{a3} = 2.2 \times 10^{-13}$，其 $K_{a3}c(A) < 10^{-8}$，所以得不到第三步反应的滴定突跃；而 H_3PO_4 的 $K_{a1} = 7.52 \times 10^{-3}$ 和 H_3PO_4 的 $K_{a2} = 6.23 \times 10^{-8}$，其 $K_{a1}c_A$ 和 $K_{a2}c_A$ 大于和近似于 10^{-8}，且 K_{a1}/K_{a2} 和 K_{a2}/K_{a3} 都大于 10^4，所以第一步和第二步的滴定反应都有较明显的突跃。

当达第一计量点时，表明生成 NaH_2PO_4 的反应完成，此时溶液的 pH 值为

$$pH = \frac{1}{2}(pK_{a1} + pK_{a2}) = \frac{1}{2} \times (2.16 + 7.21) = 4.69$$

据此，这一步滴定可选用甲基红作指示剂。

图 8-7 0.1000mol/L NaOH 滴定 0.1000mol/L H_3PO_4

当达第二计量点时，表明生成 Na_2HPO_4 的第二步滴定反应完成，此时溶液的 pH 值为

$$pH = \frac{1}{2}(pK_{a2} + pK_{a3}) = \frac{1}{2} \times (7.21 + 12.3) = 9.76$$

据此，这一步滴定可选用的指示剂是百里酚酞。

第三节 酸碱滴定法的应用

在实际工作中常用的酸溶液主要是 HCl 溶液，有时也用 H_2SO_4 标准溶液。常用的碱溶液是 NaOH 标准溶液。由于这些试剂价廉易得，加之酸碱滴定法操作简便，分析速度快和结果准确。因而在工农业生产及科学实践中得到广泛应用。在临床检验上常用以测定尿液、胃液及其他体液的酸度。在卫生分析方面也常用以测定各种食品的酸度等。下面介绍一些实例。

一、食醋中总酸度的测定

食醋含 3%～5% 的 HAc，此外，还含有少量其他有机酸。当用 NaOH 滴定量，所得结果为食醋的总酸度，通常用含量较多的 HAc 来表示。滴定反应如下：

$$HAc + NaOH \longrightarrow NaOH + H_2O$$

达到化学计量点时溶液显碱性，因此常选酚酞作为指示剂。

用移液管吸取 VmL 食醋置于 250mL 容量瓶中，用蒸馏水稀释至刻度，充分摇匀。再用移液管吸出 25.00mL 放在 250mL 锥形瓶中，加酚酞指示剂 2 滴，用 NaOH 标准溶液滴定，不断振摇，当滴至溶液呈粉红色且在半分钟内不退色即达终点。重复操作 2～3 次，按下式计算食醋中 HAc 的质量分数。

$$\rho(HAc) = \frac{c(NaOH) \cdot V(NaOH) \cdot M(HAc)}{V(食醋)}$$

二、含氮量的测定

1. 蒸馏法

硫酸铵和氯化铵等溶液中,均有弱的阳离子酸 NH_4^+ 存在,但由于其酸性太弱,用碱直接滴定有困难,所以采用蒸馏法测定这些物质中氨态氮的含量。即先在试样中加入过量的浓 NaOH 溶液,加热将 NH_3 蒸馏出来,吸收入硼酸(H_3BO_3)溶液中,然后用 HCl 标准溶液滴定,其反应过程如下:

$$NH_4^+ + OH^- =\!=\!= NH_3\uparrow + H_2O$$
$$NH_3 + H_3BO_3 =\!=\!= NH_4BO_2 + H_2O$$
$$NH_4BO_2 + HCl + H_2O =\!=\!= NH_4Cl + H_3BO_3$$

H_3BO_3 的酸性极弱,过量也不影响滴定,所用 H_3BO_3 溶液不需定量,它只起吸收 NH_3 的作用。反应达计量点时,溶液的 pH 值约为 5,宜用甲基红或溴甲酚绿与甲基红混合指示剂指示滴定终点。反应过程中 1mol 的 HCl 相当于 1mol 的 N,故试样中 N 的质量分数为

$$w(N) = \frac{c(HCl) \cdot V(HCl) \cdot M(N)}{m(式样)}$$

此法准确可靠,但较为费时。

肥料、土壤以及某些有机化合物常常需要测定其中氮的含量,则应先加浓 H_2SO_4 和催化剂 $CuSO_4$ 于试样中,并加热消化分解,使含氮有机化合物的氮转化成 NH_4^+,然后加入浓 NaOH 溶液将 NH_3 蒸馏出来,以测定含氮量。这一测定方法称为凯氏定氮法,在生物化学和食品分析中常用。

2. 甲醛法

甲醛与铵盐反应,生成质子化的六亚甲基四胺和 H^+,反应如下:

$$4NH_4^+ + 6HCHO =\!=\!= (CH_2)_6N_4H^+ + 3H^+ + 6H_2O$$

然后用 NaOH 标准溶液滴定。由于 $(CH_2)_6N_4H^+$ 的 $pK_a = 5.15$,所以它也能被 NaOH 所滴定。因此,4mol 的 NH_4^+ 将消耗 4mol 的 NaOH,即他们之间的化学计量关系为 1:1,反应式为:

$$(CH_2)_6N_4H^+ + 3H^+ + 4OH^- =\!=\!= (CH_2)_6N_4 + 4H_2O$$

通常采用酚酞作指示剂。如果试样中含有游离酸,则应先以甲基红作指示剂,用 NaOH 将其中和,然后再测定。

三、氟硅酸钾法测定 SiO_2 含量

硅酸盐试样中 SiO_2 含量的测定,一般是采用重量法。重量法虽然准确度高,但太费时,因此目前生产上各种试样中 SiO_2 含量的例行分析,一般均采用氟硅酸钾容量法,其方法如下所述。

硅酸盐试样用 KOH 或 NaOH 熔融,使之转化为可溶性硅酸盐,如 K_2SiO_3。K_2SiO_3 在过量 KCl、KF 的存在下与 HF(HF 有剧毒,必须在通风橱中操作)作用,生成微溶的氟硅酸钾(K_2SiF_6),其反应如下:

$$K_2SiO_3 + 6HF =\!=\!= K_2SiF_6\downarrow + 3H_2O$$

将生成的 K_2SiF_6 沉淀过滤。由于 K_2SiF_6 在水中的溶解度较大,为防止其溶解损失,将其用 KCl 乙醇溶液洗涤。然后用 NaOH 溶液中和溶液中未洗净的游离酸,随后加入沸水使 K_2SiF_6 水解,生成 HF,反应如下:

$$K_2SiF_6 + 3H_2O =\!=\!= 2KF + H_2SiO_3 + 4HF$$

水解生成的 HF 可用 NaOH 标准溶液滴定，从而计算出试样中 SiO_2 的含量。

由于 1mol 的 K_2SiF_6 释放出 4mol 的 HF，也即消耗 4mol 的 NaOH，因此试样中的 SiO_2 与 NaOH 的化学计量关系为 $\frac{1}{4}$，所以试样中 SiO_2 含量的计算公式为：

$$w_{SiO_2} = \frac{c(NaOH)V_{NaOH} \times \frac{1}{4} \times 60.084}{m_S \times 1000} \times 100$$

式中，c（NaOH）为标准碱溶液的浓度，mol/L；V_{NaOH} 为消耗碱溶液的体积，mL；m_S 为试样的质量，g；60.084 为 SiO_2 的摩尔质量，g/mol。

本 章 小 结

1. 酸碱滴定法是以质子转移反应为基础的滴定分析法，测定过程中的滴定终点利用酸碱指示剂来确定。

2. 酸碱指示剂是一类在不同 pH 值溶液中发生自身结构变化而显示特定颜色的有机化合物。这种颜色变化发生在某个 pH 值范围可由人的视角分辨，称为指示剂的（实际）变色范围。其 pH $=pK_{HIn} \pm 1$ 为指示剂的理论变色范围。

3. 酸碱滴定法是滴定分析法中具有代表性的一种分析方法，必须熟悉和掌握。

酸碱滴定过程中，随着滴定剂的不断加入，溶液的 pH 值不断变化，滴定曲线可反映这种变化。在计量点前后，溶液 pH 值会发生突跃，其范围称为滴定突跃范围。指示剂的变色范围必须全部或部分在滴定突跃范围之内才能使用。

思考与练习

1. 酸碱质子理论中酸碱的定义分别是什么？
2. 写出下列酸的共轭碱：$H_2PO_4^-$，NH_4^+，HPO_4^{2-}，HCO_3^-，H_2O，苯酚。
3. 写出下列碱的共轭酸：$H_2PO_4^-$，$HC_2O_4^-$，HPO_4^{2-}，HCO_3^-，H_2O，C_2H_5OH。
4. 酸碱滴定中指示剂的选择原则是什么？
5. 下列各种弱酸、弱碱，能否用酸碱滴定法直接测定？如果可以，应选用哪种指示剂？为什么？

(1) $CH_2ClCOOH$，HF，苯酚，羟胺，苯胺；(2) CCl_3COOH，苯甲酸，吡啶，六亚甲基四胺。

6. 下列混合碱能否直接滴定？如果能够，应如何确定终点？并写出各组分含量的计算式（以 g/mL 表示）。

(1) $NaOH+NH_3 \cdot H_2O$；(2) $NaOH+Na_2CO_3$。

7. 粗铵盐 1.0000g，加入过量的 NaOH 溶液加热后，逸出的氨吸收于 50.00mL 0.5000mol/L 盐酸中，然后过量的酸再用 0.5000mol/L NaOH 溶液回滴，用去 NaOH 溶液 1.50mL，计算试液中 NH_3 的含量。

8. 某试样仅含有 NaOH 和 Na_2CO_3，试样 0.3720g 需 40.00mL 0.1500mol/L HCl 溶液滴定至酚酞终点，那么还需要加入多少毫升 0.1500mol/L HCl 溶液才能达到甲基橙终点？并计算各组分的质量分数。

9. 称取仅含有 Na_2CO_3 和 K_2CO_3 的试样 1.000g，溶于水后以酚酞作指示剂，终点时消耗 c(HCl) = 0.5000mol/L HCl 溶液 30.00mL，计算样品中 Na_2CO_3 和 K_2CO_3 的质量分数。

10. 测定硅酸盐中 SiO_2 的含量，称取试样 5.000g，用 HF 酸溶解处理后，用 4.0726mol/L 的 NaOH 标准溶液滴定，到终点时消耗 NaOH 溶液 28.42mL，试计算该硅酸盐中 SiO_2 的质量分数。

11. 用凯氏法测定牛奶中的氮时，称取牛奶 0.4750g，用浓硫酸和催化剂消解，使蛋白组转化为铵盐，然后加碱将氨蒸馏入 25.00mL HCl 溶液中，剩余酸用 13.12mL 0.07891mol/L NaOH 滴定至终点 25.00mL HCl 需要 15.83mL NaOH 中和，计算样品的质量分数。

实验实训一　果蔬中总酸的测定

一、实训目标
1. 通过本实验掌握果蔬总酸的测定方法。
2. 通过本实验领会碱滴定法测定总酸的原理、方法和操作技术及碱标准溶液的标定方法。

二、原理
果蔬中的酸用标准碱液滴定时，被中和生成盐类。

$$RCOOH + NaOH \longrightarrow RCOOH + H_2O$$

用酚酞作指示剂，滴定至溶液呈现淡红色半分钟不褪为终点。由消耗标准碱液的体积，可计算出样品中总酸的含量。

三、器材和试剂
0.1mol/L氢氧化钠标准溶液、10g/L酚酞乙醇溶液、果蔬样品、邻苯二甲酸氢钾（$KHC_8H_4O_4$）基准物质（在100～125℃干燥1h后，放干燥器中备用）。

分析天平、50mL酸式滴定管、250mL三角瓶、洗瓶。

粉碎机或高速组织捣碎机。

四、实训内容及步骤

（一）0.1 mol/L NaOH 标准溶液的标定

平行准确称取 0.4～0.6g $KHC_8H_4O_4$ 三份，分别放入250mL锥形瓶中，加入25mL蒸馏水使之溶解，加1～2滴酚酞指示剂，用NaOH标准溶液恰滴定至溶液成呈现粉红色，30s不褪色，即为终点。记录每次消耗NaOH溶液的体积V，并计算NaOH溶液的浓度。

$$c(NaOH) = \frac{m_{KHC_8H_4O_4}}{\dfrac{M_{KHC_8O_4H_4}}{1000} \times V_{NaOH}}$$

（二）果蔬中总酸的测定

1. 样品处理

将果蔬样品洗净、去皮、去柄、去核后，切成小块置于粉碎机或高速组织捣碎机中捣碎均匀，备用。

2. 滴定

准确称取均匀样品10～20g（按其总酸含量而定）于烧杯中，用水移入250mL容量瓶中，充分振摇后加水至刻度，摇匀，用干燥滤纸过滤。吸取滤液50mL于锥形瓶中，加入酚酞指示剂3～4滴，用0.1 mol/L NaOH标准溶液滴定至微红色30g不褪，记录消耗0.1 mol/L NaOH标准溶液体积。

3. 计算

$$总酸度 = \frac{c \times V \times K}{m \times \dfrac{V_1}{V_0}} \times 100\%$$

式中，c 为NaOH标准溶液的浓度，mol/L；V 为滴定消耗NaOH标准溶液体积，mL；m 为样品质量，g；V_0 为样品稀释液总体积，mL；V_1 为滴定时吸取的样液体积，mL；K 为换算系数，即1mmol氢氧化钠相当于主要酸的克数。

因食品中含有多种有机酸，总酸度测定结果通常以样品中含量最多的那种酸表示。葡萄及其制品，用酒石酸表示，$K=0.075$；柑橘类果实及其制品时，用柠檬酸表示 $K=0.064$ 或 0.070（带一分子水）；苹果、核果类果实及其制品，用苹果酸表示，$K=0.067$；酱油、乳品、肉类、水产品及其制品，用乳酸表示，$K=0.090$；酒类、酒精、食醋等调味品，用乙酸表示，$K=0.060$。

4. 实验报告

记录项目 \ 序次	1	2	3
邻苯二甲酸氢钾与称量瓶质量			
称量瓶质量	—)_____	—)_____	—)_____
邻苯二甲酸氢钾质量			
NaOH 溶液　　终读数			
NaOH 溶液　　初读数	—)_____	—)_____	—)_____
V(NaOH)			
NaOH 溶液浓度			
NaOH 溶液平均浓度			
绝对偏差			
平均偏差			
相对平均偏差			
滴定样品消耗 NaOH 体积 V/mL			
总酸量			
平均总酸量			
绝对偏差			
平均偏差			
相对平均偏差			

5. 说明

① 样品取样量、稀释用水量应根据样品中总酸含量来慎重选择，为使误差不超过允许范围，一般要求滴定时消耗 0.1 mol/L NaOH 溶液不得少于 5mL，最好在 10~15mL。

② 食品中的酸是多种有机酸的混合物，在用强碱滴定时，其滴定曲线没有明显的突跃，特别是有的食品本身具有较深的颜色，终点不易判断，可加水稀释后再滴定，也可用活性炭脱色，或与原样液对照，判明终点，有条件的可用电位滴定法进行测定。

五、思考题

1. 称取 $KHC_8H_4O_4$ 为什么一定要在 0.4~0.6g 范围内？能否大于 0.6 呢？为什么？

2. 邻苯二甲酸氢钾没按规定烘干，致使烘干温度大于 125℃，使其基准物质中少部分变成了酸酐，问仍使用此基准物质标定 NaOH 溶液时，NaOH 浓度会如何变化？

实验实训二　碳酸钠和碳酸氢钠混合物的测定（双指示剂法）

一、实训目标

1. 了解强碱弱酸盐滴定过程中 pH 值的变化。
2. 掌握用双指示剂法测定混合物中 Na_2CO_3 和 $NaHCO_3$ 的原理和方法。

二、原理

混合物中 Na_2CO_3 和 $NaHCO_3$ 含量，可以在同一份试液中用两种不同指示剂进行测定，即所谓"双指示剂法"。此法方便、快速，在生产中应用普遍。

常用的两种指示剂是酚酞和甲基橙。在试液中先加酚酞，用 HCl 标准溶液滴定至红色刚刚褪去，由于酚酞的变色范围在 pH=8~10，此时溶液 Na_2CO_3 仅被滴定成 $NaHCO_3$

$$Na_2CO_3 + HCl = NaHCO_3 + NaCl$$

记下此时 HCl 标准溶液的耗用量 V_1（mL）。再加入甲基橙指示剂，开始溶液呈黄色，滴定至呈橙色，此时溶液中所有的 $NaHCO_3$ 全被中和：

$$NaHCO_3 + HCl = H_2CO_3 + NaCl$$
$$\downarrow$$
$$CO_2\uparrow + H_2O$$

三、器材和试剂

分析天平、50mL 酸式滴定管、250mL 三角瓶、洗瓶。
样品、HCl 标准溶液、酚酞指示剂、甲基橙指示剂。

四、实训内容及步骤

1. 准确称取 0.15~0.2g Na_2CO_3 和 $NaHCO_3$ 混合物两份，各置于 250mL 三角瓶中，加水 50mL 使其溶解，加酚酞指示剂 1 滴，溶液呈红色，用 HCl 标准溶液滴定至红色刚刚褪去，记下此时 HCl 标准溶液的耗用量 V_1（mL）；再加甲基橙指示剂 2 滴，溶液呈黄色，继续用 HCl 标准液滴定到溶液由黄色变为橙色，记下 HCl 标准溶液的总耗用量 V_2（mL）。根据 V_1、V_2 可以计算出试液中 Na_2CO_3 和 $NaHCO_3$ 含量，计算式如下：

$$Na_2CO_3\text{含量} = \frac{c(HCl)\cdot\dfrac{2V_1(HCl)\cdot M(\frac{1}{2}Na_2CO_3)}{1000}}{\text{样品质量}}\times 100\%$$

$$NaHCO_3\text{含量} = \frac{c(HCl)\cdot\dfrac{[V_2(HCl)-V_1(HCl)]}{1000}\cdot M(NaHCO_3)}{\text{样品质量}}\times 100\%$$

2. 实验报告

记录项目 \ 序次	1	2	3
混合物 Na_2CO_3 和 $NaHCO_3$ 与称量瓶的质量			
称量瓶质量	—)_____	—)_____	—)_____
Na_2CO_3 和 $NaHCO_3$ 的质量			
HCl(酚酞指示剂)　　终读数/mL			
HCl　　　　　　　　初读数/mL	—)_____	—)_____	—)_____
V_1(HCl)/mL			
HCl(用甲基橙指示剂)　终读数/mL			
HCl　　　　　　　　初读数/mL	—)_____	—)_____	—)_____
V_2(HCl)/mL			
Na_2CO_3 含量	%	%	%
Na_2CO_3 平均含量	%		
相对平均偏差			
$NaHCO_3$ 含量	%	%	%
$NaHCO_3$ 平均含量	%		
相对平均偏差			

五、思考题

1. 用碳酸钠标定盐酸时，是否可用酚酞为指示剂，改用甲基橙为指示剂又怎样？为什么？

① 滴定时，酸要一滴一滴的加入，并且不断地剧烈摇动溶液，不使溶液局部酸度过大。否则，Na_2CO_3 不是被中和成 $NaHCO_3$ 而已变成 CO_2。

② 由于滴定过程中生成的 H_2CO_3 只能慢慢地变为 CO_2，这样使溶液的酸度增大，终点过早出现，且变色不敏锐。因此滴定快到终点（溶液刚变橙色）时，将溶液加热煮沸 1min（溶液变黄），如溶液褪色，可在溶液冷却后补加 1~2 滴定指示剂，再滴加少量 HCl 标准溶液，使溶液变橙色。

2. 有甲、乙、丙、丁四瓶溶液分别是 $NaOH$、Na_2CO_3、$NaHCO_3$ 和 Na_2CO_3 + $NaHCO_3$，现用以下方法检验：

溶液甲：以酚酞为指示剂，用 HCl 标准溶液滴定，用去 V_1（mL）时溶液红色褪去，再以甲基橙为指示剂，则需加 HCl 标准溶液 V_2（mL）使指示剂变色，且 $V_2 > V_1$。

溶液乙：用 HCl 标准溶液滴定至酚酞指示剂的浅红色褪去后，再加入甲基橙指示剂，溶液呈黄色，再加 1 滴 HCl 标准溶液，立即变橙色。

溶液丙：加入酚酞指示剂，溶液不显色。

溶液丁：取两份等量的溶液分别以酚酞和甲基橙为指示剂，用 HCl 标准溶液滴定，前者用去 HCl V_1（mL），后者用去 $2V_1$（mL）。

问甲、乙、丙、丁四种溶液各是什么？

第九章 配位滴定法

学习目标
1. 掌握配合物的组成及命名，明确配位体、配位原子及配位数的含义。
2. 明确 EDTA 的性质及其配合物的特点，了解酸效应及酸效应系数的含义。
3. 掌握单一金属离子被准确滴定的条件，明确绝对稳定常数和条件稳定常数的意义及应用。
4. 掌握金属指示剂的变色原理及常用指示剂铬黑 T 和钙指示剂的使用条件。
5. 掌握水的总硬度及 Ca^{2+}、Mg^{2+} 含量的测定原理和条件。

第一节 配位滴定法概述

配位滴定法是以配位反应（即金属离子与配位剂结合形成配合物的反应）为基础的滴定分析方法。该方法是用配位剂作标准溶液，选用合适的指示剂，采用直接、间接、置换、返滴等各种不同的滴定方式，以测定被测物的含量。

一、配合物的基本概念

（一）配合物的定义

配位化合物简称配合物，它是一类含有配离子的组成复杂、应用广泛的化合物。通常把由一个简单的阳离子（或原子）与一定数目的中性分子或阴离子以配位键结合而形成的复杂离子（或分子）叫做配离子（或配合分子）。如 $[Cu(NH_3)_4]^{2+}$、$[Fe(CN)_6]^{3-}$ 等均为复杂的配离子。在晶体或溶液中含有配离子或配合分子的化合物叫做配合物。如 $[Cu(NH_3)_4]SO_4$、$K_3[Fe(CN)_6]$、$[Ag(NH_3)_2]Cl$、$[Fe(CO)_5]$ 等都是配合物。

（二）配合物的组成

配合物由内界和外界两部分组成。内界通常用方括号括起来，它是配合物的特征部分，包括中心离子（或原子）和一定数目的配位体；方括号以外的部分是外界。内外界之间以离子键结合，配离子内部，中心离子（或原子）和配位体之间以配位键结合。

1. 中心离子（或原子）

中心离子（或原子）也称为配合物的形成体，位于配离子的中心，一般多是具有空轨道的过渡金属离子或原子。如 Cu^{2+}，Fe^{3+}，Ag^+，Ni^{2+} 以及 Fe，Ni 原子等。

2. 配位体、配位原子

与中心离子（或原子）通过配位键结合的分子或阴离子称为配位体，简称配体。如 NH_3，H_2O，X^-，CN^- 等。其中直接提供孤对电子的原子称配位原子，如 NH_3 中 N 原子，H_2O 中的 O 原子，CN^- 中的 C 原子。

根据配体中所含配位原子数目的不同，可将配体分为以下两类。

单基配体：只含有一个配位原子的配体，又称单齿配体。常见的有 NH_3，H_2O，X^-，CN^- 等。

多基配体：能同时提供两个或两个以上配位原子的配体，又称多齿配体，也叫螯合剂。它们多数是有机分子，如乙二胺（en，含两个配位原子为双基配体）、乙二胺四乙酸（EDTA，含六个配位原子为六基配体）。

3. 配位数

直接与中心离子（或原子）相结合的配位原子总数，称中心离子的配位数。对单基配体，配位数等于配体数目；如$[Cu(NH_3)_4]^{2+}$、$[Fe(CN)_6]^{3-}$配离子中，中心离子的配位数分别为4和6。对多基配体，配位数等于配体数目与其基数的乘积。如$[Cu(en)_2]^{2+}$配离子中，Cu^{2+}的配位数是4。中心离子的配位数常见的为2，4，6。

此外，配离子的电荷数等于外界离子的电荷数，即配合物本身呈电中性。

（三）配合物的命名

配合物的命名遵循无机物的一般命名原则，即阴离子（配阴离子）名称在前，阳离子（配阳离子）名称在后。若为配阳离子配合物，则叫"某化某"或"某酸某"；若为配阴离子配合物，则叫"某酸某"。配合物与一般无机物命名的不同点在于配离子的命名，即配离子本身还有一套命名方法，一般按下列顺序进行：配位体数（以数字二、三、四等表示）—配位体名称—"合"字—中心离子（或原子）名称—中心离子的氧化数（加圆括号，用罗马数字注明）。如$[Cu(NH_3)_4]^{2+}$命名为：四氨合铜（Ⅱ）配离子；$[Fe(CN)_6]^{3-}$命名为：六氰合铁（Ⅲ）配离子。

需要说明的是，若配体不止一种，则不同配体之间用小黑点"·"分开，且不同配体的命名顺序遵从以下规则：

① 无机配体在前，有机配体在后。

② 阴离子配体在前，中性分子配体在后。

③ 同类配体，则按配位原子元素符号的英文字母顺序排列。如H_2O和NH_3同为配体时，则NH_3排列在前，H_2O排列在后。

下面列举一些实例。

(1) 含配阴离子的配合物

$K_3[Fe(CN)_6]$　　　　　　　　　　六氰合铁（Ⅲ）酸钾

$K_2[HgI_4]$　　　　　　　　　　　四碘合汞（Ⅱ）酸钾

$H_2[PtCl_6]$　　　　　　　　　　　六氯合铂（Ⅳ）酸

(2) 含配阳离子的配合物

$[Cu(NH_3)_4]SO_4$　　　　　　　　硫酸四氨合铜（Ⅱ）

$[CoCl_2(H_2O)(NH_3)_3]Cl$　　　　氯化二氯·三氨·一水合钴（Ⅲ）

$[Ag(NH_3)_2]OH$　　　　　　　　氢氧化二氨合银（Ⅰ）

(3) 配合分子

[Fe(CO)$_5$]   五羰基合铁
[PtCl$_4$(NH$_3$)$_2$]   四氯·二氨合铂(Ⅳ)

(四) 螯合物

由单基配体与中心离子直接配位所形成的配合物通常称为简单配合物；如上述实例。由多基配体与中心离子配位所形成的具有环状结构的配合物称为螯合物。分析中习惯把螯合物也称为配合物，如[Cu(en)$_2$]$^{2+}$ 和 Ca-EDTA 等。螯合物中的配位体常称为螯合剂，形成的环常称为螯环，其中以五元和六元环最稳定。由于螯环的形成，使螯合物比简单配合物的稳定性高，而且环越多，螯合物越稳定。

二、氨羧配位剂

能形成配合物的配位反应很多，但能够用于配位滴定的配位反应，必须符合滴定分析法对化学反应的基本要求。即反应必须迅速；必须按一定的化学反应式定量进行；生成的配合物必须有足够的稳定性；有适当的指示剂确定终点。满足上述条件，目前在配位滴定中应用最广泛的配位剂是以乙二胺四乙酸（简称 EDTA）为代表的氨羧配位剂。

氨羧配位剂是一类含有氨基二乙酸 [—N(—CH$_2$COOH)$_2$] 基团的有机配位剂，其分子中含有氨氮和羧氧两种配位能力很强的配位原子，可以和许多金属离子配位，生成稳定的具有多个五元环结构的螯合物。氨羧配位剂多达几十种，比较重要的有乙二胺四乙酸（EDTA）、环己烷二氨基四乙酸（DCTA）、乙二胺四丙酸（EDTP）等。其中，EDTA 应用最多也最重要。通常所谓的配位滴定法，主要是指 EDTA 滴定法。

三、EDTA 的性质及其配合物的特点

(一) EDTA 的性质

乙二胺四乙酸简称 EDTA，常用 H$_4$Y 表示，是一种四元酸，具有双偶极离子结构：

$$\text{^{-}OOCH}_2\text{C} \diagdown \text{N}^+\text{H—CH}_2\text{—CH}_2\text{—H}^+\text{N} \diagup \text{CH}_2\text{COO}^-$$
$$\text{HOOCH}_2\text{C} \diagup \qquad\qquad\qquad\qquad \diagdown \text{CH}_2\text{COOH}$$

当溶液酸度较高时，羧基上还可再接受两个 H$^+$，形成 H$_6$Y^{2+}，此时的 EDTA 就相当于六元酸，在水溶液中存在六级解离平衡：

$$H_6Y^{2+} \rightleftharpoons H^+ + H_5Y^+ \qquad pK_{a1}^{\theta}=0.90$$
$$H_5Y^+ \rightleftharpoons H^+ + H_4Y \qquad pK_{a2}^{\theta}=1.60$$
$$H_4Y \rightleftharpoons H^+ + H_3Y^- \qquad pK_{a3}^{\theta}=2.07$$
$$H_3Y^- \rightleftharpoons H^+ + H_2Y^{2-} \qquad pK_{a4}^{\theta}=2.75$$
$$H_2Y^{2-} \rightleftharpoons H^+ + HY^{3-} \qquad pK_{a5}^{\theta}=6.24$$
$$HY^{3-} \rightleftharpoons H^+ + Y^{4-} \qquad pK_{a6}^{\theta}=10.34$$

由此可见，在水溶液中 EDTA 总是以 H$_6$Y^{2+}，H$_5$Y$^+$，H$_4$Y，H$_3$Y$^-$，H$_2$Y^{2-}，HY^{3-}，Y^{4-} 七种型体存在。在不同的 pH 条件下，EDTA 主要存在的型体也不同。见表 9-1 所示。

表 9-1 不同 pH 时 EDTA 的主要存在型体

pH	<1	1～1.6	1.6～2.0	2.0～2.7	2.7～6.2	6.2～10.3	>10.3
主要型体	H$_6$Y^{2+}	H$_5$Y$^+$	H$_4$Y	H$_3$Y$^-$	H$_2$Y^{2-}	HY^{3-}	Y^{4-}

在 EDTA 的七种存在型体中，只有 Y^{4-} 能与金属离子直接配位，形成的配合物也最稳定。由表 9-1 可知，当 pH＞10.3 时，EDTA 主要以 Y^{4-} 型体存在，因此 pH 值越大，EDTA 的配位能力越强，故溶液的酸度是影响"M-EDTA"配合物稳定性的重要因素。

由于 EDTA 在水中的溶解度很小（22℃时，100mL 水中溶解约 0.02g），所以实际工作中常用溶解度较大的二钠盐 $Na_2H_2Y \cdot 2H_2O$（22℃时，100mL 水中溶解 11.1g），一般也称为 EDTA 或 EDTA 二钠盐。

（二）EDTA 配合物的特点

EDTA 分子中共有六个配位能力很强的配位原子（四个羧氧原子、两个氨氮原子），可以同时与金属离子配位形成具有多个五元环结构的螯合物。该螯合物有如下特点。

1. 普遍性

EDTA 几乎能与所有金属离子配位，形成稳定的螯合物。

2. 组成一定（配位比 1∶1）

除极少数高价金属离子外（如 Mo），EDTA 与绝大多数金属离子均生成 1∶1 型的配合物。为简便起见，略去电荷，可表示为：

$$M + Y \rightleftharpoons MY$$

即 1mol 金属离子与 1mol EDTA 作用，从而使配位滴定的计算简单化。

3. 稳定性高

绝大多数金属离子均能与 EDTA 形成五个五元环结构的螯合物，因此具有高度的稳定性，滴定反应进行的完全程度高。

4. 易溶性

由于 Y^{4-} 带有 4 个负电荷，与金属离子形成的螯合物 MY 大多为带电的离子，易溶于水，故配位反应比较迅速，有利于滴定。

5. 颜色变化

EDTA 与无色金属离子生成无色螯合物，与有色金属离子生成颜色更深的螯合物。如 Cu^{2+} 浅蓝色，CuY^{2-} 深蓝色。因此，当滴定有色金属离子时，需控制离子浓度不宜过大，以免影响终点的确定。

四、配位平衡

（一）配合物的稳定常数

配合物在水溶液中的稳定性，可用配合物的稳定常数来表示。EDTA 与金属离子在溶液中形成配合物的反应可简单表示为：

$$M + Y \rightleftharpoons MY$$

当上述配位反应达平衡时，其平衡常数表达式为：

$$K_f^{\ominus}(MY) = \frac{c(MY)}{c(M)c(Y)} \tag{9-1}$$

式中，$K_f^{\ominus}(MY)$ 即是配合物 MY 的稳定常数，也称绝对稳定常数，其值与溶液的温度和离子强度有关，与各组分浓度和溶液酸度无关；$c(MY)$、$c(M)$、$c(Y)$ 分别表示平衡时 MY、M 和 Y 组分的浓度。显然，$K_f^{\ominus}(MY)$ 越大，M 和 Y 的配位反应进行的越完全，配合物 MY 的稳定性越高。由于 $K_f^{\ominus}(MY)$ 一般很大，为应用方便，常用其对数值 $\lg K_f^{\ominus}(MY)$ 表示。常见金属离子与 EDTA 所形成的配合物的稳定常数见表 9-2。

表 9-2　EDTA 配合物的 $\lg K_f^{\ominus}(MY)$（溶液的离子强度 $I=0.1$，20~25℃）

金属离子	$\lg K_f^{\ominus}(MY)$	金属离子	$\lg K_f^{\ominus}(MY)$	金属离子	$\lg K_f^{\ominus}(MY)$
Na^+	1.7	Fe^{2+}	14.3	Cu^{2+}	18.8
Li^+	2.8	Al^{3+}	16.1	Hg^{2+}	21.8
Ag^+	7.3	Co^{2+}	16.3	Sn^{2+}	22.1
Ba^{2+}	7.8	Cd^{2+}	16.5	Cr^{3+}	23.0
Mg^{2+}	8.7	Zn^{2+}	16.5	Th^{4+}	23.2
Ca^{2+}	10.7	Pb^{2+}	18.0	Fe^{3+}	25.1
Mn^{2+}	14	Ni^{2+}	18.6	Bi^{3+}	27.9

外界条件的改变对 EDTA 配合物的稳定性会产生较大影响，为了准确地衡量配合物在特定条件下的实际稳定程度，我们引入了条件稳定常数。

（二）条件稳定常数

配位反应中涉及许多平衡关系，为研究方便，通常把主要考察的反应称为主反应，把其他与之有关的能影响主反应中各组分平衡浓度的各类反应统称为副反应。在配位滴定中，主反应是被测金属离子 M 与滴定剂 Y 的配位反应，而实际测定过程中，通常要加入缓冲溶液来控制溶液的酸度，试样中可能含有干扰离子等，此时溶液中不可避免要发生一些副反应：如金属离子的水解和配位效应、试样中干扰离子 N 与 Y 的反应、酸度对 EDTA 存在型体的影响等，都会影响主反应的进行，导致 EDTA 配合物的稳定性降低。一般情况下，对主反应影响最大的是 EDTA 的酸效应，故通常仅考虑酸效应的影响。

1. EDTA 的酸效应及酸效应系数

实际过程中，由于 H^+ 的存在，当 Y 与 M 进行配位反应时，必将同时发生 Y 与 H^+ 的质子化反应生成相应的 H_nY（$n=1\sim 6$），从而使 M 和 Y 配位反应的完全程度降低。这种由于 H^+ 的存在使 Y 参与主反应能力降低的现象称为配体的酸效应。其影响程度的大小可用酸效应系数 $\alpha_{Y(H)}$ 来衡量：

$$\alpha_{Y(H)}=\frac{c(Y')}{c(Y)} \tag{9-2}$$

式中，$c(Y')$ 表示未与 M 配位的 EDTA 各种型体的总浓度，即

$$c(Y')=c(Y)+c(HY)+c(H_2Y)+\cdots+c(H_6Y)$$

$c(Y)$ 是指游离 Y 的平衡浓度又称为有效浓度。显然，$\alpha_{Y(H)}$ 表示在一定 pH 条件下，未与金属离子 M 配位的 EDTA 各种型体总浓度是游离 Y 浓度的多少倍。其值可利用 EDTA 的各级解离常数和 H^+ 浓度计算出来，不同 pH 值的 $\lg \alpha_{Y(H)}$ 列于表 9-3。

表 9-3　EDTA 在不同 pH 时的酸效应系数

pH	$\lg \alpha_{Y(H)}$	pH	$\lg \alpha_{Y(H)}$	pH	$\lg \alpha_{Y(H)}$
0.0	23.64	4.5	7.44	9.0	1.28
0.5	20.75	5.0	6.45	9.5	0.83
1.0	18.01	5.5	5.51	10.0	0.45
1.5	15.55	6.0	4.65	10.5	0.20
2.0	13.51	6.5	3.92	11.0	0.07
2.5	11.90	7.0	3.32	11.5	0.02
3.0	10.60	7.5	2.78	12.0	0.01
3.5	9.48	8.0	2.27	12.5	0.00
4.0	8.44	8.5	1.77	13.0	0.00

由表 9-3 可见，酸度越高（pH 越小），$\alpha_{Y(H)}$ 越大，说明酸效应越严重，M 和 Y 的配位反应越不彻底，生成的 MY 配合物的稳定性越低。反之，酸度越低（pH 越大），$\alpha_{Y(H)}$ 越小，当 pH>12 时，$\alpha_{Y(H)} \approx 1.0$，此时 $c(Y')=c(Y)$，几乎没有酸效应，EDTA 与金属离子 M 的配位能力最强，生成的配合物也最稳定。

2. 条件稳定常数

在没有任何副反应存在时，配合物 MY 的稳定常数如式（9-1）所示。当有副反应发生时，配合物 MY 的稳定性则用条件稳定常数来衡量。即

$$K_f^{\ominus\prime}(MY) = \frac{c(MY')}{c(M')c(Y')} \tag{9-3}$$

若溶液中无其他配位剂存在，只考虑酸效应的影响，此时将 $c(Y') = c(Y)\alpha_{Y(H)}$ 代入上式得：

$$K_f^{\ominus\prime}(MY) = \frac{c(MY)}{c(M)c(Y')} = \frac{c(MY)}{c(M)c(Y)\alpha_{Y(H)}} = \frac{K_f^{\ominus}(MY)}{\alpha_{Y(H)}} \tag{9-4}$$

式中，$K_f^{\ominus\prime}(MY)$ 是考虑了酸效应的影响后，在一定 pH 条件下，MY 配合物的实际稳定常数，因其随溶液酸度的变化而改变故称为条件稳定常数或表观稳定常数。实际应用时通常采用对数形式表示，即

$$\lg K_f^{\ominus\prime}(MY) = \lg K_f^{\ominus}(MY) - \lg \alpha_{Y(H)} \tag{9-5}$$

【例 9-1】 计算 pH 值分别为 4.0 和 10.0 时，CaY 配合物的条件稳定常数并比较其稳定性。

解： $\lg K_f^{\ominus}(CaY) = 10.69$

查表 9-3，pH=4.0 时 $\lg \alpha_{Y(H)} = 8.04$

  pH=10.0 时 $\lg \alpha_{Y(H)} = 0.45$

故 pH=4.0 时 $\lg K_f^{\ominus\prime}(CaY) = \lg K_f^{\ominus}(CaY) - \lg \alpha_{Y(H)}$
      $= 10.69 - 8.04 = 2.65$

pH=10.0 时 $\lg K_f^{\ominus\prime}(CaY) = \lg K_f^{\ominus}(CaY) - \lg \alpha_{Y(H)}$
      $= 10.69 - 0.45 = 10.24$

计算结果表明，pH=10.0 时 CaY 很稳定，而 pH=4.0 时稳定性较差。因此，在配位滴定中，为保证测定结果的准确度，酸度的控制尤为重要。

第二节 配位滴定的基本原理

一、配位滴定曲线

1. 滴定曲线的绘制

在酸碱滴定中，滴定曲线反映了滴定过程中溶液 pH 的变化规律。配位滴定中，被滴定的一般是金属离子，随着滴定剂 EDTA 的加入，金属离子 M 不断被配位，浓度不断减小，在化学计量点附近，金属离子浓度产生突变，即 pM（金属离子浓度的负对数）发生突变，产生滴定突跃。以滴定过程中 EDTA 的加入量或滴定百分数为横坐标，以 pM 为纵坐标，便可画出配位滴定曲线。它描述的是随着滴定剂 EDTA 的不断加入，被滴金属离子浓度变化的曲线。图 9-1 为 pH=12 时，用 0.01000mol/L EDTA 滴定 20.00mL 0.01000mol/L Ca^{2+} 溶液的滴定曲线。根据式（9-4）即可计算出不同阶段溶液中被滴定的 Ca^{2+} 浓度，计算结果见表 9-4。

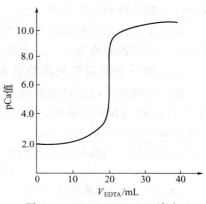

图 9-1 pH=12，EDTA 滴定 Ca^{2+} 的滴定曲线

表 9-4　pH＝12 时用 0.01000mol/L EDTA 滴定 20.00mL 0.01000mol/L Ca^{2+} 溶液的 pCa 值

V(EDTA)/mL	滴定百分数/%	pCa	
0.00	0.0	2.00	
18.00	90.0	3.30	
19.80	99.0	4.30	
19.98	99.9	5.30	
20.00（计量点）	100.0	6.50	突跃
20.02	100.1	7.70	
20.20	101.0	8.70	
40.00	200.0	10.70	

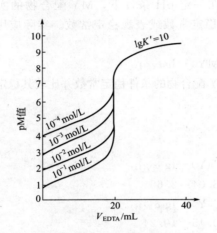

图 9-2　用 EDTA 滴定同浓度不同 $K_f^{\ominus\prime}(MY)$ 的滴定曲线

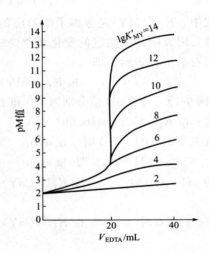

图 9-3　用 EDTA 滴定不同浓度 M 的滴定曲线

根据滴定曲线，可以比较直观地了解滴定过程中金属离子浓度的变化规律以及滴定突跃的大小。实验证明，突跃范围越大，滴定的准确度越高。由图 9-2 和图 9-3 可以看出，配合物的条件稳定常数与金属离子浓度是影响滴定突跃的两个主要因素。

2．影响滴定突跃的因素

（1）配合物的条件稳定常数 $K_f^{\ominus\prime}(MY)$　当金属离子 M 浓度一定时，$K_f^{\ominus\prime}(MY)$ 值越大，滴定的突跃范围越大，见图 9-2。

（2）金属离子的初始浓度　当条件稳定常数 $K_f^{\ominus\prime}(MY)$ 一定时，金属离子 M 的初始浓度越大，曲线的起点越低，滴定的突跃越大，见图 9-3。

二、单一金属离子被准确滴定的条件

某一金属离子能否被准确滴定，取决于滴定时突跃范围的大小。而突跃范围的大小又受 $K_f^{\ominus\prime}(MY)$ 和 $c(M)$ 的影响，那么，$K_f^{\ominus\prime}(MY)$ 和 $c(M)$ 的大小与配位滴定的准确度之间是否存在着一定的计量关系呢？

实验证明，当使用指示剂指示滴定的终点时，若允许的终点误差为 $\pm 0.1\%$，则应满足

$$\lg[c_{计}(M)\ K_f^{\ominus\prime}(MY)] \geqslant 6$$

$c_{计}(M)$ 为计量点时金属离子的浓度，一般 EDTA 标准溶液与被测金属离子的浓度相同，因此 $c_{计}(M)$ 为被测金属离子初始浓度的一半。通常金属离子和 EDTA 的初始浓度均为 0.02mol/L，则

$$c_{计}(M) = \frac{0.02\text{mol/L}}{2} = 0.01\text{mol/L}$$

此时可把 $\lg K_f^{\ominus\prime}(MY) \geqslant 8$ 或 $K_f^{\ominus\prime}(MY) \geqslant 10^8$ 作为金属离子可被准确滴定的条件。

【例 9-2】 在 pH=8.0 和 pH=10.0 时,能否用 0.02mol/L EDTA 滴定 0.02mol/L 的 Ca^{2+} 或 Mg^{2+}?

解: 查表 9-2 和表 9-3 可知 $\lg K_f^{\ominus}(CaY) = 10.69$ $\lg K_f^{\ominus}(MgY) = 8.70$

pH=8.0 $\lg \alpha_{Y(H)} = 2.27$

pH=10.0 $\lg \alpha_{Y(H)} = 0.45$

由式(9-5)可得

pH=8.0 时,$\lg K_f^{\ominus\prime}(CaY) = \lg K_f^{\ominus}(CaY) - \lg \alpha_{Y(H)} = 10.69 - 2.27 = 8.42 > 8$

$\lg K_f^{\ominus\prime}(MgY) = \lg K_f^{\ominus}(MgY) - \lg \alpha_{Y(H)} = 8.70 - 2.27 = 6.43 < 8$

则 pH=8.0 时,Ca^{2+} 可被准确滴定,Mg^{2+} 不能被准确滴定。

pH=10.0 时,$\lg K_f^{\ominus\prime}(CaY) = \lg K_f^{\ominus}(CaY) - \lg \alpha_{Y(H)} = 10.69 - 0.45 = 10.24 > 8$

$\lg K_f^{\ominus\prime}(MgY) = \lg K_f^{\ominus}(MgY) - \lg \alpha_{Y(H)} = 8.70 - 0.45 = 8.25 > 8$

则 pH=10.0 时,Ca^{2+} 和 Mg^{2+} 均可被 EDTA 准确滴定。

需要指出的是,在配位滴定过程中,随着配合物的生成,不断有 H^+ 释出:

$$M + H_2Y \rightleftharpoons MY + 2H^+$$

溶液的酸度不断增大,影响配合物的稳定性,因此通常需加入缓冲溶液来控制溶液的 pH 值,使滴定过程中保持一定的酸度。

三、金属指示剂

在配位滴定中,常用一种能与金属离子生成有色配合物的显色剂来指示滴定终点,这种显色剂称为金属离子指示剂,简称金属指示剂。

(一) 金属指示剂的变色原理

金属指示剂(常用 In 表示)是一类有机染料,也是一种配位剂,在一定 pH 条件下,能与金属离子形成有色配合物 MIn,但其配合物的颜色与指示剂本身的颜色明显不同,从而可指示终点的到达。

现以 EDTA 在 pH=10 的条件下滴定 Mg^{2+},以铬黑 T(EBT)作指示剂为例,来说明金属指示剂的变色原理。

在滴定的 pH 下,铬黑 T 指示剂本身呈蓝色,它与金属离子形成的配合物呈酒红色,滴定过程分为以下三个阶段。

1. 滴定前

先将少量的铬黑 T 加入试液中,则部分 Mg^{2+} 即与铬黑 T 反应,生成一种酒红色的配合物:

$$Mg^{2+} + EBT \rightleftharpoons Mg—EBT$$
(酒红色)

此时溶液显示指示剂配合物 Mg—EBT 的酒红色。

2. 化学计量点前

滴定开始后,EDTA 首先与未被指示剂结合的游离的 Mg^{2+} 配位,生成无色的 MgY 配合物:

$$Mg^{2+} + Y \rightleftharpoons MgY$$

此时,溶液仍显示配合物 Mg—EBT 的酒红色。

3. 化学计量点

待游离的 Mg^{2+} 全部与 EDTA 配位后，此时再滴入 EDTA，由于配合物 MgY 的稳定性大于 Mg-EBT，则 EDTA 将逐步夺取 Mg—EBT 配合物中的 Mg^{2+}，而使指示剂铬黑 T 游离出来，此时溶液由酒红色突变为蓝色（指示剂铬黑 T 的颜色），指示终点到达。

$$Y + Mg—EBT \rightleftharpoons MgY + EBT$$
（酒红色） （蓝色）

（二）金属指示剂应具备的条件

根据上述作用原理，金属指示剂必须具备以下条件。

① 在滴定的 pH 范围内，指示剂 In 的颜色与指示剂配合物 MIn 的颜色应有显著的差别，这样终点的颜色变化才明显，便于判断。

② 金属指示剂配合物 MIn 的稳定性要适当，既不能太高，又不能太低。不能太高是指 MIn 的稳定性要小于 MY 的稳定性（二者稳定常数至少相差 100 倍），否则，在计量点附近，EDTA 不能夺取 MIn 中的金属离子 M，而使滴定终点推迟，甚至得不到终点；不能太低是指 MIn 要有足够的稳定性，否则会使指示剂 In 过早的游离出来，导致滴定终点提前出现，一般要求 $\lg K_f^{\ominus}{'}(MIn) \geqslant 4$。

③ 指示剂 In 与金属离子 M 的配位反应要迅速、灵敏，并具有一定的选择性，即在一定条件下只与某一种（或少数几种）金属离子发生显色反应，且生成的 MIn 应易溶于水。常用的金属指示剂见表 9-5。

表 9-5 常用的金属指示剂

指示剂	适宜的 pH 范围	颜色变化		直接滴定的离子	配制方法	注意事项
		In	MIn			
铬黑 T (EBT)	8～11	蓝	酒红	$pH=10$，Mg^{2+}，Zn^{2+}，Cd^{2+}，Pb^{2+}，Mn^{2+}，稀土元素离子	1∶100NaCl（固体）	Fe^{3+}，Al^{3+}，Cu^{2+}，Ni^{2+} 等离子封闭 EBT
酸性铬蓝 K	8～13	蓝	红	$pH=10$，Mg^{2+}，Zn^{2+}，Mn^{2+}；$pH=13$，Ca^{2+}	1∶100NaCl（固体）	
二甲酚橙（XO）	<6	亮黄	红	$pH<1$，ZrO^{2+}；$pH=1～2$，Bi^{3+}；$pH=2.5～3.5$，Th^{4+}；$pH=5～6$，Tl^{3+}，Pb^{2+}，Zn^{2+}，Cd^{2+}，Hg^{2+}，稀土离子	0.5%水溶液	Fe^{3+}，Al^{3+}，Ti^{4+}，Ni^{2+} 等离子封闭 XO
磺基水杨酸（ssal）	1.5～2.5	无色	紫红	Fe^{3+}	5%水溶液	ssal 本身无色，FeY^- 呈黄色
钙指示剂（NN）	12～13	蓝	酒红	Ca^{2+}	1∶100NaCl（固体）	Fe^{3+}，Al^{3+}，Ti^{4+}，Ni^{2+}，Co^{2+}，Mn^{2+}，Cu^{2+} 等离子封闭 NN

其中最常用的是铬黑 T 和钙指示剂。铬黑 T 可与许多金属离子如 Ca^{2+}，Mg^{2+}，Zn^{2+}，Mn^{2+}，Cd^{2+}，Pb^{2+} 等形成酒红色配合物，在 $pH=7～11$ 的范围内本身呈蓝色，而在 $pH<6$ 或 $pH>12$ 的溶液中，指示剂本身接近于红色，不宜使用。实验结果表明，使用铬黑 T 最适宜的酸度为 $pH=9～10.5$。钙指示剂在 $pH=10.0～13.0$ 条件下呈蓝色，而与 Ca^{2+} 形成的配合物 Ca-NN 为酒红色，常用于 Mg^{2+} 存在下，在 $pH=12.0～13.0$ 时滴定 Ca^{2+}，此时 Mg^{2+} 转变成 $Mg(OH)_2$ 沉淀而不干扰滴定。

（三）使用金属指示剂应注意的问题

1. 指示剂的封闭现象

某些金属指示剂配合物 MIn 较相应的 MY 配合物稳定,以致达化学计量点时 MIn 和 Y 的置换反应不能发生,指示剂也不能释放出来,因此也无溶液颜色的转变,无法指示终点,这种现象叫做指示剂的封闭现象。

例如,在 pH＝10 时,以 EBT 为指示剂,滴定 Ca^{2+},Mg^{2+} 总量,若溶液中有 Al^{3+}、Fe^{3+}、Cu^{2+}、Co^{2+}、Ni^{2+} 等离子,则对 EBT 有封闭作用,使终点无法确定。解决的办法是加入掩蔽剂,使干扰离子生成更稳定的配合物,从而不再与指示剂作用。此时可加入少量三乙醇胺(掩蔽 Al^{3+}、Fe^{3+})和 KCN(掩蔽 Cu^{2+}、Co^{2+}、Ni^{2+})以消除干扰。

2. 指示剂的僵化现象

因 MIn 的溶解度小,或者 MIn 与 MY 的稳定性相差不大,使得 MIn 与 Y 的置换作用缓慢,导致终点拖长使终点变色不敏锐,这种现象称为指示剂的僵化现象。解决的办法是加热或加入有机溶剂以增大 MIn 的溶解度,加快置换反应速率,使指示剂变色较明显。可能发生僵化现象时,临近终点时要缓慢滴定,剧烈摇动。

3. 指示剂的氧化变质现象

金属指示剂多为具有双键结构的有色化合物,易被日光、氧化剂、空气所分解,在水溶液中不稳定,易变质失效,不能久存。因此,金属指示剂在使用时常与固体 NaCl 或 KCl 配成固体混合物,置于棕色瓶中。但最好是现用现配,够用即可。

第三节　配位滴定法的应用

一、EDTA 标准溶液的配制和标定

1. 标准溶液的配制

EDTA 标准溶液的浓度一般为 0.01～0.05mol/L,通常采用 EDTA 二钠盐($Na_2H_2Y \cdot 2H_2O$)配制,其摩尔质量为 372.24g/mol。因试剂中常含有少量的吸附水,若直接配制标准溶液,必须先将 EDTA 在 80℃ 干燥过夜或在 120℃ 下烘干至恒重,然后用分析天平准确称取一定量的 EDTA,加少量去离子水溶解后,转移至一定体积的容量瓶中定容。根据称取的质量和容量瓶的体积直接计算出物质的量浓度。即

$$c(\text{EDTA}) = \frac{m(\text{EDTA})}{M(\text{EDTA}) \times V(\text{EDTA})}$$

配位滴定中对蒸馏水的要求较高,为保证质量,最好选用去离子水或二次蒸馏水。由于一般蒸馏水和其他试剂中常含有少量金属离子,故 EDTA 标准溶液最好采用间接法配制,即先配成近似浓度的溶液,然后用基准物质标定。

2. 标准溶液的标定

标定 EDTA 溶液的基准物质很多,如 Zn、Cu、ZnO、$CaCO_3$、$MgSO_4 \cdot 7H_2O$ 等。其中金属锌的纯度高又稳定,且 Zn^{2+} 与 ZnY 均无色,因此实验室中常采用 Zn 来标定。

标定好的 EDTA 标准溶液最好储存在聚乙烯塑料瓶中,以保持溶液长期稳定;若储存在玻璃瓶中,则玻璃中的 Ca^{2+} 等金属离子会与 EDTA 发生反应,使 EDTA 的浓度不断降低。

EDTA 滴定法应用广泛,可采用多种滴定方式来测定被测物的含量。

二、应用示例

1. 自来水总硬度及 Ca^{2+}、Mg^{2+} 含量的测定

天然水里通常含有 Ca^{2+} 和 Mg^{2+} 等阳离子以及 HCO_3^-、SO_4^{2-} 和 Cl^- 等阴离子。一般把

含有较多的 Ca^{2+} 和 Mg^{2+} 的水称为硬水，把不含或含有少量 Ca^{2+} 和 Mg^{2+} 的水称为软水。水中 Ca^{2+}、Mg^{2+} 的含量常用硬度表示，根据采用的单位不同，水的硬度有以下两种表示方法：一种是以每升水中所含 $CaCO_3$ 或 CaO 的质量（单位 mg/L）表示，即以质量浓度 ρ 表示。另一种是用德国度来表示，规定每升水中含有 10mgCaO 称为 1 度（记为 1°）。

一般把小于 4° 的水叫很软水，4°～8° 的水叫软水，8°～16° 的水叫中硬水，16°～32° 的水叫硬水，大于 32° 的水叫很硬水。

水的硬度是衡量工业用水和生活用水的一项重要指标，如锅炉给水，经常要进行硬度分析，为水的处理提供依据。测定水的总硬度就是测定水中 Ca^{2+}、Mg^{2+} 的总含量，步骤如下。

(1) 水的总硬度（Ca^{2+}、Mg^{2+} 总量）的测定　用 NH_3—NH_4Cl 缓冲溶液将水样调节至 pH=10，加少许铬黑 T 指示剂，用 EDTA 标准溶液滴定至溶液由酒红色突变为蓝色，即达终点。记下 EDTA 消耗的体积 V_1（mL）。

铬黑 T 和 EDTA 均能与 Ca^{2+}，Mg^{2+} 生成配合物，其稳定性次序为：

$$CaY > MgY > MgIn > CaIn \text{（略去电荷）}$$

由此可见，加入铬黑 T 后，它首先与 Mg^{2+} 结合，生成酒红色配合物 Mg—EBT；当滴入 EDTA 后，首先与 EDTA 结合的是 Ca^{2+}，其次是游离态的 Mg^{2+}，达化学计量点时 EDTA 则夺取 Mg—EBT 中的 Mg^{2+}，并使指示剂铬黑 T 游离出来，指示终点到达。反应过程可表示如下：

滴定前　　　　　　　　　　Mg + EBT ⇌ Mg—EBT
　　　　　　　　　　　　　　　　　　　　（酒红色）

化学计量点前　　　　　　　Ca + Y ⇌ CaY
　　　　　　　　　　　　　Mg + Y ⇌ MgY

化学计量点　　　　　　Y + Mg—EBT ⇌ MgY + EBT
　　　　　　　　　　　　（酒红色）　　　　（蓝色）

(2) Ca^{2+} 含量的测定　用 10% NaOH 溶液调节水样的 pH=12，此时 Mg^{2+} 转变为 $Mg(OH)_2$ 沉淀，不干扰 Ca^{2+} 的测定。然后加入少许钙指示剂 NN，用 EDTA 标准溶液滴定至溶液由酒红色突变为蓝色，即达终点。记下 EDTA 消耗的体积 V_2（mL）。反应过程为：

滴定前　　　　　　　　　　Ca + NN ⇌ Ca—NN
　　　　　　　　　　　　　　　　　　（酒红色）

化学计量点前　　　　　　　Ca + Y ⇌ CaY

化学计量点　　　　　　Y + Ca—NN ⇌ CaY + NN
　　　　　　　　　　　　（酒红色）　　　　（蓝色）

将测得数据代入下式计算水的总硬度和水中 Ca^{2+}，Mg^{2+} 的含量：

$$\text{水的总硬度} = \frac{c(\text{EDTA})V_1 M(\text{CaO})}{V(\text{H}_2\text{O})} \times \frac{1000}{10} \text{ (°)}$$

$$\rho(\text{Ca}^{2+}) = \frac{c(\text{EDTA})V_2 M(\text{Ca})}{V(\text{H}_2\text{O})} \times 1000 \text{ (mg/L)}$$

$$\rho(\text{Mg}^{2+}) = \frac{c(\text{EDTA})(V_1 - V_2) M(\text{Mg})}{V(\text{H}_2\text{O})} \times 1000 \text{ (mg/L)}$$

2. PO_4^{3-} 离子的测定

PO_4^{3-} 是非金属离子，不能和 EDTA 直接配位，只能采用间接法测定。即在一定条件下,将 PO_4^{3-} 定量转化为磷酸铵镁（$MgNH_4PO_4 \cdot 6H_2O$）沉淀,将沉淀过滤洗涤并用酸溶解后,调节溶液 pH=10,以铬黑 T 作指示剂,用 EDTA 标准溶液滴定生成的 Mg^{2+},从而可间接求算出 PO_4^{3-} 的含量。

本 章 小 结

一、配合物的组成和命名

配合物是指含有配离子的一类复杂化合物,由内界配离子和外界离子组成,内界配离子包括中心离子、配位体和配位数。由单基配体与中心离子所形成的配合物称为简单配合物,由多基配体与中心离子所形成的具有环状结构的配合物称为螯合物。

配合物的命名关键在于配离子的命名顺序,即配位体数—配位体名称—"合"字—中心离子名称—中心离子的氧化数（用罗马数字注明）。若有多种配体,则先无机后有机,先阴离子后中性分子,先简单后复杂；若含同类配体,则按配位原子元素符号的英文顺序排列；不同配体之间用圆点"·"隔开。

二、EDTA 的性质及其配合物的稳定性

EDTA 在溶液中存在六级解离,以七种型体存在,几乎能与所有的金属离子形成配位比 1∶1 的配合物 MY。配合物 MY 在水溶液中的稳定性可用稳定常数 $K_f^\ominus(MY)$ 来衡量,$K_f^\ominus(MY)$ 越大,则说明 M 和 Y 的配位反应进行的越完全,配合物 MY 的稳定性越高。外界条件的改变对配合物的稳定性会产生较大影响,其中溶液的酸度是影响配合物稳定性的重要因素。酸度的影响可用酸效应系数来衡量,考虑酸效应时配合物 MY 的稳定性用条件稳定常数 $K_f^{\ominus\prime}(MY)$ 来表示,即条件稳定常数 $K_f^{\ominus\prime}(MY)$ 反映了在一定条件下,配合物 MY 的实际稳定程度,它比绝对稳定常数 $K_f^\ominus(MY)$ 更具实际意义和应用价值。

三、配位滴定的基本原理及应用

配位滴定法以 EDTA 为滴定剂,又称 EDTA 滴定法。配位滴定曲线描述了随着滴定剂 EDTA 的加入,被滴金属离子浓度的变化规律。在化学计量点附近产生 pM 突跃,可借助金属指示剂确定滴定终点,要明确指示剂的作用原理和选择依据。

单一金属离子被准确滴定的条件为: $\lg[c_{it}(M)K_f^{\ominus\prime}(MY)] \geqslant 6$ 或 $\lg K_f^{\ominus\prime}(MY) \geqslant 8$ 或 $K_f^{\ominus\prime}(MY) \geqslant 10^8$ $[c_{it}(M)=0.01 mol/L]$。

EDTA 滴定法可采用直接、间接、返滴定和置换滴定等方式测定几十种金属离子。重点掌握水的总硬度及钙镁离子含量的测定原理、测定 pH 值以及指示剂的颜色变化。

思考与练习

1. EDTA 与金属离子的配合物有何特点?
2. EDTA 在溶液中有几种存在型体? 各型体的分布与溶液 pH 有何关系?
3. 配合物的绝对稳定常数与条件稳定常数有什么不同? 为何要引用条件稳定常数?
4. 影响 EDTA 配位滴定突跃范围的主要因素有哪些? 如何影响?
5. 如何判断某一金属离子能否被 EDTA 准确滴定?
6. 举例说明金属指示剂的变色原理,金属指示剂应具备哪些条件? 为什么使用时要求一定的 pH 值范围?
7. 何为配离子、简单配合物和螯合物? 单基配体和多基配体有何区别?
8. 命名下列配合物,并指出中心离子（或原子）、配位体和配位数。

(1) $[CoCl_2(H_2O)_4]Cl$;　　　(2) $Na_3[AlF_6]$;　　　(3) $K_3[Fe(CN)_6]$;　　　(4) $[Ni(CO)_4]$

9. 计算 pH=5.0 时，Mg^{2+} 与 EDTA 形成的配合物的条件稳定常数是多少？在此酸度下，若要求滴定误差 $\leq 0.1\%$，Mg^{2+} 能否被 EDTA 准确滴定？当 pH=10 时，情况如何？

10. 取水样 100mL，调节 pH=10，以铬黑 T 为指示剂，用 0.0100mol/L 的 EDTA 标准溶液滴定至终点，用去 25.40mL；另取 100mL 水样，调节 pH=12，加钙指示剂，消耗上述 EDTA 标准溶液 14.25mL。试求水的总硬度以及 Ca^{2+}，Mg^{2+} 的含量（以 mg/L 表示）。

11. 在 pH=12 时，用钙指示剂以 EDTA 进行石灰石中 CaO 含量的测定。称取 0.4086g 试样用酸溶解后，定容为 250.0mL，用移液管吸取 25.00mL 试液，以浓度为 0.02040mol/L 的 EDTA 滴定，用去 17.50mL。求该试样中 CaO 的质量分数。

12. 准确称取含磷试样 0.1000g，处理成溶液，将磷沉淀为 $MgNH_4PO_4$ 后，再经过滤、洗涤和溶解，然后调节 pH=10，以铬黑 T 为指示剂，用 0.01000mol/L EDTA 标准溶液 20.00mL 完成滴定，计算试样中 P_2O_5 的质量分数。

实验实训　自来水总硬度的测定

一、实训目标
1. 明确铬黑 T、钙指示剂的使用条件和终点时的颜色变化。
2. 掌握测定水的总硬度及 Ca^{2+}、Mg^{2+} 含量的原理和步骤。

二、原理
水的总硬度是指水中 Ca^{2+}、Mg^{2+} 的总含量，常用德国度（°）表示。测定水的总硬度，是在 pH=10 的 NH_3-NH_4^+ 缓冲溶液中，以铬黑 T 为指示剂，用 EDTA 标准溶液滴定至溶液由酒红色变为蓝色即为终点。根据 EDTA 的用量 V_1，可按下式计算出水的总硬度：

$$水的总硬度(°) = \frac{c(EDTA)V_1 M(CaO)}{V(H_2O)} \times \frac{1000}{10}$$

在测定水中 Ca^{2+}、Mg^{2+} 含量时，是将溶液 pH 调至 12，使 Mg^{2+} 沉淀为 $Mg(OH)_2$，然后加入钙指示剂，用 EDTA 标准溶液滴定至溶液由酒红色变为纯蓝色即为终点。根据 EDTA 的用量 V_2 和 V_1 可按下式分别计算出 Ca^{2+}、Mg^{2+} 的质量浓度：

$$\rho(Ca^{2+}) = \frac{c(EDTA)V_2 M(Ca)}{V(H_2O)} \times 1000 \text{ (mg/L)}$$

$$\rho(Mg^{2+}) = \frac{c(EDTA)(V_1-V_2)M(Mg)}{V(H_2O)} \times 1000 \text{ (mg/L)}$$

三、器材和试剂
分析天平，酸式滴定管，锥形瓶，移液管（50mL），容量瓶，烧杯，玻璃棒，洗瓶。

EDTA 二钠盐（s），NH_3-NH_4Cl 缓冲溶液，10% 的 NaOH 溶液，固体铬黑 T 指示剂，钙指示剂，自来水样。

四、实训内容及步骤

1. 0.01mol/L EDTA 标准溶液的配制

在分析天平上准确称取已烘干的 EDTA 二钠盐试样 0.8～0.9g 于烧杯中，加少量去离子水溶解后，转移至 250.0mL 容量瓶中定容。根据称取的质量和容量瓶的体积即可求出其物质的量浓度。

$$c(EDTA) = \frac{m(EDTA)}{M(EDTA) \times V(EDTA)}$$

2. 自来水总硬度的测定

用 50mL 移液管准确吸取自来水样三份，分别注入三只 250mL 锥形瓶中，各加入 5mL NH_3-NH_4Cl 缓冲溶液（pH=10），再加入适量铬黑 T 指示剂至溶液呈酒红色。然后用 EDTA 标准溶液滴定，接近终点溶液呈蓝紫色后，一定要逐滴加入，且每加一滴都要用力摇动溶液，直至溶液变为纯蓝色即为终点。记下消耗 EDTA 溶液的体积 V_1(mL)。用同样的方法滴定第二份、第三份水样，计算出水的总硬度。

3. Ca^{2+} 含量的测定

用 50mL 移液管吸取自来水样三份，注入三只 250mL 锥形瓶中，各加入 5mL 10% 的 NaOH 溶液，调节 pH=12，摇匀后再加入适量钙指示剂至溶液呈酒红色。然后用 EDTA 标准溶液慢滴并用力摇动，直至溶液由酒红色变为纯蓝色即为终点。记下消耗 EDTA 溶液的体积 V_2(mL)。依次滴定第二份、第三份水样，计算水样中的 $\rho(Ca^{2+})$，$\rho(Mg^{2+})$。

五、思考题

1. 为什么测定水样总硬度时，溶液的 pH=10，测 Ca^{2+} 时溶液的 pH=12？
2. 在配位滴定中，为什么采用固体指示剂？怎样配制？
3. 什么叫水的硬度？有哪些表示方法？

化学实验报告
自来水总硬度的测定（EDTA 法）

Ca^{2+}，Mg^{2+} 总量测定

项　　目	I	II	III
水样体积 V/mL			
V_{EDTA} 初读数/mL			
V_{EDTA} 终读数/mL			
V_{EDTA} 用量/mL			
c(EDTA)/(mol/L)			
总硬度/(°)			
总硬度平均值/°			
相对极差			

Ca^{2+} 含量测定

项　　目	I	II	III
水样体积 V/mL			
V_{EDTA} 初读数/mL			
V_{EDTA} 终读数/mL			
V_{EDTA} 用量/mL			
c(EDTA)/(mol/L)			
$\rho(Ca^{2+})$/(mg/L)			
$\rho(Ca^{2+})$ 平均值			
$\rho(Mg^{2+})$ 平均值			

第十章 氧化还原滴定法

学习目标
1. 熟悉氧化还原电对、标准电极电位和条件电极电位的含义。
2. 了解能斯特方程表达式及其应用。
3. 明确氧化还原滴定法的指示剂类型及氧化还原指示剂的选择依据。
4. 熟悉氧化还原滴定过程中电极电位的变化规律及滴定曲线的含义。
5. 掌握高锰酸钾法、重铬酸钾法、碘量法的基本原理及应用。
6. 掌握氧化还原滴定法的有关计算。

第一节 氧化还原滴定法概述

氧化还原滴定法是以氧化还原反应为基础的滴定分析方法。该方法应用非常广泛，不仅能直接测定许多具有氧化性或还原性物质的含量，而且还可以间接测定某些不能直接发生氧化还原反应的物质的含量。在农业分析中，常用此法测定土壤有机质、铁的含量，以及农药中砷、铜的含量等。

氧化还原反应不同于中和反应和配位反应，其实质是氧化剂和还原剂之间的电子转移，反应机理比较复杂，常伴有副反应的发生，因而没有确定的计量关系，并且条件不同时，生成的产物不同；还有一些反应从理论上判断可以进行，但反应速率非常缓慢。因此，在氧化还原滴定中，必须创造和控制适当的反应条件，加快反应速率，防止副反应的发生，使之符合滴定分析对化学反应的要求，以利于滴定反应的定量进行。

氧化还原滴定法根据所用标准溶液的不同，习惯上分为高锰酸钾法、重铬酸钾法、碘量法、溴酸盐法、铈量法等。本章重点介绍常用的 $KMnO_4$ 法、$K_2Cr_2O_7$ 法和碘量法的基本原理及应用。

一、氧化还原电对

在氧化还原反应中，氧化剂获得电子被还原，生成低价态的还原产物；还原剂失去电子被氧化，生成高价态的氧化产物。如反应 $Cl_2 + 2I^- \rightleftharpoons 2Cl^- + I_2$ 中，Cl_2 是氧化剂，其还原产物是 Cl^-，I^- 是还原剂，其氧化产物是 I_2。上述氧化还原反应可看作由以下两个半反应组成：

$$Cl_2 + 2e^- \rightleftharpoons 2Cl^- \quad （还原反应）$$
$$2I^- - 2e^- \rightleftharpoons I_2 \quad （氧化反应）$$

通常把同一元素的高价态形式称为氧化态或氧化型（如 Cl_2、I_2），用符号 Ox 表示；低价态形式称为还原态或还原型（如 Cl^-、I^-），用符号 Red 表示。同一元素的两种不同价态形式，由于电子的得失可以相互转化，称之为氧化还原电对，简称电对。这样就构成了 Cl_2—Cl^-、I_2—I^- 两个电对。书写电对时，通常把氧化态物质写在左侧，还原态物质写在右侧，中间用斜线"/"隔开，即用氧化态/还原态（Ox/Red）表示。如 Cl_2/Cl^-、I_2/I^- 等。

每个电对都对应一个氧化还原半反应，通常表示为：

$$Ox + ne^- \rightleftharpoons Red$$

如：

$$Cu^{2+}/Cu \quad Cu^{2+} + 2e^- \rightleftharpoons Cu$$

$$Fe^{3+}/Fe^{2+} \quad Fe^{3+} + e^- \rightleftharpoons Fe^{2+}$$

$$MnO_4^-/Mn^{2+} \quad MnO_4^- + 8H^+ + 5e^- \rightleftharpoons Mn^{2+} + 4H_2O$$

需要说明的是，同一物质在不同的电对中可表现出不同的性质。如 Fe^{2+} 在 Fe^{3+}/Fe^{2+} 电对中为还原态，反应中做还原剂；在 Fe^{2+}/Fe 电对中为氧化态，反应中做氧化剂。即 Fe^{2+} 既具有氧化性又具有还原性，一般处于中间价态的物质都具有氧化和还原两性。

二、电极电位

电极电位（用 $\varphi_{Ox/Red}$ 表示）是反映物质在水溶液中氧化还原能力大小的物理量。电极电位值越高，对应电对中氧化态物质的氧化能力越强；电极电位值越低，电对中还原态物质的还原能力越强。因此，作为一种氧化剂，它可以氧化电极电位比它低的还原剂；作为一种还原剂，它可以还原电极电位比它高的氧化剂。由此可见，氧化还原反应总是由较强的氧化剂与较强的还原剂作用生成较弱的还原剂和较弱的氧化剂。

1. 能斯特方程式

电对的电极电位可以利用能斯特方程进行计算。对于电对 Ox/Red，其半反应为：

$$Ox + ne^- \rightleftharpoons Red$$

当温度为 298K 时，能斯特方程表达式可写为

$$\varphi_{Ox/Red} = \varphi^{\ominus}_{Ox/Red} + \frac{0.059}{n} \lg \frac{d_{Ox}}{d_{Red}} \tag{10-1}$$

式中，$\varphi_{Ox/Red}$ 为电对 Ox/Red 的电极电位，V；$\varphi^{\ominus}_{Ox/Red}$ 为电对 Ox/Red 的标准电极电位，V；n 为半反应中电子转移数；d_{Ox}，d_{Red} 分别为半反应中在氧化态、还原态一侧各物质活度幂的乘积，当溶液浓度较稀时，通常用浓度代替活度（与浓度 c 及活度系数有关，即 $a = \gamma c$）。

此时能斯特方程可表示为：

$$\varphi_{Ox/Red} = \varphi^{\ominus}_{Ox/Red} + \frac{0.059}{n} \lg \frac{c_{Ox}}{c_{Red}} \tag{10-2}$$

使用能斯特方程时，需注意以下两点。

① 气体参加反应，应以相对分压代入浓度项。如

$$Cl_{2(g)} + 2e^- \rightleftharpoons 2Cl^-_{(aq)}$$

$$\varphi_{Cl_2/Cl^-} = \varphi^{\ominus}_{Cl_2/Cl^-} + \frac{0.059}{2} \lg \frac{p(Cl_2)/p^{\ominus}}{c^2(Cl^-)}$$

② 纯固体、纯液体参与反应时，能斯特方程中不列出。如

$$Cu^{2+}_{(aq)} + 2e^- \rightleftharpoons Cu_{(s)}$$

$$\varphi_{Cu^{2+}/Cu} = \varphi^{\ominus}_{Cu^{2+}/Cu} + \frac{0.059}{2} \lg c(Cu^{2+})$$

由式(10-1) 可见，电对的电极电位与溶液中氧化态和还原态的活度大小有关。当 $d_{Ox} = a_{Red} = 1mol/L$ 时，$\varphi_{Ox/Red} = \varphi^{\ominus}_{Ox/Red}$，此时的电极电位等于标准电极电位。因此，标准电极电位是指在一定温度下（通常为298K），半反应中各组分的活度均等于 1 mol/L，反应中若有气体参加，则其分压等于 100kPa 时的电极电位。$\varphi^{\ominus}_{Ox/Red}$ 仅随温度而变化。

2. 条件电极电位

实际工作中,若溶液的浓度较大,尤其是高价离子参与电极反应,用浓度代替活度计算所得电极电位值与实际测定值之间会有较大差异。为解决这个问题,人们通过实验测定了在特定条件下,当氧化态和还原态物质的分析浓度均为 1mol/L,校正了离子强度和各种副反应(如酸效应、配位反应、沉淀反应等)的影响后的实际电极电位,称为条件电极电位,用 $\varphi^{\ominus\prime}$ 表示。

引入条件电极电位后,能斯特方程可写为:

$$\varphi_{Ox/Red} = \varphi^{\ominus\prime}_{Ox/Red} + \frac{0.059}{n} \lg \frac{c_{Ox}}{c_{Red}} \tag{10-3}$$

条件电极电位所反映的是一定条件下电对的氧化还原能力,比标准电极电位能更直观、准确的判断特定条件下氧化还原反应的方向、次序和反应的完成程度。因此,在电极电位的计算中,应尽可能地采用条件电极电位,这样计算的结果才比较接近实际情况。条件电极电位一般由实验测得,对于缺乏条件电极电位数据的电对,可采用相近条件下的条件电极电位或使用标准电极电位进行近似计算。

【例 10-1】 在 1mol/L 的 HCl 溶液中,若 $c(Fe^{3+})=0.01mol/L$,$c(Fe^{2+})=0.001mol/L$,计算该电对的电极电位。

解:在 1mol/L 的 HCl 介质中,$\varphi^{\ominus\prime}_{Fe^{3+}/Fe^{2+}} = 0.68V$,根据能斯特方程式得:

$$\varphi_{Fe^{3+}/Fe^{2+}} = \varphi^{\ominus\prime}_{Fe^{3+}/Fe^{2+}} + 0.059\lg \frac{c_{Fe^{3+}}}{c_{Fe^{2+}}}$$

$$= 0.68 + 0.059\lg \frac{0.01}{0.001} = 0.74 \text{ (V)}$$

如果不考虑介质的影响,用标准电极电位计算,则

$$\varphi_{Fe^{3+}/Fe^{2+}} = \varphi^{\ominus}_{Fe^{3+}/Fe^{2+}} + 0.059\lg \frac{c_{Fe^{3+}}}{c_{Fe^{2+}}}$$

$$= 0.77 + 0.059\lg \frac{0.01}{0.001} = 0.83 \text{ (V)}$$

三、氧化还原反应进行的程度

在滴定分析中,要求氧化还原反应能定量进行完全,反应的完全程度可用平衡常数 K 的大小来衡量。氧化还原反应的平衡常数可以根据能斯特方程式和有关电对的条件电极电位或标准电极电位求得,若采用条件电极电位,求得的是条件平衡常数 K',它更能说明反应实际进行的程度。设有下列氧化还原反应:

$$n_2 Ox_1 + n_1 Red_2 \rightleftharpoons n_2 Red_1 + n_1 Ox_2$$

当反应达平衡时,其条件平衡常数满足下列关系,即

$$\lg K' = \frac{n_1 n_2 (\varphi^{\ominus\prime}_1 - \varphi^{\ominus\prime}_2)}{0.059} = \frac{n(\varphi^{\ominus\prime}_1 - \varphi^{\ominus\prime}_2)}{0.059} \tag{10-4}$$

式中,$\varphi^{\ominus\prime}_1$,$\varphi^{\ominus\prime}_2$ 分别为电对 Ox_1/Red_1,Ox_2/Red_2 的条件电极电位;n_1,n_2 分别为氧化剂电对和还原剂电对转移的电子数;n 为两电对转移电子数的最小公倍数。

由此可见,条件平衡常数 K' 值的大小主要由两电对条件电极电位的差值决定,差值越大,K' 值越大,反应进行的越完全。那么 $\varphi^{\ominus\prime}_1$ 与 $\varphi^{\ominus\prime}_2$ 究竟相差多大,反应才能定量地进行完全以满足滴定分析的要求呢?一般认为,若 $\Delta\varphi^{\ominus\prime}$ 大于 0.4V,则反应就能定量进行完全($\lg K' \geqslant 6$),就可用于氧化还原滴定。实际工作中,一般以强氧化剂作为滴定剂,还可通过控制反应条件改变电对的 $\varphi^{\ominus}$,以满足此条件。

第二节 氧化还原滴定的基本原理

一、氧化还原滴定曲线

在氧化还原滴定中,随着滴定剂的加入和反应的进行,溶液中氧化剂和还原剂的浓度不断发生变化,有关电对的电极电位也随之不断改变。与酸碱和配位滴定法类似,这种变化也可以用滴定曲线来表示。即以标准溶液加入的体积(或滴定百分率)为横坐标,以溶液的电极电位为纵坐标作图,便可得到氧化还原滴定曲线。

氧化还原滴定曲线可以通过实验测得的数据进行绘制,对于有些反应,也可以利用能斯特方程求出各滴定点的电位值来绘制。现以在 1mol/L H_2SO_4 溶液中,用 0.1000mol/L $Ce(SO_4)_2$ 标准溶液滴定 20.00mL 0.1000mol/L $FeSO_4$ 溶液为例,将滴定过程中不同滴定点的电极电位计算结果列于表 10-1,并绘制滴定曲线如图 10-1 所示。

表 10-1 在 1mol/L H_2SO_4 溶液中,用 0.1000mol/L $Ce(SO_4)_2$ 标准溶液滴定 20.00mL 0.1000mol/L $FeSO_4$ 溶液电位的变化

滴入 Ce^{4+} 的体积/mL	滴定百分数/%	溶液电位/V	
1.00	5.0	0.60	
2.00	10.0	0.62	
4.00	20.0	0.64	
8.00	40.0	0.67	
10.00	50.0	0.68	
12.00	60.0	0.69	
18.00	90.0	0.74	
19.80	99.0	0.80	
19.98	99.9	0.86	突跃
20.00	100.0	1.06	
20.02	100.1	1.26	
22.00	110.0	1.38	
30.00	150.0	1.42	
40.00	200.0	1.44	

由滴定曲线可以看出,在化学计量点附近,溶液的电极电位出现明显的突变,称之为滴定突跃。突跃范围的大小主要决定于氧化剂和还原剂对应电对的条件电极电位的差值,两电对的电位差值越大,反应的完全程度越高,突跃范围越大,滴定的准确度也越高;反之,则越小。

二、氧化还原滴定中的指示剂

在氧化还原滴定中,除了可通过电位法来指示终点外,还可选用合适的指示剂来指示滴定终点,根据指示剂指示终点的原理不同可分为以下三类。

1. 氧化还原指示剂

氧化还原指示剂是一类具有氧化还原性质的有机化合物,其氧化态和还原态具有不同的颜色,在化学计量点附近,指示剂因被氧化或被还原而发生颜色的

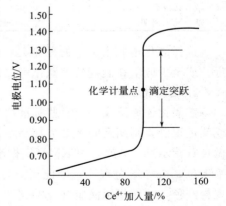

图 10-1 0.1000mol/L Ce^{4+} 标准溶液滴定 0.1000mol/L Fe^{2+} 溶液的滴定曲线(1mol/L H_2SO_4 介质)

改变，从而导致溶液的颜色发生突变，故可用来指示终点。例如，邻菲啰啉指示剂，其氧化态呈浅蓝色，还原态呈红色，若用 Fe^{2+} 滴定 $K_2Cr_2O_7$ 标准溶液时，常用它作指示剂，当滴定至化学计量点时，稍过量的 Fe^{2+} 就使邻菲啰啉指示剂由浅蓝色的氧化态还原为红色的还原态，溶液的颜色也随之改变，从而指示滴定终点的到达。

与酸碱指示剂类似，氧化还原指示剂有其变色的电位范围，现以 In(Ox) 和 In(Red) 分别代表指示剂的氧化态和还原态，其电对对应的半反应为：

$$In(Ox) + ne^- \rightleftharpoons In(Red)$$

$$\varphi = \varphi^{\ominus\prime}(In) + \frac{0.059}{n}\lg\frac{c\{In(Ox)\}}{c\{In(Red)\}}$$

随着滴定的进行，溶液的电位值不断发生变化，引起指示剂氧化态和还原态浓度的比值 $c[In(Ox)]/c[In(Red)]$ 也发生变化。当 $c[In(Ox)]/c[In(Red)] \geqslant 10$ 时，溶液呈现指示剂氧化态的颜色，此时其对应的电位值为：

$$\varphi \geqslant \varphi^{\ominus\prime}(In) + \frac{0.059}{n}$$

当 $c[In(Ox)]/c[In(Red)] \leqslant 1/10$ 时，溶液呈现指示剂还原态的颜色，此时的电位值为：

$$\varphi \leqslant \varphi^{\ominus\prime}(In) - \frac{0.059}{n}$$

所以 298K 时，指示剂变色的电位范围是：

$$\varphi = \varphi^{\ominus\prime} \pm \frac{0.059}{n} \tag{10-5}$$

当 $c[In(Ox)] = c[In(Red)]$ 时，指示剂呈现中间颜色，此时 $\varphi = \varphi^{\ominus\prime}$，称为氧化还原指示剂的变色点。

指示剂不同 $\varphi^{\ominus\prime}(In)$ 不同，同一指示剂在不同的介质中 $\varphi^{\ominus\prime}(In)$ 值也不同。表 10-2 列出几种常用的氧化还原指示剂的条件电极电位及颜色变化。

表 10-2 常用的氧化还原指示剂

指示剂	$\varphi^{\ominus\prime}(In)/V$ $c(H^+)=1mol/L$	颜色变化	
		氧化态	还原态
亚甲基蓝	0.52	蓝	无
二苯胺磺酸钠	0.85	紫红	无
邻苯氨基苯甲酸	0.89	紫红	无
邻二氮菲-亚铁	1.06	浅蓝	红

选择氧化还原指示剂的原则是：指示剂的条件电极电位与反应的化学计量点电位相接近，或至少应落在滴定的突跃范围之内，以减小终点误差。

2. 自身指示剂

在氧化还原滴定中，有些标准溶液或被测的物质本身具有很深的颜色，而滴定产物无色或颜色很浅，则滴定时不必另加指示剂，根据其自身的颜色变化就可确定终点，这种物质叫做自身指示剂。例如，用 $KMnO_4$ 标准溶液（紫红色）滴定 Fe^{2+} 溶液时，反应产物 Mn^{2+} 几乎无色，Fe^{3+} 颜色很浅，因此当滴定至化学计量点时，稍微过量的 $KMnO_4$ 就能使溶液呈现粉红色，从而指示滴定终点的到达。

3. 特殊指示剂

这类物质本身没有氧化还原性质，但能与滴定剂或被滴定物质反应生成具有特殊颜色的物质，从而可以指示滴定的终点。通常称之为特殊指示剂或专属指示剂。例如，可溶性淀粉与碘作用可生成深蓝色化合物，当 I_2 被还原为 I^- 时，蓝色消失；当 I^- 被氧化为 I_2 时，蓝色出现，该反应特效而灵敏。因此可利用蓝色的出现或消失来指示滴定终点，所以淀粉是碘量法的专属指示剂。

第三节　氧化还原滴定法的应用

一、高锰酸钾法

（一）基本原理

高锰酸钾法是以 $KMnO_4$ 作标准溶液的氧化还原滴定法。$KMnO_4$ 是一种强氧化剂，其氧化能力及还原产物与溶液的酸度有关。

在强酸性溶液中，MnO_4^- 被还原为 Mn^{2+}：

$$MnO_4^- + 8H^+ + 5e^- \rightleftharpoons Mn^{2+} + 4H_2O \quad \varphi^\ominus = 1.51V$$

在弱酸性、中性或弱碱性溶液中，MnO_4^- 被还原为棕褐色的 MnO_2 沉淀：

$$MnO_4^- + 2H_2O + 3e^- \rightleftharpoons MnO_2 \downarrow + 4OH^- \quad \varphi^\ominus = 0.59V$$

在强碱性溶液中，MnO_4^- 被还原为绿色的 MnO_4^{2-}：

$$MnO_4^- + e^- \rightleftharpoons MnO_4^{2-} \quad \varphi^\ominus = 0.56V$$

由此可见，$KMnO_4$ 法既可在强酸性条件下使用，也可在近中性或强碱性条件下使用。由于 $KMnO_4$ 在强酸性溶液中的氧化能力最强，且生成的 Mn^{2+} 近于无色，便于终点观察，因此通常都在强酸性条件下使用，一般选用 $0.5\sim1mol/L$ 的 H_2SO_4 介质。不宜用盐酸、硝酸或醋酸调节溶液酸度，因 HAc 酸性较弱，HCl 具有还原性，HNO_3 具有氧化性，对反应都有干扰。但若用 $KMnO_4$ 法测定某些有机物（如甘油、甲酸、葡萄糖等）含量时，大都在碱性条件下进行，因为在碱性条件下 $KMnO_4$ 氧化有机物的速率比在酸性条件下更快。

高锰酸钾法可以直接测定许多还原性物质，如 Fe^{2+}、H_2O_2、$C_2O_4^{2-}$、NO_2^- 等；也可以用返滴定法测定一些氧化性物质，如 MnO_2；还可以用间接滴定法测定某些非氧化还原性物质的含量，如 Ca^{2+}。

高锰酸钾法的优点：

① 氧化能力强，应用广泛。该方法可以直接或间接地测定许多无机物和有机物的含量；
② $KMnO_4$ 自身具有指示剂作用，所以在滴定无色或浅色溶液时不需另加指示剂。

高锰酸钾法的缺点：

① $KMnO_4$ 不易制得纯度高的试剂，只能用间接法配制标准溶液；
② 溶液性质不稳定，应避光、密闭保存；
③ 由于 $KMnO_4$ 的氧化能力强，易发生副反应，故滴定的选择性较差。

（二）$KMnO_4$ 标准溶液的配制和标定

1. $KMnO_4$ 溶液的配制

市售 $KMnO_4$ 试剂通常含有少量 MnO_2 及其他杂质，同时蒸馏水中也常有微量的还原性物质存在，以及酸、碱、光、热等均能促使 $KMnO_4$ 分解，因此 $KMnO_4$ 标准溶液不能用直接法配制，只能采用间接法。即先配成近似浓度的溶液，然后再用基准物质标定其准确浓度。步骤如下：

① 称取比理论量稍多的 $KMnO_4$ 固体，溶解于一定体积的蒸馏水中；
② 将配好的 $KMnO_4$ 溶液加热至沸，并保持微沸约 1h，然后放置 $2\sim3d$，使溶液中的

还原性物质被完全氧化；

③ 用微孔玻璃漏斗或玻璃棉过滤除去析出的沉淀；

④ 将过滤后的 $KMnO_4$ 溶液储存于棕色瓶中，并置于暗处以待标定。

2. $KMnO_4$ 溶液的标定

标定 $KMnO_4$ 溶液的基准物质有 $Na_2C_2O_4$，$H_2C_2O_4 \cdot 2H_2O$，As_2O_3，$(NH_4)_2Fe(SO_4)_2 \cdot 6H_2O$ 和纯铁丝等，其中 $Na_2C_2O_4$ 因易于提纯、性质稳定而最为常用。将 $Na_2C_2O_4$ 在 105～110℃烘干约 2h，冷却后即可使用。在 H_2SO_4 介质中，MnO_4^- 与 $C_2O_4^{2-}$ 发生如下反应：

$$2MnO_4^- + 5C_2O_4^{2-} + 16H^+ = 2Mn^{2+} + 10CO_2\uparrow + 8H_2O$$

根据终点时消耗的 $KMnO_4$ 溶液的体积及所称取的 $Na_2C_2O_4$ 的质量，即可求得 $KMnO_4$ 溶液的准确浓度。

$$c(KMnO_4) = \frac{\frac{2}{5}m(Na_2C_2O_4)}{M(Na_2C_2O_4) \cdot V(KMnO_4)}$$

为使上述标定反应定量且快速地进行，需控制以下滴定条件（简称"三度"）。

① 温度（75～85℃）。室温下该反应速率缓慢，因此常将溶液加热至 75～85℃进行滴定，但温度不宜超过 90℃，否则会使 $H_2C_2O_4$ 部分分解，产生误差。

$$H_2C_2O_4 = CO_2\uparrow + CO\uparrow + H_2O$$

② 酸度。反应必须保持足够的酸度，一般滴定开始时，溶液酸度控制在 0.5～1mol/L，终点时约为 0.2～0.5mol/L。酸度过低，易生成 MnO_2 沉淀；酸度过高，会促使 $H_2C_2O_4$ 分解。

③ 滴定速度。滴定开始时，反应速率很慢，故滴定速度一定要慢，待滴进去的第一滴 $KMnO_4$ 溶液紫红色完全褪去后，再滴加第二滴。否则滴入的 $KMnO_4$ 来不及和 $C_2O_4^{2-}$ 反应，即在热的酸性溶液中发生分解，影响标定结果。

$$4MnO_4^- + 12H^+ = 4Mn^{2+} + 5O_2\uparrow + 6H_2O$$

一旦反应开始有 Mn^{2+} 生成后，因 Mn^{2+} 对该反应有催化作用，故反应速率加快，滴定可按正常速度进行，当滴定至溶液出现粉红色且在 30s 内不褪色即达终点。标定好的 $KMnO_4$ 溶液久置后，使用前必须重新标定。

（三）$KMnO_4$ 法应用示例

1. H_2O_2 含量的测定（直接滴定法）

在酸性溶液中，$KMnO_4$ 可与 H_2O_2 直接定量反应：

$$2MnO_4^- + 5H_2O_2 + 6H^+ = 2Mn^{2+} + 5O_2\uparrow + 8H_2O$$

此反应一般在室温下于 H_2SO_4 介质中进行滴定，温度过高会加速 H_2O_2 的分解产生误差。滴定开始时反应速率较慢，应缓慢滴加 $KMnO_4$，随着 Mn^{2+} 的生成，反应速率迅速加快，可适当加快滴定速度，至溶液出现粉红色且在半分钟内不褪即为终点。根据 $KMnO_4$ 标准溶液的浓度和消耗的体积，可按下式计算出 H_2O_2 的质量浓度：

$$\rho(H_2O_2) = \frac{\frac{5}{2}c(KMnO_4)V(KMnO_4)M(H_2O_2)}{V(H_2O_2)}$$

2. 钙含量的测定（间接滴定法）

分析过程：首先将试样中的钙转化为 Ca^{2+}，然后在一定条件下将 Ca^{2+} 定量转化为 CaC_2O_4 沉淀，经过滤、洗涤后将沉淀溶于热的稀 H_2SO_4 中，最后用 $KMnO_4$ 标准溶液滴定

生成的 $H_2C_2O_4$。根据 $KMnO_4$ 溶液的浓度和消耗的体积以及反应的系数关系，即可求得试样中钙的含量。有关反应式及计算公式如下：

$$Ca^{2+} + C_2O_4^{2-} \Longrightarrow CaC_2O_4 \downarrow$$

$$CaC_2O_4 + 2H^+ \Longrightarrow Ca^{2+} + H_2C_2O_4$$

$$2MnO_4^- + 5H_2C_2O_4 + 6H^+ \Longrightarrow 2Mn^{2+} + 10CO_2 \uparrow + 8H_2O$$

$$\omega(Ca) = \frac{c(KMnO_4)V(KMnO_4)M(Ca)}{m_s} \times \frac{5}{2}$$

3. 软锰矿中 MnO_2 的测定（返滴定法）

测定过程：在 H_2SO_4 介质中，先将矿样用过量且定量的 $Na_2C_2O_4$ 标准溶液还原，然后再用 $KMnO_4$ 标准溶液滴定剩余的 $Na_2C_2O_4$，根据 $KMnO_4$ 及 $Na_2C_2O_4$ 的用量即可计算出 MnO_2 的含量。有关反应式和 MnO_2 含量的计算式如下：

$$MnO_2 + C_2O_4^{2-} + 4H^+ \Longrightarrow Mn^{2+} + 2CO_2 \uparrow + 2H_2O$$

$$2MnO_4^- + 5C_2O_4^{2-} + 16H^+ \Longrightarrow 2Mn^{2+} + 10CO_2 \uparrow + 8H_2O$$

$$w(MnO_2) = \frac{[c(Na_2C_2O_4)V(Na_2C_2O_4) - \frac{5}{2}c(KMnO_4)V(KMnO_4)]M(MnO_2)}{m_s}$$

二、重铬酸钾法

（一）基本原理

重铬酸钾法是以 $K_2Cr_2O_7$ 标准溶液为滴定剂的氧化还原滴定法。$K_2Cr_2O_7$ 是一种常用的氧化剂，在酸性条件下与还原剂作用，$Cr_2O_7^{2-}$ 被还原为 Cr^{3+}，半反应为：

$$Cr_2O_7^{2-} + 14H^+ + 6e^- \Longrightarrow 2Cr^{3+} + 7H_2O \quad \varphi^\ominus = 1.33V$$

$K_2Cr_2O_7$ 法具有以下优点：

① $K_2Cr_2O_7$ 纯度高（含量可达 99.99%），干燥后可作为基准物质直接配制标准溶液；
② $K_2Cr_2O_7$ 标准溶液非常稳定，在密闭条件下可长期保存，其浓度不发生改变；
③ 滴定可在 $c(HCl)<3mol/L$ 的盐酸介质中进行，不受 Cl^- 还原作用的影响。

主要缺点是：

① $K_2Cr_2O_7$ 在酸性条件下的氧化能力较 $KMnO_4$ 弱，故其测定范围较窄；
② $Cr_2O_7^{2-}$ 的还原产物 Cr^{3+} 呈绿色，颜色变化不易观察，故滴定中需采用氧化还原指示剂确定终点，常用的有二苯胺磺酸钠和邻二氮菲-Fe（Ⅱ）等。
③ $Cr_2O_7^{2-}$ 和 Cr^{3+} 对环境有污染，使用中应注意废液的处理。

（二）$K_2Cr_2O_7$ 法应用示例

1. 含铁试样中 Fe 的测定（直接滴定法）

$K_2Cr_2O_7$ 法测定铁含量基于下列反应：

$$Cr_2O_7^{2-} + 6Fe^{2+} + 14H^+ \Longrightarrow 2Cr^{3+} + 6Fe^{3+} + 7H_2O$$

Fe^{2+} 为测定形式，故不论何种含铁试样，均应预先处理制备成 Fe^{2+} 试液后才能进行测定。滴定反应常以二苯胺磺酸钠为指示剂，在 H_2SO_4-H_3PO_4 混合酸介质中进行，若以 $K_2Cr_2O_7$ 滴定 Fe^{2+} 试液，则溶液由近无色变为绿色（Cr^{3+} 的颜色），最后突变为蓝紫色即为终点。试样中铁的含量可按下式进行计算：

$$w(Fe) = \frac{6c(K_2Cr_2O_7)V(K_2Cr_2O_7)M(Fe)}{m_s}$$

滴定时加入 H_2SO_4 的目的是调节溶液的酸度；加入 H_3PO_4 的目的是使滴定产物 Fe^{3+}

生成无色稳定的 $Fe(HPO_4)_2^-$，既可消除 Fe^{3+} 的黄色对终点颜色观察的影响，同时又降低了 Fe^{3+}/Fe^{2+} 电对的电极电位，增大了滴定的突跃范围，使二苯胺磺酸钠的变色点电位进入滴定的突跃范围内，避免了指示剂引起的终点误差。

2. 土壤中有机质的测定（返滴定法）

土壤中有机质含量的高低是判断土壤肥力的重要指标，因此测定有机质含量对农业生产有着十分重要的意义。由于有机质组成复杂，为简便起见，常以碳含量折算为有机质含量。测定时的主要反应为：

$$2K_2Cr_2O_7 + 8H_2SO_4 + 3C \Longrightarrow 2K_2SO_4 + 2Cr_2(SO_4)_3 + 3CO_2 + 8H_2O$$

$$K_2Cr_2O_7 + 6FeSO_4 + 7H_2SO_4 \Longrightarrow Cr_2(SO_4)_3 + K_2SO_4 + 3Fe_2(SO_4)_3 + 7H_2O$$

测定步骤如下：

称取一定量的土壤试样，然后加入一定量且过量的 $K_2Cr_2O_7$ 标准溶液和少许 $AgSO_4$（作催化剂），在浓 H_2SO_4 存在下加热至 170～180℃，使土壤有机质中的 C 被氧化为 CO_2。反应结束后，剩余的 $K_2Cr_2O_7$ 以二苯胺磺酸钠为指示剂，在 H_2SO_4-H_3PO_4 混酸介质中用 $FeSO_4$ 标准溶液返滴定，当溶液由蓝紫色突变为绿色即为终点。测定时还应作空白试验。根据 $K_2Cr_2O_7$ 和 $FeSO_4$ 的用量可计算出已被氧化的碳的含量，再乘以氧化校正系数 1.04 和碳与有机质的换算系数 1.724 即得土壤有机质的含量，计算公式如下：

$$w(C) = \frac{[V_o(FeSO_4) - V(FeSO_4)]c(FeSO_4)M(C) \times \frac{1}{6} \times \frac{3}{2}}{m_s}$$

$$w(有机质) = \frac{[V_o(FeSO_4) - V(FeSO_4)]c(FeSO_4)M(C) \times 1.724 \times 1.04}{4m_s}$$

式中，$V_o(FeSO_4)$、$V(FeSO_4)$ 分别为空白测定和试样测定时消耗 $FeSO_4$ 标准溶液的体积，1.724 为土壤有机质平均含碳量为 58% 折合为有机质的换算系数（100/58≈1.724），1.04 为此实验条件下 $K_2Cr_2O_7$ 可氧化 96% 的有机质的校正系数（100/96≈1.04）。

三、碘量法

（一）基本原理

碘量法是以 I_2 为氧化剂或以 I^- 为还原剂来进行测定的氧化还原滴定法。由于固体 I_2 在水中的溶解度很小且易挥发，因此测定时常将 I_2 溶解在 KI 溶液中，此时 I_2 以 I_3^- 形式存在于溶液中，为简便起见，一般仍将 I_3^- 简写为 I_2。其半反应为：

$$I_2 + 2e \Longrightarrow 2I^- \quad \varphi^\ominus = 0.54V$$

由 $\varphi^\ominus$ 值可知，I_2 是较弱的氧化剂，它只能与一些较强的还原剂作用；而 I^- 是中等强度的还原剂，它能被许多氧化剂氧化为 I_2。因此，碘量法又可分为直接法和间接法两种滴定方式。

1. 直接碘量法

利用 I_2 的氧化性，用 I_2 作标准溶液直接滴定一些较强的还原剂［如 S^{2-}、SO_3^{2-}、$S_2O_3^{2-}$、Sn^{2+}、As（Ⅲ）Sb（Ⅲ）、维生素 C 等］溶液，也称之为碘滴定法。

2. 间接碘量法

利用 I^- 的还原性，使其与氧化剂反应，定量析出 I_2，然后再用 $Na_2S_2O_3$ 标准溶液滴定生成的 I_2，根据 $Na_2S_2O_3$ 标准溶液的浓度和消耗的体积，从而间接测定这些氧化性物质的含量。该方法也叫滴定碘法。常用于测定 $Cr_2O_7^{2-}$、MnO_4^-、H_2O_2、Cu^{2+}、Fe^{3+}、BrO_3^-、

IO_3^-、NO_2^-、AsO_4^{3-} 等。间接碘量法包括以下两个基本反应：

$$2I^- - 2e \Longrightarrow I_2$$

$$I_2 + 2S_2O_3^{2-} \Longrightarrow S_4O_6^{2-} + 2I^-$$

由于 I^- 能与许多氧化剂作用，因此间接碘量法的应用较直接碘量法更为广泛。碘量法采用淀粉作指示剂，利用 I_2 与淀粉形成化合物的蓝色的出现（直接法）或蓝色的消失（间接法）来指示滴定终点。

（二）碘量法测定的条件

1. 溶液的酸度

介质酸度是碘量法测定中应控制的重要反应条件，测定适宜的酸度范围为中性或弱酸性。碱性或强酸性溶液中均有副反应发生，从而给滴定带来误差。

2. 防止 I_2 的挥发和 I^- 被空气氧化

I_2 的挥发和空气中 O_2 对 I^- 的氧化是间接碘量法中最主要的两个误差来源，为保证分析结果的准确度，必须采取适当措施予以避免。

（1）防止 I_2 挥发的措施

① 加入过量的 KI（一般比理论值大 2~3 倍），使 I_2 形成 I_3^- 以减少 I_2 的挥发；

② 析出 I_2 的反应最好在带塞的碘瓶中进行，反应完全后立即滴定，且滴定时勿剧烈摇动溶液；

③ 反应时溶液温度不宜高，一般在室温下进行。

（2）防止 I^- 被空气氧化的措施

① Cu^{2+}、NO_2^- 等杂质对 I^- 氧化有催化作用，应设法事先除去；

② 光照及高酸度可加快 I^- 被空气的氧化，故应将析出 I_2 的反应置于暗处，并控制好合适的酸度条件；

③ 析出 I_2 后立即滴定，滴定速度要适当快些。

3. 碘量法滴定终点的确定

碘量法采用淀粉作指示剂，直接碘量法测定时，滴定开始即可加入淀粉指示剂，当滴定至溶液由无色突变为蓝色即为终点；若为间接碘量法，则应在滴定接近终点时（溶液呈浅黄色）再加入淀粉指示剂，若加入太早，大量的 I_2 与淀粉结合生成蓝色物质，而不易与 $Na_2S_2O_3$ 溶液反应，从而给滴定带来误差。终点时溶液由蓝色突变为无色。

（三）标准溶液的配制与标定

碘量法中常用的标准溶液为 $Na_2S_2O_3$ 和 I_2 溶液。由于 I_2 易挥发，$Na_2S_2O_3$ 不易纯制且易风化，因此两种溶液都须采用间接法配制。

1. $Na_2S_2O_3$ 标准溶液的配制与标定

$Na_2S_2O_3$ 溶液通常使用结晶的 $Na_2S_2O_3 \cdot 5H_2O$ 试剂配制，而且配好的 $Na_2S_2O_3$ 溶液也不稳定，容易与水中的微生物和溶解的 CO_2 及 O_2 作用而分解。因此配制 $Na_2S_2O_3$ 溶液一般采取下列步骤：先用托盘天平称取一定量的 $Na_2S_2O_3 \cdot 5H_2O$，溶于新煮沸（以除去水中的 CO_2 和 O_2，并杀死微生物）并冷却的蒸馏水中，然后加入少量 Na_2CO_3 使溶液呈微碱性（pH 值为 9~10），以抑制微生物的再生长，防止 $Na_2S_2O_3$ 的分解。配好的溶液储存于棕色瓶并盖严塞子，放置于暗处以防光照和空气进入而导致溶液分解，一周后过滤再进行标定。$Na_2S_2O_3$ 溶液不宜长期保存，应随用随标。

标定 $Na_2S_2O_3$ 溶液的基准物质有 $K_2Cr_2O_7$、KIO_3、$KBrO_3$ 等，常用的是 $K_2Cr_2O_7$。步

骤如下：准确称取一定量的 $K_2Cr_2O_7$，在酸性溶液中与过量 KI 作用，析出一定量的 I_2，然后以淀粉为指示剂，用 $Na_2S_2O_3$ 溶液滴定析出的 I_2，当溶液由蓝色突变为无色即达终点。根据 $K_2Cr_2O_7$ 的质量和消耗的 $Na_2S_2O_3$ 溶液的体积即可计算出 $Na_2S_2O_3$ 溶液的准确浓度。有关反应式和计算式如下：

$$Cr_2O_7^{2-} + 6I^- + 14H^+ = 2Cr^{3+} + 3I_2 + 7H_2O$$

$$I_2 + 2S_2O_3^{2-} = S_4O_6^{2-} + 2I^-$$

$$c(Na_2S_2O_3) = \frac{6m(K_2Cr_2O_7)}{M(K_2Cr_2O_7)V(Na_2S_2O_3)}$$

2. I_2 标准溶液的配制与标定

I_2 的挥发性很强且易升华，不宜直接配制，一般是配成大致浓度的溶液后再标定。步骤如下：先在托盘天平上称取一定量的碘，然后与适量的 KI 共置于研钵中，加少量水研磨，待 I_2 全部溶解后再加水稀释至一定体积。溶液储于棕色瓶放置于暗处有待标定，并防止溶液受热、见光以及与橡皮等有机物接触，否则浓度会发生变化。

I_2 溶液的准确浓度可用已标定好的 $Na_2S_2O_3$ 溶液通过比较滴定而求得，也可用基准物质 As_2O_3 标定。As_2O_3 难溶于水，可用 NaOH 溶液溶解，使之生成亚砷酸盐，在 pH=8～9 时，I_2 可快速而定量的氧化 $HAsO_2$。

$$As_2O_3 + 2OH^- = 2AsO_2^- + H_2O$$

$$HAsO_2 + I_2 + 2H_2O = HAsO_4^{2-} + 2I^- + 4H^+$$

标定时先酸化溶液，再加 $NaHCO_3$ 调节 $pH \approx 8$，然后加少量淀粉指示剂，用待标定的 I_2 溶液滴定至溶液由无色突变为蓝色即达终点，按下式计算 I_2 的浓度。

$$c(I_2) = \frac{2m(As_2O_3)}{M(As_2O_3)V(I_2)}$$

（四）碘量法应用示例

1. 胆矾中铜含量的测定

胆矾（$CuSO_4 \cdot 5H_2O$）是农药波尔多液的主要原料，其中所含的铜常用间接碘量法测定。即在弱酸性（pH=3～4）溶液中，Cu^{2+} 与过量 I^- 作用可定量析出 I_2 并生成难溶物 CuI 沉淀，然后用 $Na_2S_2O_3$ 标准溶液滴定析出的 I_2，从而可求得 Cu 的含量。反应式如下：

$$2Cu^{2+} + 4I^- = 2CuI \downarrow + I_2$$

$$I_2 + 2S_2O_3^{2-} = 2I^- + S_4O_6^{2-}$$

为保证测定结果的准确度，应注意以下测定条件。

① 溶液的 pH 控制在 3～4。酸度过高，Cu^{2+} 会加快 I^- 被空气的氧化；酸度过低，会导致 Cu^{2+} 的水解，一般采用 H_2SO_4 或 HAc 调节介质酸度。

② 为防止 CuI 沉淀吸附 I_2 而导致测定结果偏低，近终点时加入 KSCN（或 NH_4SCN），使 CuI 转化为溶解度更小且不易吸附 I_2 的 CuSCN，以减小测定误差。

$$CuI + SCN^- = CuSCN + I^-$$

③ 消除干扰离子。试样中若有 Fe^{3+} 存在，则会氧化 I^-（$2Fe^{3+} + 2I^- = 2Fe^{2+} + I_2$）而使测定结果偏高，可加入 NaF（或 NH_4F）进行掩蔽。

测定结果可按下式计算：

$$w(\text{Cu}) = \frac{c(\text{Na}_2\text{S}_2\text{O}_3)V(\text{Na}_2\text{S}_2\text{O}_3)M(\text{Cu})}{m_s}$$

2. 漂白粉中有效氯的测定

漂白粉是农业上常用的消毒剂和杀菌剂,其有效成分是 Ca(ClO)_2,此外还含有 CaCl_2、$\text{Ca(ClO}_3)_2$ 及 CaO 等,通常用化学式 Ca(ClO)Cl 表示。漂白粉与酸作用可释放出氯气,放出的氯气称为有效氯,并以此来衡量漂白粉的质量和纯度,一般漂白粉中含有效氯约 30%~35%。

漂白粉中有效氯的含量常用间接碘量法测定,即试样在硫酸介质中与过量的 KI 作用,生成一定量的 I_2,然后用 $\text{Na}_2\text{S}_2\text{O}_3$ 标准溶液滴定之。有关反应式为:

$$\text{Ca(ClO)Cl} + 2\text{H}^+ = \text{Ca}^{2+} + \text{Cl}_2\uparrow + \text{H}_2\text{O}$$

$$\text{ClO}^- + 2\text{I}^- + 2\text{H}^+ = \text{I}_2 + \text{Cl}^- + \text{H}_2\text{O}$$

$$\text{I}_2 + 2\text{S}_2\text{O}_3^{2-} = 2\text{I}^- + \text{S}_4\text{O}_6^{2-}$$

有效氯的含量可按下式计算:

$$w(\text{Cl}_2) = \frac{c(\text{Na}_2\text{S}_2\text{O}_3)V(\text{Na}_2\text{S}_2\text{O}_3)M(\text{Cl}_2)}{2m_s}$$

本 章 小 结

一、氧化还原反应的基本概念

氧化还原反应的本质是电子得失或共用电子对的偏移,其特征是反应前后元素的氧化数(化合价)发生改变。氧化还原反应由两个半反应即氧化半反应(失电子)和还原半反应(得电子)组成,两者得失电子总数相等。每个氧化还原半反应都对应一个电对,电对通常表示为氧化态/还原态。

电对的电极电位可根据能斯特方程计算求得,其大小反映了电对中氧化态和还原态物质的氧化能力和还原能力的相对大小。而条件电极电位则反映了特定条件下,考虑各种因素的影响后,电对中氧化态和还原态物质的实际氧化还原能力,它不仅可判断氧化还原反应的方向,还可求得条件平衡常数 K',以衡量反应的完全程度。

二、指示剂的类型及应用

氧化还原滴定中的指示剂包括氧化还原指示剂、自身指示剂和特殊指示剂三类。选择氧化还原指示剂应使其变色点电位与计量点电位相接近,以减小终点误差。

三、重要的氧化还原滴定法

氧化还原滴定法主要包括高锰酸钾法、重铬酸钾法和碘量法等,应理解并掌握各种方法的测定原理、测定条件、终点的确定、标准溶液的配制与标定及重要应用等。

思考与练习

1. 何为氧化还原电对?如何表示?
2. 298K 时,能斯特方程的表达式如何?应用时应注意哪些事项?
3. 什么是条件电极电位?它与标准电极电位有何区别?
4. 如何应用电极电位来判断氧化剂或还原剂的相对强弱以及氧化还原反应进行的方向?
5. 怎样判断氧化还原反应的完全程度?是否平衡常数大的氧化还原反应都能用于氧化还原滴定?

6. 常用的氧化还原滴定法有哪几种？各种方法的原理和特点是什么？

7. 氧化还原滴定中常用的指示剂有哪几种类型？氧化还原指示剂的变色原理、变色点和变色范围各是什么？如何选择？

8. 用 $K_2Cr_2O_7$ 标准溶液滴定 Fe^{2+} 时，若选用二苯胺磺酸钠作指示剂，为什么要加入磷酸？

9. 碘量法的主要误差来源是什么？如何防止？

10. 如何配制 $K_2Cr_2O_7$、$KMnO_4$、I_2 和 $Na_2S_2O_3$ 标准溶液？用 $Na_2C_2O_4$ 标定 $KMnO_4$ 溶液时应注意哪"三度"？

11. 称取软锰矿 0.3216g，分析纯 $Na_2C_2O_4$ 0.3685g，共置于同一烧杯中，加入 H_2SO_4 并加热，待反应完全后，用 0.02400mol/L 的 $KMnO_4$、溶液滴定剩余的 $Na_2C_2O_4$，消耗 11.26mL。计算软锰矿中 MnO_2 的质量分数。

12. 称取 0.5000g 石灰石试样，用盐酸溶解后，将 Ca^{2+} 转化为 CaC_2O_4 沉淀，过滤洗涤后再将沉淀溶解于稀硫酸中，然后用 0.02000mol/L 的 $KMnO_4$ 标准溶液滴定生成的 $H_2C_2O_4$，终点时用去 30.00mL。计算试样中分别以 Ca、CaO 和 $CaCO_3$ 表示的质量分数。

13. 称取铁矿试样 0.5000g，溶解并将 Fe^{3+} 还原成 Fe^{2+} 后，用 0.02000mol/L 的 $K_2Cr_2O_7$、标准溶液滴定，终点时用去 30.00mL。试求试样中 Fe 和 Fe_2O_3 的质量分数。

14. 现有不纯的 KI 试样 0.5200g，用 0.1940g $K_2Cr_2O_7$（过量）处理后，将溶液煮沸除去析出的 I_2。然后再加入过量的 KI，使之与剩余的 $K_2Cr_2O_7$ 作用，析出的 I_2 用 0.1000mol/L 的 $Na_2S_2O_3$ 标准溶液滴定，终点时消耗 $Na_2S_2O_3$ 溶液 10.00mL。计算试样中 KI 的质量分数。

15. 用基准物质 $K_2Cr_2O_7$ 来标定 $Na_2S_2O_3$ 溶液的浓度，称取分析纯 $K_2Cr_2O_7$ 0.4903g，溶解后配成 100.00mL 溶液。吸取此溶液 25.00mL，加入适量 H_2SO_4 和 KI，然后用 $Na_2S_2O_3$ 溶液滴定生成的 I_2，消耗 24.95mL。计算 $Na_2S_2O_3$ 溶液的物质的量浓度。

16. 将 1.000g 钢样中的铬氧化为 $Cr_2O_7^{2-}$，加入 25.00mL $c(FeSO_4) = 0.1000$mol/L 的 $FeSO_4$ 标准溶液，反应完全后，剩余的 Fe^{2+} 用 $c(KMnO_4) = 0.01800$mol/L 的 $KMnO_4$ 标准溶液返滴定，共消耗 7.00mL。试求钢样中铬的质量分数。

17. 称取铜矿试样 0.5000g，溶解后加入过量的 KI，析出 I_2 用 0.1000mol/L 的 $Na_2S_2O_3$ 标准溶液滴定，终点时消耗 28.08mL，计算试样中铜的质量分数。

18. 今测土壤有机质含量，称取 0.4334g 土样，加 10.00mL $K_2Cr_2O_7$-H_2SO_4 溶液消解，然后用 0.1225mol/L 的 $FeSO_4$ 标准溶液滴定，用去 20.20mL。已知空白试验时消耗 $FeSO_4$ 标准溶液 31.50mL，求该土样中有机质的质量分数。

实验实训一　过氧化氢含量的测定

一、实训目标

1. 了解高锰酸钾标准溶液的配置方法和保存条件。
2. 掌握以基准物质标定高锰酸钾标准溶液浓度的方法原理及滴定条件。
3. 掌握用高锰酸钾法测定过氧化氢含量的原理和方法。

二、原理

$KMnO_4$ 是一种很强的氧化剂，在强酸性环境中，$KMnO_4$ 被还原为 Mn^{2+}，它的反应如下：

$$MnO_4^- + 8H^+ + 5e^- = Mn^{2+} + 4H_2O$$

在酸性介质中，$KMnO_4$ 可与 H_2O_2 定量进行氧化还原反应，由消耗的 $KMnO_4$ 用量可计算 H_2O_2 的含量。进行的氧化还原反应为：

$$2KMnO_4 + 5H_2O_2 + 3H_2SO_4 \xrightarrow{} 2MnSO_4 + K_2SO_4 + 8H_2O + 5O_2 \uparrow$$

开始反应时速度较慢，滴入第一滴 $KMnO_4$ 时溶液不容易褪色，待生成 Mn^{2+} 后，由于 Mn^{2+} 的催化作用，加快了反应速度，使反应一直能顺利地到达终点。根据 $KMnO_4$ 的用量计算样品中的含量。

三、器材和试剂

器材：分析天平、滴定台、滴定管夹、酸式滴定管、移液管、吸耳球、烧杯、玻璃棒、容量瓶、锥形瓶、电炉。

试剂：草酸钠、约 0.02mol/L 的高锰酸钾溶液、约 30% 的过氧化氢样品、2mol/L 的 H_2SO_4 溶液。

四、实训内容及步骤

1. 配制 0.02mol/L 的 $KMnO_4$ 标准溶液

市售的 $KMnO_4$ 常含有少量杂质，且 $KMnO_4$ 是强氧化剂，易与水中的有机物、空气中的尘埃以及氨等还原性物质作用，又能自行分解，因此，$KMnO_4$ 溶液的浓度易改变，特别是见光分解更快。必须正确地配制和保存。

配制：用台秤称取 3.3g $KMnO_4$ 溶于 1L 水中，盖上表面皿，加热煮沸 1 h，煮时要及时补充水，静置一周后，用 G_4 号玻璃砂芯漏斗过滤，保存于棕色瓶中待标定。

2. $KMnO_4$ 标准溶液浓度的标定

准确称取 $Na_2C_2O_4$ 0.15～0.20g 于 250mL 锥形瓶中，加水约 20mL 使之溶解，再加 15mL 的 H_2SO_4 溶液并加热至 70～85℃，立即用待标定的 $KMnO_4$ 标准溶液滴定，滴至溶液呈淡红色经 30s 不褪色，即为终点。

平行测定 2～3 次，根据滴定所消耗 $KMnO_4$ 标准溶液体积和 $Na_2C_2O_4$ 基准物质的质量，计算 $KMnO_4$ 标准溶液的浓度。

3. 样品的测定

用移液管取市售过氧化氢样品（质量分数约 30%）10mL，置于 250mL 容量瓶中，加水稀释至标线，充分混合均匀，再吸取稀释液 25.00mL，置于 250mL 锥形瓶中，加水 20～30mL 和 20% 的 H_2SO_4 20mL，用 $KMnO_4$ 标准溶液滴定至溶液呈粉红色经 30s 不褪色，即为终点。根据 $KMnO_4$ 标准溶液的用量计算未经稀释的样品 H_2O_2 的质量浓度（用 mg/L 表示）。

五、思考题

1. $Na_2C_2O_4$ 标定 $KMnO_4$ 标准溶液浓度时，酸度及温度过高或过低有无影响？
2. 用 $KMnO_4$ 标准溶液滴定 H_2O_2 样品时，第一滴 $KMnO_4$ 溶液加入后，为什么红色褪去很慢？以后较快？
3. 用 $KMnO_4$ 测定 H_2O_2 时，能否用 HNO_3 或 HCl 代替 H_2SO_4 来控制溶液的酸度？
4. $KMnO_4$ 溶液应装在酸式滴定管还是碱式滴定管里？为什么？

实验实训二　重铬酸钾法测定铁的含量

一、实训目标

1. 加深对重铬酸钾法测定铁矿石有关原理的理解。
2. 掌握重铬酸钾法测铁的方法。

二、原理

以二苯胺磺酸钠为指示剂，在硫-磷混合酸介质中用 $K_2Cr_2O_7$ 标准溶液滴定至溶液呈现紫色，即为终点。主要反应式如下：

$$6Fe^{2+} + Cr_2O_7^{2-} + 14\,H^+ = 6\,Fe^{3+} + 2Cr^{3+} + 7H_2O$$

但试样中铁大多为三价铁，用盐酸加热溶解后：①在热溶液中先用 $SnCl_2$ 还原大部分 Fe^{3+}；②再以钨酸钠为指示剂，用 $TiCl_3$ 溶液定量还原剩余部分 Fe^{3+}，Fe^{3+} 定量还原为 Fe^{2+} 后，稍微过量的 $TiCl_3$ 溶液将六价钨部分还原为五价钨（俗称钨蓝），使溶液呈蓝色；③然后摇动溶液至蓝色消失（即钨蓝为溶解氧所氧化）（或者，滴加 $K_2Cr_2O_7$ 稀溶液使钨蓝刚好褪色）。主要反应式如下：

$$2Fe^{3+} + SnCl_4^{2-} + 2Cl^- = 2Fe^{2+} + SnCl_6^{2-}$$

$$Fe^{3+} + Ti^{3+} + H_2O = Fe^{2+} + TiO^{2-} + 2\,H^+$$

三、器材和试剂

① 浓 HCl 溶液（1.19g/mL）。
② HCl 溶液（1∶1）。
③ $SnCl_2$ 溶液 10%（将 100g $SnCl_2\cdot 2H_2O$ 溶溶在 200mL 浓 HCl 中，用蒸馏水稀释至 1L）。
④ $TiCl_3$ 溶液 [取 $TiCl_3$ 10mL，用 5∶95 盐酸溶液稀释至 100mL（临用时配制）]。
⑤ Na_2WO_4 溶液 25% [取 25g Na_2WO_4 溶于 95mL 水中（如浑浊，则过滤），加 5mL 磷酸混匀]。
⑥ 硫-磷混合酸（H_2SO_4、H_3PO_4、H_2O 的体积比为 2∶3∶5）。
⑦ 二苯胺磺酸钠指示剂（0.2%）。
⑧ $K_2Cr_2O_7$ 基准物质。

器材同实验实训一。

四、实训内容及步骤

1. 重铬酸钾标准溶液的配制

准确称取基准物质 $K_2Cr_2O_7$ 2.5g 左右于 150mL 小烧杯中，加蒸馏水溶解后定量转入 1L 容量瓶中，并稀释至刻度，摇匀。根据 $K_2Cr_2O_7$ 的质量计算其准确浓度。

2. 铁矿石中铁的测定

① 矿样预先在 120℃ 烘箱中烘 1~2h，放入干燥器中冷却 30~40min 后准确称取 0.25~0.30g 矿样三份于 250mL 锥形瓶中，加几滴蒸馏水，摇动使矿样全部湿润并散开，再加入浓盐酸 10mL，或（1∶1）HCl 溶液 20mL，盖上表面皿，加热，使矿样溶解（残渣为白色或近于白色）。为了加速矿样的溶解，可趁热慢慢滴加 $SnCl_2$ 溶液至溶液呈浅黄色（若溶液呈无色，则说明 $SnCl_2$ 已过量，遇此情况，应滴加氧化剂如 $KMnO_4$ 等，使之呈黄色为止）。

② 用洗瓶吹洗瓶壁及盖，并加入 10mL 水、10~15 滴 Na_2WO_4 溶液。滴加 $TiCl_3$，至溶液出现钨蓝。加入蒸馏水 20~30mL，随后摇动溶解，使钨蓝被溶解氧所氧化，或滴加 $K_2Cr_2O_7$ 溶液至钨蓝刚好消失。

③ 加入 10mL 硫-磷混合酸及 5 滴二苯胺磺酸钠指示剂，立即用 $K_2Cr_2O_7$ 标准溶液滴定至溶液出现紫色，即为终点。

根据 $K_2Cr_2O_7$ 标准溶液的用量计算出试样中铁的质量分数（以 Fe_2O_3 表示）。

五、思考题

1. $K_2Cr_2O_7$ 标准溶液能否直接配制成精确浓度的溶液？为什么 $K_2Cr_2O_7$ 可以直接配成标准溶液？

2. 用 $K_2Cr_2O_7$ 滴定前，为什么要将 Fe^{3+} 还原为 Fe^{2+}？

3. 用 $K_2Cr_2O_7$ 滴定 Fe^{2+} 前，为什么要加硫-磷混合酸？

第十一章 沉淀滴定法

学习目标
1. 了解溶度积常数的意义及溶度积规则。
2. 掌握莫尔法、佛尔哈德法、法扬斯法三种沉淀滴定法的滴定原理、滴定条件及有关计算。

第一节 概　　述

一、溶度积常数及溶度积规则

(一) 溶度积常数

在一定温度下,难溶电解质的水溶液中存在着沉淀-溶解的动态平衡。例如在 $BaSO_4$ 的饱和水溶液中存在如下平衡:

$$BaSO_4(s) \rightleftharpoons Ba^{2+} + SO_4^{2-}$$

类似电离平衡状态可以写出其平衡常数表达式为:

$$K = \frac{c(Ba^{2+})c(SO_4^{2-})}{c(BaSO_4)}$$

由于 $BaSO_4$ 为固体,因此 $c(BaSO_4)$ 可以视为常数。令 $Kc(BaSO_4) = K_{sp}$ 则有:

$$K_{sp} = c(Ba^{2+})\ c(SO_4^{2-})$$

上式表明,在一定温度下,难溶电解质 $BaSO_4$ 的饱和溶液中 K_{sp} 为一常数。该常数为难溶电解质 $BaSO_4$ 的溶度积常数。

对于难溶电解质 A_nB_m 在一定温度下的饱和溶液中存在如下平衡:

$$A_nB_m \rightleftharpoons nA^{m+} + mB^{n-}$$

其溶度积的表达式为: $\quad K_{sp} = [A^{m+}]^n\ [B^{n-}]^m$

即在一定温度下的任意难溶电解质的饱和溶液中,有关离子的浓度幂次方的乘积为一常数,该常数则称为该难溶电解质的溶度积常数,简称为溶度积。

(二) 溶度积与溶解度

溶度积 K_{sp} 的大小与物质的溶解度有关,它反映了物质的溶解能力。对于同类型的难溶电解质而言,在一定温度下,K_{sp} 越小,其溶解能力越小。对于不同类型的难溶电解质而言,由于溶度积表达式离子浓度的方次不一致,因此不能用溶度积来比较其溶解度的大小。例如:

$$K_{sp}(AgCl) = c(Ag^+)c(Cl^-) = 1.56 \times 10^{-10}$$
$$K_{sp}(AgI) = c(Ag^+)c(I^-) = 1.5 \times 10^{-16}$$
$$K_{sp}(Ag_2CrO_4) = c(Ag^+)c(CrO_4^{2-}) = 2.0 \times 10^{-12}$$

AgCl 与 AgI 都属于同一类 AB 型化合物,因此溶度积大的,其溶解度也大;而 AgCl 与 Ag_2CrO_4 分别属于 AB 型和 A_2B 型化合物,溶度积与溶解度之间没有必然联系,要经过计算才能比较。

(三) 溶度积规则

在给定的任意难溶电解质溶液中，可以根据体系中有关离子浓度幂次方的乘积（即离子积 I_p）与其溶度积 K_{sp} 的关系来判断沉淀的生成和溶解。

当 $I_p < K_{sp}$ 时，为不饱和溶液，若体系中有固体存在，固体将溶解直至饱和为止，所以它是沉淀溶解的条件；当 $I_p = K_{sp}$ 时，溶液处于饱和状态，沉淀的生成速度与溶解速度相等，溶液处于沉淀与溶解的动态平衡，溶液中沉淀的量不改变；当 $I_p > K_{sp}$ 时，为过饱和溶液，有沉淀析出，直至饱和，所以 $I_p > K_{sp}$ 是沉淀生成的条件。这就是溶度积规则。利用此规则可以判定体系中是否有沉淀生成，也可以通过控制溶液中离子的浓度而使其生成沉淀或使沉淀溶解。

二、沉淀滴定法概述

沉淀滴定法是以沉淀反应为基础的一种滴定分析方法。虽然能生成沉淀的反应很多，但是只有符合下列条件的沉淀反应才能用于滴定分析。

① 沉淀反应必须迅速，并按一定的化学计量关系进行。
② 生成的沉淀应具有恒定的组成，而且溶解度必须很小。
③ 能有适当的方法或指示剂确定滴定的终点。
④ 沉淀的吸附现象不影响滴定终点的确定。

由于上述条件的限制，能用于沉淀滴定的反应并不多，目前在生产上应用较为广泛的为生成难溶性银盐的反应。例如：

$$Cl^- + Ag^+ \Longrightarrow AgCl\downarrow$$
$$SCN^- + Ag^+ \Longrightarrow AgSCN\downarrow$$

利用生成难溶性银盐的沉淀滴定法，称为银量法。用银量法可以测定 Cl^-、Br^-、I^-、Ag^+ 和 SCN^- 等，还可以测定经处理而能定量地产生这些离子的有机化合物，如二氯酚、溴米那等有机药物的测定。

根据滴定方式不同，银量法又可以分为直接滴定法和返滴定法两种。

1. 直接滴定法

直接滴定法是指用沉淀剂（$AgNO_3$）作标准溶液直接滴定待测组分的方法。例如，在中性溶液中用 K_2CrO_4 作指示剂，用 $AgNO_3$ 标准溶液直接滴定被测溶液中的 Cl^- 或 Br^-。根据 $AgNO_3$ 标准溶液的用量和样品质量，即可以计算 Cl^- 或 Br^- 的百分含量。

2. 返滴定法

返滴定法指在被测物质的溶液中，加入一定体积的过量的沉淀剂标准溶液，再用另一种标准溶液滴定剩余的沉淀剂标准溶液。例如，在酸性溶液中测定 Cl^- 时，先加入一定体积的过量的 $AgNO_3$ 标准溶液，再以铁铵矾作指示剂，用 NH_4SCN 标准溶液滴定剩余的 $AgNO_3$。由 $AgNO_3$ 和 NH_4SCN 两种标准溶液所用的体积及样品的质量，即可计算出 Cl^- 的百分含量。

第二节 沉淀滴定的原理

根据确定滴定终点所采用的指示剂不同，银量法分为莫尔法（Mohr method）、佛尔哈德法（Volhard method）和法扬斯法（Fajans method）。下面就三种方法的滴定原理及条件进行讨论。

一、莫尔法

(一) 原理

用 $AgNO_3$ 标准溶液作沉淀剂,以铬酸钾作指示剂,直接测定氯化物或溴化物的银量法称为莫尔法。其反应为:

$$Ag^+ + Cl^- == AgCl\downarrow \text{（白色）}$$

$$2Ag^+ \text{（稍过量）} + CrO_4^{2-} == Ag_2CrO_4\downarrow \text{（砖红色）}$$

由于 AgCl 沉淀的溶解度 (1.3×10^{-5} mol/L) 小于 Ag_2CrO_4 沉淀的溶解度 (7.9×10^{-5} mol/L),所以在滴定过程中,首先生成 AgCl 白色沉淀,随着 $AgNO_3$ 标准溶液继续加入,AgCl 沉淀不断产生,溶液中的 Cl^- 浓度越来越小,Ag^+ 浓度越来越大,直至 $c(Ag^+)^2 c(CrO_4^{2-}) > K_{sp}(Ag_2CrO_4)$ 时,便出现砖红色的 Ag_2CrO_4,指示滴定终点的到达。

(二) 滴定条件

① 指示剂 K_2CrO_4 的用量直接影响终点出现的时间。若 K_2CrO_4 的浓度过高,终点将过早出现,使分析结果偏低;若 K_2CrO_4 的浓度过低,则终点的出现过迟,使分析结果偏高。因此为了获得准确的分析结果,必须控制 CrO_4^{2-} 的浓度。

根据溶度积原理,AgCl 和 Ag_2CrO_4 沉淀的 K_{sp} 分别为:

$$K_{sp}(AgCl) = c(Ag^+)c(Cl^-) = 1.56\times10^{-10}$$

$$K_{sp}(Ag_2CrO_4) = c(Ag^+)^2 c(CrO_4^{2-}) = 2.0\times10^{-12}$$

在滴定达到化学计量点时:$c(Ag^+) = c(Cl^-)$,即 $c(Ag^+)^2 = 1.56\times10^{-10}$

$$c(CrO_4^{2-}) = \frac{2.0\times10^{-12}}{c(Ag^+)^2} = \frac{2.0\times10^{-12}}{1.56\times10^{-10}} = 1.3\times10^{-2} \text{ (mol/L)}$$

由上可见,在滴定达化学计量点时,正好生成 Ag_2CrO_4 沉淀所需 CrO_4^{2-} 的浓度为 1.3×10^{-2} mol/L。实验证明,滴定达终点时,K_2CrO_4 的浓度太高会妨碍 Ag_2CrO_4 沉淀颜色的观察,给终点的判断带来困难。因此实际上使加入的 K_2CrO_4 的浓度为 5×10^{-3} mol/L 左右可以获得满意的结果。

② 溶液的酸度应控制在 6.5~10.5。若酸度过大,则 Ag_2CrO_4 沉淀溶解。若碱性太强,则生成 Ag_2O 沉淀。

$$Ag_2CrO_4 + H^+ == 2Ag^+ + HCrO_4^-$$

$$2Ag^+ + 2OH^- == Ag(OH)_2\downarrow \quad Ag(OH)_2 == Ag_2O\downarrow + H_2O$$

因此,当溶液为酸性时,可用 $NaHCO_3$、$CaCO_3$ 或硼砂中和;当溶液的碱性太强时,则用稀 HNO_3 中和。然后再用 $AgNO_3$ 标准溶液滴定。

③ 溶液中如果有铵盐存在,则 NH_4^+ 与 NH_3 存在着如下平衡:

$$NH_4^+ + OH^- \rightleftharpoons NH_3 + H_2O$$

当 NH_4^+ 的浓度小于 0.05 mol/L 时体系中的 NH_3 易与 Ag^+ 形成 $[Ag(NH_3)_2]^+$ 或 $[Ag(NH_3)_2]^+$,从而影响分析结果的准确度。实验证明,当 NH_4^+ 的浓度小于 0.05 mol/L 时控制溶液在 pH=6.0~7.0 的酸度范围进行滴定,可以得到满意的结果。若 NH_4^+ 的浓度大于 0.15 mol/L 时,在滴定之前应将铵盐除去。

④ 先产生的溴化物中的沉淀容易吸附溶液中的 X^-,使终点提早,因此滴定时必须剧烈摇动。

(三) 应用范围

莫尔法只适用于直接测定氯化物中 Cl^- 的和溴化物中的 Br^-。当 Cl^- 和 Br^- 共存时,测的是其总量。由于 AgI、AgSCN 沉淀强烈地吸附溶液中的 I^-、SCN^-，滴定时即使摇动误差也较大，因此该法不适合测定 I^- 和 SCN^-。用莫尔法测定 Ag^+ 时，不能直接用 NaCl 标准溶液滴定，因为先生成的大量 Ag_2CrO_4 沉淀转化为 AgCl 沉淀的反应很慢，使终点出现过迟。因此必须采用返滴定法，即先加入一定体积过量的 NaCl 标准溶液，然后再用 $AgNO_3$ 标准溶液滴定剩余的 Cl^-。

二、佛尔哈德法

(一) 原理

用铁铵矾 $[NH_4Fe(SO_4)_2]$ 作为指示剂的银量法被称为佛尔哈德法。本法又分为直接滴定法和返滴定法。

1. 直接滴定法

直接滴定法是在酸性条件下，以铁铵矾 $[NH_4Fe(SO_4)_2]$ 作指示剂，用 KSCN 或 NH_4SCN 标准溶液直接滴定溶液中的 Ag^+，滴定时，首先生成的是白色的 AgSCN 沉淀，当 Ag^+ 定量沉淀后，稍过量的出现红色的 SCN^- 便与 Fe^{3+} 生成红色配合物 $FeSCN^{2+}$，表示到达终点，反应如下：

$$Ag^+ + SCN^- =\!=\!= AgSCN\downarrow (白色)$$
$$Fe^{3+} + SCN^- (稍过量) =\!=\!= FeSCN^{2+} (红色)$$

2. 返滴定法

返滴定法用于测定 Cl^-、Br^-、I^- 和 SCN^-。首先向体系中加入一定体积过量的 $AgNO_3$ 标准溶液，使 X^- 和 SCN^- 形成银盐沉淀，再加入铁铵矾 $[NH_4Fe(SO_4)_2]$ 指示剂，用 KSCN 或 NH_4SCN 标准溶液滴定溶液中的剩余的 Ag^+。其反应如下：

$$X^- + Ag^+ (过量) =\!=\!= AgX\downarrow$$
$$Ag^+ (剩余) + SCN^- =\!=\!= AgSCN\downarrow$$
$$Fe^{3+} + SCN^- (稍过量) =\!=\!= FeSCN^{2+} (红色)$$

(二) 滴定条件

① 溶液的酸度。滴定一般在浓度为 0.2~0.5mol/L 的硝酸溶液中进行。因为在中性或碱性条件下，Fe^{3+} 易发生水解而析出沉淀，Ag^+ 也易形成 Ag_2O 沉淀或 $Ag(NH_3)_2^+$，影响终点的确定。

② 指示剂铁铵矾的浓度。一般在 50mL 浓度为 0.2~0.5mol/L 的硝酸溶液中，加入 1~2mL 40% 的铁铵矾溶液，只需半滴（约 0.02mL）0.1mol/L 的 NH_4SCN 就可以观察到红色。

③ 用直接法滴定 Ag^+ 时，由于 AgSCN 沉淀对 Ag^+ 具有很强的吸附作用，使终点提前出现，因此在滴定近终点时必须剧烈摇动。用返滴定法测定 Cl^- 时，由于溶液中有 AgCl 和 AgSCN 两种沉淀，因此为了防止 AgCl 沉淀向 AgSCN 沉淀的转化，在达到近计量点时，应轻轻摇动，否则溶液中出现的红色就会消失，导致终点不易判断。具体反应如下：

$$AgCl(s) + FeSCN^{2+} =\!=\!= AgSCN\downarrow + Fe^{3+} + Cl^-$$

为了避免上述现象，需向体系中加入有机溶剂（如加入 1~2mL 硝基苯）并用力振摇，使 AgCl 沉淀的表面覆盖上一层有机溶剂或将 AgCl 沉淀滤去，避免与外部溶液的接触，最终阻止转化的进行。

④ 强氧化剂可以将 SCN^- 氧化；氮的低价氧化物与 SCN^- 能形成红色 ONSCN 化合物，可能造成终点的判断错误；铜盐、汞盐等与 SCN^- 反应生成 $Cu(SCN)_2$、$Hg(SCN)_2$ 沉淀，

因此在滴定之前，必须消除这些影响因素。

（三）应用范围

佛尔哈德法在酸性溶液中进行滴定。在这种环境中，许多阴离子（如 PO_4^{3-}、AsO_4^{3-}、CrO_4^{2-}、S^{2-} 等）都不会与 Ag^+ 生成沉淀，对测定无干扰，因而该方法的选择性比莫尔法要高；另外可对 Cl^-、Br^-、I^-、SCN^-、Ag^+ 和有机氯化物进行测定，该方法的使用范围比莫尔法要广。

三、法扬斯法

（一）原理

法扬斯法是利用吸附指示剂确定终点的滴定方法。所谓吸附指示剂就是指一类有机化合物被沉淀表面吸附后，其结构发生了改变，因而颜色也发生改变。例如，用 $AgNO_3$ 标准溶液滴定 Cl^- 时，采用荧光黄作吸附指示剂，它是一种有机弱酸，可用 HFIn 表示。它的离解如下：

$$HFIn \rightleftharpoons H^+ + FIn^-$$

在计量点之前，溶液中存在着过量的 Cl^-，这时生成的 AgCl 沉淀吸附 Cl^- 形成带负电荷的 $AgCl \cdot Cl^-$，荧光黄阴离子（FIn^-）不被吸附，溶液呈现黄绿色。当滴定达计量点时，稍过量的 $AgNO_3$ 使溶液出现过量的 Ag^+，则 AgCl 沉淀吸附 Ag^+ 形成带正电荷的 $AgCl \cdot Ag^+$。这时荧光黄阴离子（FIn^-）被强烈吸附在沉淀的表面，吸附后的荧光黄阴离子（FIn^-）结构发生变化而使其颜色变为粉红色。具体过程可表示如下：

$$\underset{（黄绿色）}{AgCl \cdot Ag^+} + FIn^- \rightleftharpoons \underset{（粉红色）}{AgCl \cdot Ag^+ \cdot FIn^-}$$

在银量法中，常用的吸附指示剂和滴定酸度的条件见表 11-1。

表 11-1　常用的吸附指示剂和滴定酸度的条件

指示剂	被测离子	滴定剂	酸度（pH 值）
二氯荧光黄	Cl^-	Ag^+	4～6
荧光黄	Cl^-	Ag^+	7～8
曙红	Br^-、I^-、SCN^-	Ag^+	2～10
溴甲酚氯	SCN^-	Ag^+	4～5
甲基紫	SO_4^{2-}	Ba^{2+}	1.5～3.5
	Ag^+	Cl^-	酸性溶液
氨基苯磺酸	Cl^-、I^- 混合液	Ag^+	微酸性
溴酚蓝	Hg_2^{2+}	Cl^-	1
二甲基二碘荧光黄	I^-	Ag^+	中性

（二）滴定条件

① 吸附指示剂是吸附在沉淀表面上而变色，为使终点的颜色变化更明显，就要求沉淀具有较大的比表面，因而在滴定时常加入糊精或淀粉溶液等胶体保护剂，以使沉淀保持溶胶状态。

② 滴定必须在中性、弱酸性或弱碱性溶液中进行。因为酸性的强弱与指示剂的离解常数大小有关，酸度太大时 H^+ 与指示剂阴离子结合成不被吸附的指示剂分子。

③ 不同指示剂离子被沉淀吸附的能力不同，因此在滴定时选择指示剂离子被吸附的能力应小于沉淀对被测离子的吸附能力。否则在计量点之前，指示剂离子可以取代已吸附的被测离子而改变颜色，使终点提前出现。

第三节 沉淀滴定法的应用

一、可溶性氯化物中氯的测定

测定可溶性氯化物中的氯,可以采用莫尔法。滴定最适宜的 pH 值为 6.5~10.5,如有铵盐存在时,溶液的 pH 值必须控制在 6.5~7.2。

【例 11-1】 称取食盐 0.200g,溶于水,以 K_2CrO_4 作指示剂,用 0.1500mol/L 的 $AgNO_3$ 标准溶液滴定。到达计量点时,用去标准溶液 22.50mL,计算 NaCl 百分含量。

解: 已知 NaCl 的摩尔质量 $M=58.44$g/mol。

$$w(NaCl)=\frac{0.1500\times\frac{22.50}{1000}\times 58.44}{0.2000}\times 100\%=98.62\%$$

二、银合金中银的测定

先将合金试样溶于硝酸制成溶液,然后通过煮沸除去氮的低价氧化物,以免与 SCN^- 作用显色,影响终点的观察。将处理好的试液中加入铁铵矾指示剂,用 NH_4SCN 标准溶液进行直接滴定。

【例 11-2】 将 0.1755g 银合金试样溶解,所得溶液用 0.0710mol/L 的 NH_4SCN 标准溶液滴定至终点,用去该标准溶液 20.92mL,求此合金中银的含量。

解: 已知银的摩尔质量 $M=107.87$g/mol。

$$w(Ag)=\frac{0.0710\times 20.92\times 107.87}{0.1755\times 1000}\times 100\%=91.29\%$$

三、有机卤化物中卤素含量的测定

有机化合物中的卤素多以极性共价键方式与碳结合,要想对其进行测定,必须采取一定的方法(如水解或钠熔法)处理,将卤素转化为卤离子后,再用银量法滴定。

本 章 小 结

1. 溶度积

在一定温度下的任意难溶电解质的饱和溶液中,有关离子的浓度幂次方的乘积为一常数,该常数则称为该难溶电解质的溶度积常数,简称为溶度积。溶度积 K_{sp} 的大小与物质的溶解度有关,它反映了物质的溶解能力。

2. 溶度积规则

在给定的任意难溶电解质溶液中,可以根据其离子积 I_p 与其溶度积 K_{sp} 的关系来判断沉淀的生成和溶解。也可以通过改变外界条件使生成沉淀或使沉淀溶解。当 $I_p<K_{sp}$ 时,为不饱和溶液,若体系中有固体存在,固体将溶解直至饱和为止;当 $I_p=K_{sp}$ 时,溶液处于饱和状态,沉淀的生成速度与溶解速度相等,溶液中沉淀的量不改变;当 $I_p>K_{sp}$ 时,为过饱和溶液,有沉淀析出,直至饱和。

3. 银量法分类一

根据滴定方式不同,银量法可以分为直接滴定法和返滴定法两种。直接滴定法是指用沉淀剂($AgNO_3$)作标准溶液直接滴定待测组分的方法。返滴定法指在被测物质的溶液中,加入一定体积的过量的沉淀剂标准溶液,再用另一种标准溶液滴定剩余的沉淀剂标准溶液。

4. 银量法分类二

根据确定滴定终点所采用的指示剂不同,银量法分为莫尔法、佛尔哈德法和法扬斯法。

① 莫尔法是用 $AgNO_3$ 标准溶液作沉淀剂,以铬酸钾作指示剂,直接测定氯化物或溴化物的银量法称为莫尔法。其反应为:

$$Ag^+ + Cl^- \Longrightarrow AgCl \downarrow (白色)$$

$$2Ag^+(稍过量) + CrO_4^{2-} \Longrightarrow Ag_2CrO_4 \downarrow (砖红色)$$

② 佛尔哈德法是指用铁铵矾 $[NH_4Fe(SO_4)_2]$ 作为指示剂,用 KSCN 或 NH_4SCN 标准溶液直接滴定溶液中的 Ag^+,或用返滴定法测溶液中 Cl^-、Br^-、I^- 和 SCN^- 的方法。反应如下:

$$Ag^+ + SCN^- \Longrightarrow AgSCN \downarrow (白色)$$

$$Fe^{3+} + SCN^-(稍过量) \Longrightarrow FeSCN^{2+}(红色)$$

③ 法扬斯法是利用吸附指示剂确定终点的滴定方法。所谓吸附指示剂就是指一类有机化合物被沉淀表面吸附后,其结构发生了改变,因而颜色也发生改变。在银量法中,常用的吸附指示剂与溶液滴定酸度的有关,因此滴定时要注意选择。

总之,莫尔法、佛尔哈德法和法扬司法三种沉淀滴定法的滴定原理不同,它们的滴定条件及使用范围也有差别,在解决具体问题时要从多方面考虑,尽可能减少滴定过程中造成的误差。

思考与练习

1. 什么是溶度积常数?溶度积规则的基本内容是什么?
2. 什么叫沉淀滴定法?沉淀滴定法所用的沉淀反应必须具备哪些条件?
3. 写出莫尔法、佛尔哈德法、法扬斯法测定 Cl^- 的主要反应,并指出各种方法所选用的指示剂和酸度条件。
4. 某溶液中含有 Ba^{2+} 10mg/mL,试计算欲使 $BaCO_3$ 沉淀开始生成所需要的 CO_3^{2-} 的浓度为多少?$[K_{sp}(BaCO_3) = 8.1 \times 10^{-9}]$
5. 取 NaCl 试液 20.00mL,加入 K_2CrO_4 指示剂,用 0.1023mol/L 的 $AgNO_3$ 标准溶液滴定,用去 27.00mL,求每升溶液中含有 NaCl 多少克?
6. 取银合金试样 0.3000g,溶解后加入铁铵矾指示剂,用 0.1000mol/L NH_4SCN 标准溶液滴定,用去 23.80mL,计算银的百分含量。
7. 称取可溶性氯化物样品 0.2266g,加水溶解后,加入 0.1121mol/L 的 $AgNO_3$ 标准溶液 30.00mL,过量的 Ag^+ 用 0.1185mol/L NH_4SCN 标准溶液滴定,用去 6.50mL,计算试样中氯的百分含量。
8. 称取纯的 KIO_x 试样 0.5000g,将碘还原为碘化物后,用 0.1000mol/L 的 $AgNO_3$ 标准溶液滴定,用去 23.36mL,试确定该化合物的分子式。
9. 用移液管从食盐液槽中吸取试液 25.00mL 采用莫尔法进行测定。滴定用去 0.1013mol/L 的 $AgNO_3$ 标准溶液 25.36mL。往液槽中加入食盐(含 NaCl 96.61%)4.500kg,溶解后混合均匀,再吸取 25.00mL 试液,滴定用去 $AgNO_3$ 标准溶液 28.42mL。吸取试液对液槽中溶液体积的影响可以忽略不计,计算液槽中食盐溶液的体积为多少升?

实验实训 氯化物中氯含量的测定

一、实训目的

掌握三种银量法测定氯的原理和方法;比较每种方法的适用条件及使用范围。

二、实训原理

1. 莫尔法

测定 Cl^- 时,在中性或弱碱性溶液中以 K_2CrO_4 作指示剂,以 $AgNO_3$ 标准溶液滴定 Cl^-,AgCl 定量沉淀完全后,过量的 1 滴 $AgNO_3$ 溶液即与 CrO_4^{2-} 生成砖红色的 Ag_2CrO_4 沉淀而指示终点:

$$Ag^+ + Cl^- = AgCl\downarrow \quad (白色,K_{sp}=1.6\times 10^{-10})$$

$$2Ag^+ + CrO_4^{2-} = Ag_2CrO_4\downarrow \quad (砖红色,K_{sp}=9.0\times 10^{-12})$$

莫尔法应注意酸度和指示剂用量对滴定的影响。

2. 法扬斯法

采用荧光黄(HFIn)作吸附指示剂,计量点前,AgCl 沉淀吸附 Cl^- 带负电荷的 $AgCl\cdot Cl^-$,而不吸附同样带负电荷的荧光黄阴离子 FIn^-,溶液显黄绿色;稍过计量点,溶液中 Ag^+ 过剩,沉淀吸附 Ag^+ 而带正电荷,同时吸附荧光黄阴离子($AgCl\cdot Ag^+\cdot FIn^-$),这时,溶液由黄绿色变成淡红色,指示终点到达。

法扬斯法应注意溶液的酸度(荧光黄的 $K_a = 10^{-7}$,故溶液的酸度应控制在 pH=7~10),加入糊精或淀粉作保护胶体,操作时注意避光。

3. 佛尔哈德法

测 Cl^- 时,在酸性被测物溶液中,加入一定量过量 $AgNO_3$ 标准溶液,以铁铵矾作指示剂,再用 NH_4SCN 标准溶液滴定剩余量的 $AgNO_3$,过量 1 滴 SCN^- 与 Fe^{3+} 形成红色配合物,指示终点到达:

$$计量点前: Cl^- + Ag^+(过量) = AgCl\downarrow(白色)$$

$$Ag^+(余) + SCN^- = AgSCN\downarrow(白色)$$

$$计量点: SCN^- + Fe^{3+} = Fe(SCN)^{2+}(白色)$$

三、试剂

0.1mol/L $AgNO_3$(称取 8.5g $AgNO_3$ 于小烧杯中,加水溶解后,转入棕色试剂瓶中,稀释到 500mL),基准 NaCl,5% K_2CrO_4 指示剂(5g K_2CrO_4 溶于 100mL 水中),0.1%荧光黄溶液(0.1g 荧光黄溶于 10mL 0.1mol/L NaOH 溶液中,用 0.1mol/L HNO_3 溶液中和至中性,用 pH 试纸检验,用水稀释至 100mL),0.1%糊精溶液,铁铵矾饱和溶液,6mol/L HNO_3 溶液,0.1mol/L NH_4SCN 溶液(称取约 3g NH_4SCN,溶解后稀释至 400mL)。

四、实训内容及步骤

1. 标准溶液的标定

(1)0.1mol/L $AgNO_3$ 标准溶液的标定 准确称取基准 NaCl 0.12~0.18g,加入 50mL 蒸馏水,溶解后,加入 K_2CrO_4 指示剂 1mL,用 $AgNO_3$ 标准溶液滴定至溶液中呈现砖红色沉淀即为终点,平行测定 2~3 次。计算 $AgNO_3$ 的浓度。

(2)0.1mol/L NH_4SCN 标准溶液的标定 准确移取 0.1mol/L $AgNO_3$ 标准溶液 25.00mL 于锥形瓶中,加入 6mol/L HNO_3 溶液 5mL 和 1mL 铁铵矾指示剂,用 NH_4SCN 标准溶液在不断振摇下滴定至溶液出现稳定的淡红色即为终点。平行测定 2~3 次,计算 NH_4SCN 标准溶液的浓度。

2. 可溶性氯化物试液的准备

准确称取氯化物试样 1.2~1.5g 于小烧杯中,加水溶解后,定量转移至 250mL 容量瓶中。

3. 测定可溶性氯化物中氯

(1)莫尔法 准确移取上述氯化物试液 25.00mL,加入 20mL 水、5% K_2CrO_4 1mL,

边剧烈摇动边用 $AgNO_3$ 标准溶液滴定至溶液呈现砖红色沉淀,平行测定 2~3 次。

(2) 法扬斯法 准确移取上述氯化物试液 25.00mL,加 10 滴荧光黄指示剂、10mL 糊精溶液,摇匀后,用 $AgNO_3$ 标准溶液滴定至溶液由黄绿色变成粉红色即为终点,平行测定 2~3 次。

(3) 佛尔哈德法 准确移取上述氯化物试液 25.00mL,加水 25mL、6mol/L 新煮沸并冷却的 HNO_3 5mL,在不断摇动下由滴定管中加入 $AgNO_3$ 标准溶液约 30mL(要准确读数),再加入 1mL 铁铵矾指示剂,用 NH_4SCN 标准溶液滴定过量的 Ag^+ 至溶液出现稳定的浅红色,即为终点。平行测定 2~3 次。

五、思考题

1. 莫尔法测定氯离子时,对 K_2CrO_4 指示剂的用量有何要求?
2. 为什么佛尔哈德法测定 Cl^- 比测定 Br^-、I^- 引入误差的机会大?
3. 法扬斯法中,应如何控制溶液的酸度?

第十二章 分光光度法

学习目标
1. 了解物质对光的吸收性质。
2. 了解分光光度法定量分析的理论基础。
3. 了解分光光度仪器的基本构造及使用方法。
4. 了解分光光度法的应用。

第一节 概 述

一、分光光度法的特点

前面几章重点学习了化学分析法的滴定分析法,它适用于测定试样中含量大于1%的常量组分,但对于含量小于1%的微量组分的测定,化学分析法是不适用的。因此,本章学习一种新的分析方法——分光光度法。

许多物质本身具有明显的颜色,例如 $KMnO_4$ 溶液呈紫红色,邻二氮菲亚铁络合物的溶液呈红色等。另外,有些物质本身并无颜色,可是当它们与某些化学试剂反应后,则可生成具有明显颜色的物质,例如,Fe^{3+} 与一定过量的 KSCN 试剂反应,生成的 $Fe(SCN)_3$ 具有血红色。当这些有色物质溶液的浓度改变时,溶液颜色的深浅也随着改变;浓度越大,颜色越深,而浓度越小,颜色越浅。这就是说,溶液颜色的深浅与有色物质的含量有一个简单的函数关系。历史上,人们用肉眼来观察溶液颜色的深浅来测定物质浓度,把这种基于比较有色物质溶液深浅以确定物质含量的分析方法,称为比色分析法。事实上,无论物质有无颜色,当一定波长的光通过该物质的溶液时,根据物质对光的吸收程度,也可以确定该物质的含量。这种基于物质对光的选择性吸收而建立起来的分析方法,称为分光光度法。

分光光度法同滴定分析法相比,有以下一些特点。

(一)灵敏度高

分光光度法所检测的浓度下限可达 $10^{-5} \sim 10^{-6}$ mol/L,常用于微量组分的测定。如果对被测组分进行先期的分离富集,灵敏度还可以提高2~3个数量级。

(二)准确度高

一般分光光度法测定的相对误差为2%~5%,其准确度虽然比一般化学分析法的相对误差要大,但由于分光光度法多是用来测定微量组分的,故由此引出的绝对误差并不大,完全能够满足微量组分的测定要求。

(三)操作简便快速

分光光度法所用的仪器都不复杂,操作简便。先把试样处理成溶液,一般只经历显色和测量吸光度两个步骤,就可得出分析结果。

(四) 应用广泛

几乎所有的无机离子和许多有机化合物都可直接或间接地用分光光度法测定。还可用来研究化学反应的机理，例如测定溶液中络合物的组成，测定一些酸碱的离解常数等。

总之，分光光度分析技术作为一种最常见的仪器分析方法，以其操作简便、准确快速、灵敏、稳定和用样量少等优点而被广泛地应用于农林牧渔、化学化工、机械电子、地质冶金、医药卫生、能源环保、食品饮料、航空航海乃至公安国防等多个领域，并已成为这些领域里的实验室分析测试的主要手段。

二、分光光度法的基本原理

(一) 物质对光的选择性吸收

1. 光的基本性质

光是一种电磁波，如果按照波长从小到大的顺序排列，可得到如图 12-1 所示的电磁波谱。

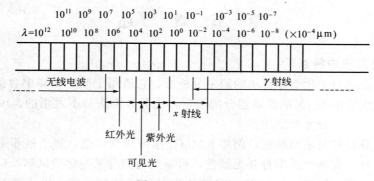

图 12-1 电磁波谱图

其中，可见光位于紫外光和红外光之间，波长范围为 400~760nm。同一波长的光，叫单色光；由不同波长的光组合而成的叫复合光。如白光是一种复合光，由红、橙、黄、绿、青、蓝、紫这些不同波长的单色光按照一定的比例混合而成的。

图 12-2 光的互补色示意图

实验证明，不仅七种单色光可以混合成白光，如果把两种适当颜色的单色光按一定比例混合，也可以得到白光。这两种单色光就叫做互补色。图 12-2 中处于直线关系的两种单色光互为补色，如绿光和紫光互补，黄光和蓝光互补等。

2. 光的选择性吸收和溶液的颜色

一种物质呈现何种颜色，与入射光组成和物质本身的结构有关，而溶液呈现不同的颜色，是由于溶液中的质点选择性地吸收了某种颜色的光所引起的。当阳光即白光照射到某一溶液上时，如果该溶液的溶质不吸收任何波长的可见光，则组成白光的各色光将全部透过溶液，透射光依然两两互补组成白光，溶液无色。如果溶质选择性地吸收了某一颜色的可见光，则只有其余颜色的光透过溶液，透射光中除了仍然两两互补的那些可见光组成的白光以外，还有未配对的被吸收光的互补光，于是溶液呈现出该吸收光的互补色的颜色。例如：当白光通过 $CuSO_4$ 溶液时，Cu^{2+} 选择性地吸收了黄色光，使透过光中的蓝色光失去了其互补光，于是 $CuSO_4$ 溶液呈现出蓝色。物质吸收光的波长与呈现的颜色关系见表 12-1。

表 12-1　物质颜色和吸收光颜色的对应关系

物质的颜色	吸收光		物质的颜色	吸收光	
	颜色	波长/nm		颜色	波长/nm
黄绿色	紫色	400～450	紫色	黄绿色	560～580
黄色	蓝色	450～480	蓝色	黄色	580～600
橙色	绿蓝色	480～490	绿蓝色	橙色	600～650
红色	蓝绿色	490～500	蓝绿色	红色	650～750
紫红色	绿色	500～560			

其实，任何一种溶液。对不同波长光的吸收程度是不相等的。如果将不同波长的单色光依次通过一定浓度的某一溶液，测量该溶液对各种单色光的吸收程度，以波长为横坐标，以吸光度 A 为纵坐标可以得到一条曲线，叫做吸收光谱曲线或光吸收曲线。它清楚地描述了溶液对不同波长光的吸收情况。图 12-3 是四个不同浓度的 $KMnO_4$ 溶液的光吸收曲线。从图 12-3 可以看出，在可见光范围内，$KMnO_4$ 溶液对波长 525nm 附近的绿色光有最大吸收，而对紫色和红色光则吸收很少。光吸收程度最大处的波长，称为最大吸收波长，常用 λ_{max} 表示。如果溶液浓度不同，吸光度 A 将不同，但吸收曲线形状相同，λ_{max} 也不变。因此，吸收曲线常作为分光光度法选择测定波长的依据。

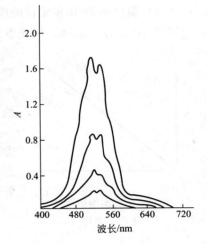

图 12-3　不同浓度 $KMnO_4$ 溶液的光吸收曲线

(二) 光吸收基本定律——朗伯-比尔定律

朗伯（Lambert）和比尔（beer）分别于 1760 年和 1852 年研究了光的吸收与有色溶液吸收层的厚度及溶液浓度的定量关系，二者结合称为朗伯-比尔定律，也称光的吸收定律。

其数学表达式为

$$A = \lg \frac{I_0}{I} = \alpha bc$$

式中，A 为吸光度，表示溶液对光吸收程度的大小；I_0 为入射光强度；I 为透射光强度；其中，I/I_0 称为透光率，用 T 表示，T 也可表示物质吸收光的能力大小，它与 A 的关系为：$A = \lg \frac{1}{T}$；b 为吸收池（比色皿）液层厚度；c 为有色物质溶液的浓度；α 是吸光系数，它的大小与物质的性质、入射光的波长及温度有关。

如果入射光的波长及温度一定时，α 的大小取决于浓度的单位，当式中浓度 c 的单位为 mol/L，液层厚度的单位为 cm 时，称为摩尔吸光系数，用另一符号 κ 表示。

即

$$A = \kappa bc$$

κ 表示某溶液对特定波长的光的吸收能力。κ 值愈大，表示吸光质点对某波长的光吸收能力愈强，故分光光度法测定的灵敏度就愈高。

朗伯-比尔定律是用光度法进行定量分析的理论依据。它的物理意义：当一束平行单色光垂直通过某溶液时，溶液的吸光度 A 与吸光物质的浓度 c 及液层厚度 b 成正比。

【例 12-1】　当某溶液的透光率为 36.8%，其吸光度是多少？

解：根据 $A = \lg \frac{1}{T} = -\lg T = -\lg 0.368 = 0.434$

【例 12-2】 已知含 Cd^{2+} 浓度为 $140\mu g/L$ 的溶液,用双硫腙比色测定镉,比色皿厚度为 2cm,在 $\lambda=520nm$ 处测得的吸光度为 0.22,计算摩尔吸光系数。($M=112.41g/mol$)

解:$c(Cd^{2+}) = \dfrac{140\times 10^{-6}}{112.41} = 1.25\times 10^{-6}$ (mol/L)

根据公式 $A=\kappa bc$ 得:

$$\kappa = \dfrac{0.22}{2\times 1.25\times 10^{-6}} = 8.8\times 10^4 \ [L/(mol\cdot cm)]$$

(三)偏离朗伯-比尔定律的因素

根据朗伯-比尔定律,吸光度 A 与吸光物质的浓度 c 成正比,因此,以吸光度 A 对 c 作图时,应得到一条通过坐标原点的直线。但在实际工作中,常常遇到偏离线性关系的现象,即曲线向下或向上发生弯曲,产生负偏离或正偏离,如图 12-4 所示。这种现象称为偏离朗伯-比尔定律。

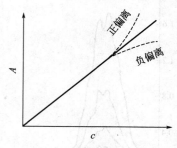

图 12-4 偏离朗伯-比尔定律示意图

偏离朗伯-比尔定律的原因很多,但基本上可以分为物理方面的因素和化学方面的因素两大类。属于物理方面的原因主要是入射的单色光不纯所造成的。属于化学方面的原因主要是溶液本身的化学变化所造成的。现分别归纳如下。

1. 单色光不纯所引起的偏离

严格地讲,朗伯-比尔定律只对一定波长的单色光才成立。而在光度分析中,仪器所提供的入射光只是波长范围较窄的复合光,并非真正的单色光。那么,在这种情况下,吸光度与浓度并不完全成直线关系,因而导致了对朗伯-比尔定律的偏离。在实际工作中,为了避免非单色光带来的影响,通常选择吸光物质的最大吸收波长 λ_{max} 为入射光的波长,这样既保证测定有较高的灵敏度,又能减小测定误差。

2. 化学因素

溶液中吸光物质常因解离、缔合、互变异构、形成配合物等,使吸光质点的浓度发生变化,导致对朗伯-比尔定律的偏离。

3. 其他因素

朗伯-比尔定律要求吸光物质的溶液是均匀的。如果溶液不均匀,例如产生胶体或发生浑浊,当入射光通过不均匀溶液时,除有一部分光被溶液吸收外,还有部分光因散射等而损失,也将导致偏离朗伯-比尔定律。

第二节 分光光度法的应用

一、分光光度法分析方法和仪器

(一)试样的处理

在可见光区的分光光度分析中,首先要通过化学方法将普通的分析物质转变为吸光物质,即利用显色反应将待测组分转变为有色物质。对于显色反应,一般应满足下列要求。

① 选择性要好。一种显色剂最好只与一种被测组分起显色反应,这样干扰就少。或者干扰离子容易被消除,或者显色剂与被测组分和干扰离子生成的有色化合物的吸收峰相隔较远。

② 灵敏度要高。灵敏度高的显色反应有利于微量组分的测定。灵敏度的高低，可从摩尔吸光系数值的大小来判断。κ 值大灵敏度高，否则灵敏度低。

③ 有色化合物的组成要恒定，化学性质要稳定。有色化合物的组成若不符合一定的化学式，测定的再现性就较差。有色化合物若易受空气的氧化、光的照射而分解，就会引入测量误差。

④ 显色剂和有色化合物之间的颜色差别要大。一般要求有色化合物的最大吸收波长与显色剂最大吸收波长之差在 60nm 以上。这样，试剂空白一般较小，可以提高测定的准确度。

⑤ 显色反应的条件要易于控制。如果条件要求过于严格，难以控制，测定结果的再现性就差。

（二）测量条件的选择

选择适当的测量条件，是获得准确测定结果的重要途径。选择适合的测量条件，可从下列几个方面考虑。

1. 测量波长的选择

由于有色物质对光有选择性吸收，为了使测定结果有较高的灵敏度和准确度，分析时常以吸收曲线为依据，选择被测物质的最大吸收波长为入射光。如果有干扰时，则选用灵敏度较低但能避免干扰的入射光，就能获得满意的测定结果。

2. 吸光度范围的选择

在分光光度分析中，使用仪器测量时，读数误差总是会存在的。

在不同吸光度范围内读数对测定带来不同程度的误差。经推导可知：将被测溶液的吸光度值控制在 0.2~0.8 的范围内，就可以使测定结果符合一般准确度的要求。当溶液的吸光度不在此范围内时，可以通过改变试样的称出量、稀释试液或改变比色皿的厚度来调节吸光度大小。

3. 参比溶液的选择

测定被测溶液的吸光度时，应该先用参比溶液调节仪器的透光率为 100%（吸光度 $A=0$）。即仪器工作的零点。以除去由于吸收池、溶剂和显色剂等对入射光的吸收和反射所带来的误差。选择参比溶液的总原则是：使所测定的吸光度真正反应待测组分的浓度，通常选择的办法如下。

① 当试液、试剂、显色剂在测量波长处均无吸收时，可用溶剂（如蒸馏水）作参比溶液。这样可消除吸收池和溶剂的影响。

② 当试剂和显色剂在测量波长处均无吸收时，而样品溶液中其他共存离子有吸收时，应采用不加显色剂的样品溶液作参比液，以消除有色离子的干扰。

③ 试剂和显色剂在测量波长处均有吸收时，可将一份试液加入适当掩蔽剂，将被测组分掩蔽起来，使之不再与显色剂作用，然后把显色剂、试剂均按操作手续加入，以此做参比溶液，这样可以消除一些共存组分的干扰。

（三）分析方法

根据标准溶液的浓度进行测定，测得未知溶液的浓度，常用标准比较法和标准曲线法，标准比较法如下所述。

在相同条件下分别测定样品溶液与标准溶液的吸光度 A_x 和 A_s，若样品溶液的浓度为 c_x，标准溶液的浓度为 c_s，根据朗伯-比尔定律，应有下式：

$$A_s = \kappa b c_s \tag{12-1}$$

$$A_x = \kappa b c_x \tag{12-2}$$

标准溶液和样品溶液测定条件完全相同,因此式(12-1)、式(12-2)中 κ 和 b 相同。将式(12-1)与式(12-2)相除并整理得:

$$c_x = \frac{A_x}{A_s} \times c_s \tag{12-3}$$

将 c_s、A_s、A_x 的数值代入式(12-3)即可求出样品溶液的浓度 c_x。

使用标准比较法测定时,应使标准溶液的浓度尽量接近样品溶液的浓度,以减少测量误差。

【例 12-3】 将 1.000g 钢样用 HNO_3 溶解,钢中的锰用 KIO_4 氧化成高锰酸钾,并稀释到 100.0mL,用 1.00cm 比色皿在波长 525nm 测得此溶液的吸光度为 0.700。一标准 $KMnO_4$ 溶液的浓度为 1.52×10^{-4} mol/L,在同样的条件下测得的吸光度为 0.350,求试液中锰的浓度。

解: 由样品溶液与标准溶液测定条件相同,因此可根据标准比较法进行计算。将数据代入上面式(12-3)得:

$$c(Mn^{2+}) = \frac{0.7000}{0.350} \times 1.52 \times 10^{-4} = 3.04 \times 10^{-4} \text{（mol/L）}$$

2. 标准曲线法

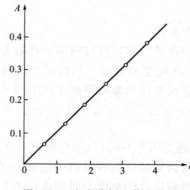

图 12-5 光度分析工作曲线图

标准曲线又称工作曲线,标准曲线法是实际工作中使用最多的一种方法。具体作法是:配制一系列不同浓度的标准溶液,和被测溶液同时进行处理、显色。在相同条件下分别测定它们的吸光度 A。然后以吸光度为纵坐标,以标准溶液的浓度为横坐标作图,得到一条标准曲线,即工作曲线。如图 12-5 所示。从朗伯-比尔定律可知,标准曲线应该是一条过原点的直线,根据未知溶液的吸光度,在标准曲线上查出其浓度。

标准曲线使用时,应该在其线性范围之内进行,并且使未知溶液的浓度大小处于标准系列的浓度范围之中,这样才能得到较准确的结果。

【例 12-4】 用磺基水杨酸法测定铁的含量,加入标准铁溶液及有关试剂后,在 50mL 容量瓶中稀释至刻度,测得下列数据:

标准铁溶液浓度/(μg/mL)	2.0	4.0	6.0	8.0	10.0	12.0
吸光度 A	0.097	0.200	0.304	0.408	0.510	0.613

在相同条件下测得试样溶液的吸光度为 0.413,求试样溶液中铁的含量(以 mg/L 表示)。

解: 以吸光度为纵坐标,标准铁溶液浓度为横坐标作图。如图 12-6 所示。

从曲线上可查得吸光度为 0.413 时的浓度为 8.2μg/mL,即 8.2mg/L。

(四)分光光度法的仪器

可见光区的分光光度分析,主要使用 72 型、721 型、722 型、751 型分光光度计,这些仪器基本是由五大部分构成:光源、单色器、吸收池、检测器及信号显示装置。

光源 → 单色器 → 吸收池 → 检测器 → 信号显示装置

下面选择常用仪器进行介绍。

1. 72型分光光度计

72型分光光度计是一种简易型可见光分光光度计，它由磁饱和稳压器、单色器和检流计三大件组成，采用玻璃棱镜分光获得单色光，其光学系统如图12-7所示。

由光源发出的白光经进光狭缝、反射镜和透镜后成为平行光束进入棱镜，经棱镜色散后，各种波长的光被镀铝反射镜反射，经透镜再聚光于出光狭缝上。镀铝反射镜和透镜装于一个可转动的转盘上，转盘旋转的角度是由波长调节器上一个螺丝凸轮带动。因此，旋转波长调节器时，就可以在出光狭缝的后面得到所需波长的单色光。此光通过比色皿和光量调节器照射到硒光电池上，产生的光电流输入检流计，从刻度标尺上直接读出透光率的值。

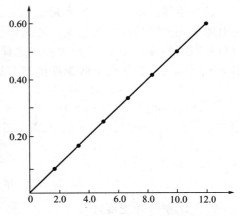

图12-6　磺基水杨酸-铁工作曲线

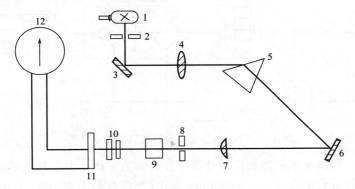

图12-7　72型分光光度计光学系统示意图

1—光源；2—进光狭缝；3,6—反射镜；4,7—透镜；5—玻璃棱镜；
8—出光狭缝；9—比色皿；10—光量调节器；11—硒光电池；12—检流计

（1）光源　常用的光源为6～12V低压钨丝灯，钨灯发出的复合光波长约为400～1000nm，覆盖了整个可见光区。为了保持光源发光强度的稳定，要求电源电压要十分稳定，因此光源前面都装有磁饱和稳压器。

（2）单色器（分光系统）　单色器是一种能把从光源发出的复合光按波长的长短色散，并从其中分出所需的单色光的光学装置。通常由狭缝和色散元件组成。

（3）吸收池（比色皿）　比色皿是用无色透明的光学玻璃制作的。大多数比色皿为长方形，也有圆柱形的。有0.5cm、1.0cm、2.0cm和3.0cm等规格。

（4）检测系统（又叫光电转化器）　检测系统是把透过吸收池后的透射光强度转换成电讯号的装置。故又称为光电转换器。分光光度计中常用的检测器是硒光电池、光电管和光电倍增管三种。

硒光电池和眼睛相似，对于各种不同波长的光线，灵敏度是不同的。硒光电池使用波长范围为300～800nm，但对于波长为500～600nm的光线最灵敏。而对紫外线，红外线则不能应用。另外，当光照射时间较长时，硒光电池会产生"疲劳"现象，无法正常工作，应暂停使用。

(5) 信号显示系统 分光光度计中常用的显示装置为较灵敏的检流计。检流计用于测量光电池受光照射后产生的电流。但其面板上标示的不是电流值,而是透光率 T 和吸光度 A 两种不同的刻度,如图 12-8 所示。这样就可直接从检流计的面板上读取透光率和吸光度。因 $A=-\log T$,故板面上吸光度的刻度是不均匀的。

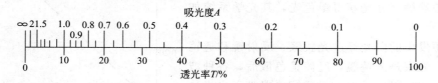

图 12-8 吸光度和透光率标尺示意图

2. 721 型分光光度计

721 型分光光度计是在 72 型分光光度计的基础上发展而成的,图 12-9 为 721 型分光光度计仪器结构示意图。与 72 型相比,它有以下特点。

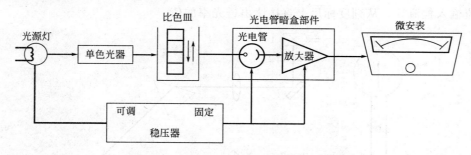

图 12-9 721 型分光光度计仪器结构示意图

① 将单色器、磁饱和稳压器和检流计等部件合装成一体,整个装置紧凑,便于操作。

② 该光度计的波长范围为 360~800nm,而 72 型波长范围为 420~700nm,即仪器的波长范围从可见光区向两端略为延伸,这样在常规分析时可满足对波长较宽的要求。

③ 用真空光电管和放大器代替硒光电池作为光电转换元件。以微安表取代检流计。

④ 比色皿暗盒较宽,从 0.5cm 到 2cm 的比色皿可使测量在更宽的浓度范围内进行。

⑤ 将光路开关设计成与比色皿暗盒盖联动,这样可经常提醒操作者调整零点,从而保护光电管。

二、分光光度法应用实例

分光光度法主要应用于微量和痕量组分的测定,有时也用于某些高含量物质的分析,同时还可用于多组分物质的分析。这种分析方法广泛应用于工农业生产和科学研究之中。

(一) 单组分低含量的测定

首先绘制被测组分的吸收曲线,从而确定最大吸收波长,把最大吸收波长作为入射波长,选用合适的显色剂进行显色,对被测组分进行分析,称为单组分分析。

1. 土壤中全磷的测定

土壤中全磷的测定通常用钼蓝法或钼锑抗法。测定时先用浓硫酸和高氯酸处理土壤样品,使样品中各种磷的化合物都转变为 PO_4^{3-},在此溶液中加入显色剂钼酸铵和适量还原剂抗坏血酸,生成蓝色的磷钼蓝,经上述显色后可在 690nm 波长下测定其吸光度。也可用钼锑抗法,即在上述显色剂中再加入酒石酸锑钾,配制成钼酸铵、酒石酸锑钾和抗坏血酸的混合显色剂,生成稳定的蓝色物质,在 660nm 波长下测定其吸光度。

2. 植物样品中可溶性糖的测定

植物在个体发育的各个时期代谢活动都发生相应的变化，碳水化合物的代谢也不例外，其含量也随之发生变化，测定其中可溶于水的单糖和二糖多采用蒽酮法。用 80% 的乙醇提取样品中的可溶性糖类，然后在浓硫酸作用下脱水生成糠醛，糠醛再和蒽酮显色剂作用形成蓝绿色的缩合物，其颜色的深浅代表着糖含量的高低，在 620nm 波长下测定其吸光度。

（二）单组分高含量的测定——示差分光光度法

当被测组分含量较高时，常常偏离朗伯-比尔定律，或者其吸光度值往往太大，超出准确读数范围，引起较大的测量误差。采用示差分光光度法可以解决这些问题，使测量准确度大大提高。

示差分光光度法与普通分光光度法的主要区别在于它所采用的参比溶液不同。示差分光光度法一般采用一个合适浓度（接近试样浓度）的标准溶液作参比溶液来调节光度计标尺读数以进行测量。假设待测溶液浓度为 c_x，参比溶液浓度为 c_s，且 $c_s < c_x$。根据朗伯-比尔定律得：

$$A_x = \kappa c_x b \quad A_s = \kappa c_s b$$
$$\Delta A = \kappa b \Delta c$$

由上式可知，吸光度差值 ΔA 与浓度差值 Δc 成正比关系，这就是示差分光光度法的基本关系式。用已知浓度的标准溶液作参比溶液调零（$T = 100\%$），那么测得的吸光度就是待测试液与参比溶液的吸光度差值，即相对吸光度。以浓度为 c_s 的标准溶液作参比溶液，测定一系列浓度已知的标准溶液的 ΔA，作 Δc-ΔA 工作曲线，由待测试液的 ΔA 在工作曲线上查得相应的 Δc，则 $c_x = c_s + \Delta c$。

示差法由于采用一定浓度的溶液作参比液，把一般分光光度法测得的较小的透光率调到了透光率最大 $T = 100\%$，亦即相当于把检流针上的标尺扩展了，因而提高了测定值的精度，即提高了高浓度溶液分光光度测定准确度。

【例 12-5】 用硅钼蓝法测 SiO_2，以一含 SiO_2 0.016mg/mL 的标准溶液作参比，测定另一含有 0.100mg/mL SiO_2 的溶液，得 $T = 14.4\%$，现有一未知浓度的 SiO_2 试液，在相同条件下，测得 $T = 31.38\%$，求试液中 SiO_2 含量。

解：设试液中 SiO_2 的含量为 x（mg/mL）

$$A_1 = \varepsilon b(0.100 - 0.016) = -\lg T_1 = -\lg 14.4\%$$
$$A_2 = \varepsilon b(x - 0.016) = -\lg T_2 = -\lg 31.8\%$$

两式相除：

$$\frac{0.100 - 0.016}{x - 0.016} = \frac{\lg 14.4\%}{\lg 31.8\%} = 1.691$$

$$X = 0.066 \text{mg/mL}$$

本 章 小 结

一、分光光度法的特点
① 灵敏度高；
② 准确度高；
③ 操作简便快速；
④ 应用广泛。

二、分光光度法的基本原理

① 光是一种电磁波，可见光波长范围在 400～760nm，同一波长的光叫单色光，由不同波长的光组合而成的光叫复合光。

② 物质对光的吸收具有选择性。对溶液来说，溶液呈现不同的颜色，是由于溶液中质点选择性地吸收某种颜色的光引起的。溶液呈现的是与它吸收的光成互补色的颜色。

③ 吸收曲线。任何一种溶液，对不同波长光的吸收程度是不相等的。如果将不同波长的单色光依次通过一定浓度的某一溶液，测量该溶液对各种单色光的吸收程度，以波长为横坐标，以吸光度 A 为纵坐标可以得到一条曲线，就是光吸收曲线。它清楚地描述了溶液对不同波长光的吸收情况。其中，吸光度最大处的波长叫最大吸收波长 λ_{max}。

④ 光吸收基本定律——朗伯-比尔定律是分光光度法进行定量分析的理论依据。其数学表达式是 $A = \lg \dfrac{I_0}{I} = Kbc$。它的物理意义：当一束平行单色光垂直通过某溶液时，溶液的吸光度 A 与吸光物质的浓度 c 及液层厚度 b 成正比。另外在分光光度法中，也用透光率 T 来表示物质吸收光能力的大小，T 与 A 的关系为 $A = \lg \dfrac{1}{T}$。

⑤ 偏离朗伯-比尔定律的原因很多，但基本上可以分为物理方面的因素和化学方面的因素两大类。属于物理方面的原因主要是入射的单色光不纯所造成的。属于化学方面的原因主要是溶液本身的化学变化所造成的，如吸光物质常发生解离、缔合、互变异构、形成配合物等现象，从而使吸光质点的浓度发生变化，导致对朗伯-比尔定律的偏离。

三、分光光度法分析方法

① 显色反应需满足一定条件：选择性要好；灵敏度要高；显色反应的条件要易于控制；显色剂和有色化合物之间的颜色差别要大；有色化合物的组成要恒定，化学性质要稳定。

② 分光光度法应选择适当的测量条件：第一，选择被测物质的最大吸收波长为入射光；第二，把吸光度的读数范围控制在 0.2～0.8；第三，选择适当的参比溶液调节仪器的零点。

③ 分光光度法常用的分析方法有：标准比较法和标准曲线法。

④ 可见光区分光光度分析常用的仪器有 72 型、721 型、722 型等分光光度计，其主要部件有五部分：光源、单色器、吸收池、检测器及信号显示装置。

⑤ 示差分光光度法可用于测定高组分含量，它的特点是选择一个接近试样浓度的标准溶液作参比溶液来调节仪器的零点以进行测量。

思考与练习

1. 什么叫单色光？复合光？哪一种光适用于朗伯-比尔定律？
2. 有色物质的溶液为什么会有颜色？
3. 何谓透光率和吸光度？两者有何关系？
4. 朗伯-比尔定律的物理意义是什么？什么叫吸收曲线？
5. 何谓摩尔吸光系数？它对光度分析有何意义？
6. 在分光光度法中，选择入射光波长的依据是什么？
7. 如何选择适宜的参比溶液？
8. 分光光度计的基本部件有哪些？各起什么作用？
9. 何谓示差分光光度法？此法主要适合于哪些样品的测定？它为什么能提高测定的准确度？
10. 用双硫腙光度法测定 Pb^{2+}，已知 50mL 溶液中含 Pb^{2+} 0.080mg，用 2.0cm 吸收池于波长 520nm 测得 $T=53\%$，求摩尔吸光系数。

11. 一种有色物质溶液，在一定波长下的摩尔吸光系数为 1 239L/(mol·cm)，透过 1.0cm 的比色皿，测得透光率为 75%，求该溶液的浓度。

12. 欲使某样品溶液的吸光度在 0.2～0.8，若吸收池 $b=1$cm，吸光物质的摩尔吸光系数为 5.0×10^5 L/(mol·cm)，则样品溶液的浓度范围为多少？

13. 测土壤全磷时，进行下列实验：称取 1.000g 土壤，经消化处理后定容为 100.00mL，然后吸取 10.00mL，在 50.00mL 容量瓶中显色定容，测得吸光度为 0.250。取浓度为 10.0 mg/L 标准磷溶液 4.00mL 于 50.00mL 容量瓶中显色定容，在同样条件下测得吸光度为 0.125，求该土壤中磷的百分含量。

14. 测定工业盐酸中铁含量时，常用盐酸羟胺还原 Fe^{3+}，用邻二氮菲显色。显色剂本身及其他试剂均无色，邻二氮菲-Fe^{2+} 为橙色。用标准曲线法进行工业盐酸中微量铁含量分析时，应选用什么作参比溶液？

15. 0.500g 钢样溶解后，以 Ag^+ 作催化剂，用过硫酸铵将试样中的 Mn 氧化成高锰酸根，然后将试样稀释至 250.00mL，于 540nm 处，用 1.00cm 吸收池测得吸光度为 0.393。若高锰酸根在 540nm 处的摩尔吸收系数为 2025L/(mol·cm)，计算钢样中 Mn 的质量分数。

16. 以邻二氮菲光度法测定 Fe(Ⅱ)，称取试样 0.500g，经处理后，加入显色剂，最后定容为 50.00mL。用 1.0cm 的吸收池，在 510nm 波长下测得吸光度 $A=0.430$。计算试样中铁的百分含量；当溶液稀释 1 倍后，其百分透光率将是多少？[$\varepsilon_{510}=1.1\times10^4$ L/(mol·cm)]

实验实训　可见光分光光度计的使用

一、实训目标

1. 掌握 721 型分光光度计的使用方法。
2. 了解 721 型分光光度计的构造和工作原理。

二、原理

光的本质是电磁波。不同的光，有不同的波长。肉眼可见的光称为可见光，波长范围在 400～750nm。可见光分光光度计使用的波长为 360～800nm 的可见光，常用于有色物质的定量分析。

可见光分光光度计进行定量分析的基本依据是朗伯-比尔定律。当一定波长的单色光透过有色溶液时，一部分被吸收，一部分透过。根据朗伯-比尔定律可知，溶液对光的吸收程度即吸光度与溶液浓度是成正比的，于是通过测定溶液吸光度值，就可求出待测物质的溶液或含量。

可见光分光光度计按光路分为单光束和双光束束两种类型，目前实验室常用的可见光分光光度计是 721 型，属于单光束仪器。

三、721 型分光光度计结构及使用方法

1. 721 型分光光度计结构

721 型分光光度计光谱范围在 360～800nm。以钨丝灯泡为光源，经透镜聚光后射入单色器内，再经棱镜色散后，反射到准直镜，穿狭缝得到波长范围更窄的光波作为入射光，进入吸收池，透出的光波被光电管接受，产生光电流。当光电流自光电管产生后，进而通过一组高值电阻形成电压降，再经放大器放大显示信号强度，即可由间接测量光电流的大小，反映溶液中待测物质的吸光度大小或透光率。仪器的光学系统如图 12-10 所示。

① 光源：以 12V，25W 卤钨灯泡为光源。

② 单色器组件：包括光缝片（圆弧形的两片）、棱镜、准直镜、凸轮、波长盘、入射光与出射光调节部件等。是仪器的主要部件之一。

③ 吸收池（比色皿）：进光面和出光面皆由光学玻璃制成，以减少光的散射，手持面为

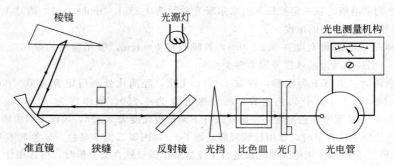

图 12-10　721 型分光光度计的光学系统

不透光的毛玻璃。比色皿的规格为 0.5cm、1cm、2cm、3cm 4 种。

④ 受光器：不是光电池而是光电管。它的阴极表面有一层对光灵敏的物质，光照射到光电管后，会发射出光电子，此光电子向阳极运动，形成光电流。经光电管出来的光电流可以放大。以光电管和放大器作为光电转换元件取代 72 型分光光度计的硒光电池，是 721 型分光光度计的特点。

⑤ 检测系统：包括对数放大器，浓度调节器和数字面板显示表。

2. 721 型分光光度计的使用方法

仪器外形结构如图 12-11 所示。

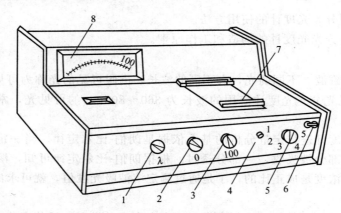

图 12-11　721 型分光光度计外形结构

1—波长调节器；2—"0" 透光率旋钮；3—"100%" 透光率旋钮；
4—比色皿架拉杆；5—灵敏度调节钮；6—电源开关；7—比色皿暗箱盖；8—微安表

① 预热仪器：为使测量稳定，将电源开关打开，使仪器预热 20min，为了防止光电管疲劳，不要连续光照。预热仪器时和在不测定时应将比色皿暗箱盖打开，使光路切断。

② 选定波长：根据实验要求，转动波长调节器，使指针指示所需要的单色光波长。

③ 固定灵敏度挡：根据有色溶液对光的吸收情况，为使吸光度读数为 0.2～0.8，选择合适的灵敏度。为此，旋动灵敏度调节钮，使其固定于某一挡，在实验过程中不再变动。一般测量固定在 "1" 挡。

④ 调节 "0" 点：轻轻旋动调 "0" 透光率旋钮，使读数表头指针恰好位于透光度为 "0" 处（此时，比色皿暗箱盖是打开的，光路被切断，光电管不受光照）。

⑤ 调节 $T=100\%$：将盛参比液的比色皿推入光路，轻轻盖上暗箱盖，旋转调 "100%" 透光率旋钮，使表头指针恰好指在 $T=100\%$ 处。

⑥ 测定：轻轻拉动比色皿架拉杆，使有色溶液进入光路，表头指针发生偏移，静止后的读数即为该溶液的吸光度。

⑦ 关机：切断电源，取出比色皿洗净晾干，放入比色皿盒中。

3. 注意事项

① 仪器须安放在稳固的工作台上，不能随意搬动。严防震动、潮湿和强光直射。

② 连续使用仪器的时间不应超过 2h，最好是间歇 0.5h 后，再继续使用。

③ 合上检测室盖连续工作的时间不宜过长，以防光电管疲乏。每次读完比色架内的一组读数后，立即打开检测室盖。

④ 比色皿每次使用完毕后，要用去离子水洗净并倒置晾干后，存放在比色皿盒内。在日常使用中应注意保护比色皿的透光面，使其不受损坏或产生划痕，以免影响透光率。

⑤ 仪器不能受潮。在日常使用中，应经常注意单色器上的防潮硅胶是否变色，如硅胶的颜色已变红，应立即取出烘干或更换。

四、思考题

1. 预热时暗盒应该打开还是关上，为什么？
2. 简述 721 型分光光度计主要构造，并说明测量时应注意什么。

附录一 弱酸和弱碱的解离常数

(1) 弱酸的解离常数

名称	温度/℃	解离常数 K_a	pK_a
砷酸 H_3AsO_4	18	$K_{a1}=5.6\times10^{-3}$	2.25
		$K_{a2}=1.7\times10^{-7}$	6.77
		$K_{a3}=3.0\times10^{-12}$	11.50
硼酸 H_3BO_3	20	$K_a=5.7\times10^{-10}$	9.24
氢氰酸 HCN	25	$K_a=6.2\times10^{-10}$	9.21
碳酸 H_2CO_3	25	$K_{a1}=4.2\times10^{-7}$	6.38
		$K_{a2}=5.6\times10^{-11}$	10.25
铬酸 H_2CrO_4	25	$K_{a1}=1.8\times10^{-1}$	0.74
		$K_{a2}=3.2\times10^{-7}$	6.49
氢氟酸 HF	25	$K_a=3.5\times10^{-4}$	3.46
亚硝酸 HNO_2	25	$K_a=4.6\times10^{-4}$	3.37
磷酸 H_3PO_3	25	$K_{a1}=7.6\times10^{-3}$	2.12
		$K_{a2}=6.3\times10^{-8}$	7.20
		$K_{a3}=4.4\times10^{-13}$	12.36
硫化氢 H_2S	25	$K_{a1}=1.3\times10^{-7}$	6.89
		$K_{a2}=7.1\times10^{-15}$	14.15
亚硫酸 H_2SO_3	18	$K_{a1}=1.5\times10^{-2}$	1.82
		$K_{a2}=1.0\times10^{-7}$	7.00
硫酸 H_2SO_4	25	$K_a=1.0\times10^{-2}$	1.99
甲酸 HCOOH	20	$K_a=1.8\times10^{-4}$	3.74
醋酸 CH_3COOH	20	$K_a=1.8\times10^{-5}$	4.74
一氯乙酸 $CH_2ClCOOH$	25	$K_a=1.4\times10^{-3}$	2.86
二氯乙酸 CH_2Cl_2COOH	25	$K_a=5.0\times10^{-2}$	1.30
三氯乙酸 CH_2Cl_3COOH	25	$K_a=0.23$	0.64
草酸 $H_2C_2O_4$	25	$K_{a1}=5.9\times10^{-2}$	1.23
		$K_{a2}=6.4\times10^{-5}$	4.19
苯酚 C_6H_5OH	20	$K_a=1.1\times10^{-10}$	9.95
苯甲酸 C_6H_5COOH		$K_a=6.2\times10^{-5}$	4.21
邻苯二甲酸 $C_6H_4(COOH)_2$		$K_{a1}=1.1\times10^{-3}$	2.95
		$K_{a2}=2.9\times10^{-6}$	5.54

(2) 弱碱的解离常数

名称	温度/℃	解离常数 K_b	pK_b
氨水 $NH_3\cdot H_2O$	25	$K_b=1.8\times10^{-5}$	4.74
羟胺 NH_2OH	20	$K_b=9.1\times10^{-9}$	8.04
苯胺 $C_6H_5NH_2$	25	$K_b=4.6\times10^{-10}$	9.34
乙二胺 $H_2NCH_2CH_2NH_2$	25	$K_{b1}=8.5\times10^{-5}$	4.07
		$K_{b2}=7.1\times10^{-8}$	7.15
六亚甲基四胺 $(CH_2)_6N_4$	25	$K_b=1.4\times10^{-9}$	8.85
吡啶 C_5H_5N	25	$K_b=1.7\times10^{-9}$	8.77

附录二　常用缓冲溶液的配制及 pH 值范围

缓冲溶液组成	pK_a	缓冲液 pH 值	缓冲溶液配制方法
氨基乙酸-HCl	2.35 (pK_{a1})	2.3	取氨基乙酸 150g 溶于 500mL 水中后加浓 HCl 80mL，水稀释至 1L
一氯乙酸-NaOH	2.86	2.8	取 200g 一氯乙酸溶于 500mL 水中，加 NaOH 40g 溶解后，稀释至 1L
邻苯二甲酸氢钾-HCl	2.95 (pK_{a1})	2.9	取 500g 邻苯二甲酸氢钾溶于 500mL 水中，加浓 HCl 80mL，稀释至 1L
甲酸-NaOH	3.76	3.7	取 95g 甲酸和 NaOH 40g 于 500mL 水中，溶解，稀释至 1L
NH_4Ac-HAc		4.5	取 NH_4Ac 77g 溶于 200mL 水中，加冰 HAc 59mL，稀释至 1L
NaAc-HAc	4.74	4.7	取无水 NaAc 83g 溶于水中，加冰 HAc 60mL，稀释至 1L
NaAc-HAc	4.74	5.0	取无水 NaAc 160g 溶于水中，加冰 HAc 60mL，稀释至 1L
NH_4Ac-HAc		5.0	取 NH_4Ac 250g 溶于水中，加冰 HAc 25mL，稀释至 1L
六亚甲基四胺-HCl	5.15	5.4	取六亚甲基四胺 40g 溶于 200mL 水中，加浓 HCl 10mL，稀释至 1L
NH_4Ac-HAc		6.0	取 NH_4Ac 600g 溶于水中，加冰 HAc 20mL，稀释至 1L
HAc-NaAc		6.0	取 NaAc 54.6g，加醋酸液(1mol/L)$_{20}$mL 溶解后，加水稀释成 500mL 即得
NaAc-H_3PO_3 盐		8.0	取无水 NaAc 50g 和 $Na_2H_2PO_4 \cdot 12H_2O$ 50g 溶于水中，稀释至 1L
NH_3-NH_4Cl	9.26	9.0	取 NH_4Cl 54g 溶于水中，加浓氨水 63mL，稀释至 1L
NH_3-NH_4Cl	9.26	9.5	取 NH_4Cl 54g 溶于水中，加浓氨水 126mL，稀释至 1L
NH_3-NH_4Cl	9.26	10.0	取 NH_4Cl 54g 溶于水中，加浓氨水 350mL，稀释至 1L

附录三 部分配离子的稳定常数

配离子	$K_稳$	配离子	$K_稳$	配离子	$K_稳$
$[AgCl_2]^-$	1.74×10^5	$[Cu(NH_3)_4]^{2+}$	4.8×10^{12}	$[Ni(CN)_4]^{2-}$	2.0×10^{31}
$[Ag(NH_3)_2]^+$	1.6×10^7	$[Cu(NH_3)_2]^+$	7.2×10^{10}	$[Ni(en)_3]^{2+}$	1.3×10^{18}
$[Ag(CN)_2]^-$	1.3×10^{21}	$[Pt(NH_3)_6]^{2+}$	2.0×10^{35}	$[Ni(NH_3)_6]^{2+}$	5.0×10^8
$[Ag(CN)_4]^{3-}$	4.0×10^{20}	$[PtBr_4]^{2-}$	3.2×10^{20}	$[Ni(NH_3)_4]^{2+}$	9.1×10^7
$[Ag(SCN)_2]^-$	3.7×10^7	$[PtCl_4]^{2-}$	1.0×10^{42}	$[Pb(Ac)_3]^-$	3.0×10^3
$[Ag(S_2O_3)_2]^{3-}$	1.6×10^{13}	$[FeCl_4]^-$	1.0×10^2	$[Pb(OH)_3]^-$	2×10^{13}
$[Al(C_2O_4)_2]^{3-}$	2.0×10^{16}	$[CrF_2]$	3.2×10^{22}	$[Pb(CN)_4]^{2-}$	1×10^{11}
$[AlF_6]^{3-}$	6.9×10^{19}	$[FeF_3]$	1.25×10^{12}	$[Zn(CN)_4]^{2-}$	5.75×10^{16}
$[AuCl_2]^+$	1.0×10^9	$[FeF_5]^{2-}$	2.19×10^5	$[Zn(C_2O_4)_2]^{2-}$	4×10^7
$[Cd(CN)_4]^{2-}$	6.0×10^{18}	$[FeF_6]^{3-}$	1.0×10^{16}	$[Zn(NH_3)_4]^{2+}$	5.01×10^8
$[Cd(NH_3)_4]^{2+}$	1.3×10^7	$[Fe(C_2O_4)_3]^{3-}$	1.59×10^{20}	$[Zn(SCN)_4]^{2-}$	1×10^{18}
$[Co(NH_3)_6]^{2+}$	1.3×10^5	$[Fe(C_2O_4)_3]^{4-}$	1.66×10^5	$[CaY]^{2-}$	3.7×10^{10}
$[Co(NH_3)_6]^{3+}$	1.4×10^{35}	$[Fe(CN)_6]^{4-}$	1.0×10^{35}	$[CrY]^-$	1×10^{23}
$[Co(NCS)_4]^{2-}$	1.0×10^9	$[Fe(CN)_6]^{3-}$	1.0×10^{42}	$[BaY]^{2-}$	6.0×10^7
$[Cu(CN)_2]^-$	1×10^{34}	$[Fe(NCS)]^{2+}$	2.2×10^3	$[MgY]^{2-}$	4.9×10^8
$[Cu(CN)_4]^{2-}$	2×10^{27}	$[Fe(NCS)_3]$	4.4×10^5	$[NaY]^{3-}$	5.0×10^1
$[Cu(CN)_3]^{2-}$	4×10^{28}	$[Fe(NCS)_6]^{3-}$	1.2×10^9	$[MnY]^{2-}$	6.3×10^{13}
$[Cu(CN)_4]^-$	5×10^{30}	$[HgCl_4]^{2-}$	1.26×10^{15}	$[SrY]^{2-}$	4.2×10^8
$[CuCl_4]^{2-}$	4.17×10^5	$[Hg(CN)_4]^{2-}$	3.2×10^{41}		
$[Cu(en)_2]^{2+}$	4.0×10^{19}	$[HgI_4]^{2-}$	6.31×10^{29}		
$[Cr(en)_2]^{2+}$	2.19×10^{14}	$[Hg(NH_3)_4]^{2+}$	1.9×10^{19}		
$[Mn(en)_3]^{2+}$	1.55×10^{13}	$[Hg(SCN)_4]^{2-}$	7.75×10^{21}		

注：表中 Y 为 EDTA。

附录四 难溶化合物的溶度积常数（18℃）

难溶化合物	化学式	K_{sp}	
氢氧化铝	$Al(OH)_3$	2×10^{-32}	
溴酸银	$AgBrO_3$	5.77×10^{-5}	25℃
溴化银	$AgBr$	4.1×10^{-13}	
碳酸银	Ag_2CO_3	6.15×10^{-12}	25℃
氯化银	$AgCl$	1.56×10^{-10}	25℃
铬酸银	Ag_2CrO_4	9×10^{-12}	25℃
氢氧化银	$AgOH$	1.52×10^{-8}	20℃
碘化银	AgI	1.5×10^{-10}	25℃
硫化银	Ag_2S	1.6×10^{-49}	
硫氰酸银	$AgSCN$	4.9×10^{-13}	
碳酸钡	$BaCO_3$	8.1×10^{-9}	25℃
铬酸钡	$BaCrO_4$	1.6×10^{-10}	
草酸钡	BaC_2O_4	1.62×10^{-7}	
硫酸钡	$BaSO_4$	8.7×10^{-11}	
氢氧化铋	$Bi(OH)_3$	4.0×10^{-31}	
氢氧化铬	$Cr(OH)_3$	5.4×10^{-31}	
硫化镉	CdS	3.6×10^{-29}	
碳酸钙	$CaCO_3$	8.7×10^{-9}	25℃
氟化钙	CaF_2	3.4×10^{-11}	
草酸钙	$CaC_2O_4 \cdot H_2O$	1.78×10^{-9}	
硫酸钙	$CaSO_4$	2.45×10^{-5}	25℃
硫化钴	$CoS(\alpha)$	4×10^{-21}	
	$CoS(\beta)$	2×10^{-25}	
碘酸铜	$CuIO_3$	1.4×10^{-7}	25℃
草酸铜	CuC_2O_4	2.87×10^{-8}	25℃
硫化铜	CuS	8.5×10^{-45}	
溴化亚铜	$CuBr$	4.15×10^{-9}	(18~20℃)
氯化亚铜	$CuCl$	1.02×10^{-6}	(18~20℃)
碘化亚铜	CuI	1.1×10^{-12}	(18~20℃)
硫化亚铜	Cu_2S	2×10^{-47}	(18~20℃)
硫氰酸亚铜	$CuSCN$	4.8×10^{-15}	
氢氧化铁	$Fe(OH)_3$	3.5×10^{-38}	
氢氧化亚铁	$Fe(OH)_2$	1.0×10^{-15}	
草酸亚铁	FeC_2O_4	2.1×10^{-7}	
硫化亚铁	FeS	3.7×10^{-19}	
硫化汞	HgS	$4 \times 10^{-53} \sim 2 \times 10^{-49}$	
溴化亚汞	Hg_2Br_2	5.8×10^{-23}	
氯化亚汞	Hg_2Cl_2	1.3×10^{-18}	
碘化亚汞	Hg_2I_2	4.5×10^{-29}	

续表

难溶化合物	化学式	K_{sp}
磷酸铵镁	$MgNH_4PO_4$	2.5×10^{-13}
碳酸镁	$MgCO_3$	2.6×10^{-5}
氟化镁	MgF_2	7.1×10^{-9}
氢氧化镁	$Mg(OH)_2$	1.8×10^{-11}
草酸镁	MgC_2O_4	8.57×10^{-5}
氢氧化锰	$Mn(OH)_2$	4.5×10^{-13}
硫化锰	MnS	1.4×10^{-15}
氢氧化镍	$Ni(OH)_2$	6.5×10^{-18}
碳酸铅	$PbCO_3$	3.3×10^{-14}
铬酸铅	$PbCrO_4$	1.77×10^{-14}
氟化铅	PbF_2	3.2×10^{-8}
草酸铅	PbC_2O_4	2.74×10^{-11}
氢氧化铅	$Pb(OH)_2$	1.2×10^{-15}
硫酸铅	$PbSO_4$	1.06×10^{-8}
硫化铅	PbS	3.4×10^{-28}
碳酸锶	$SrCO_3$	1.6×10^{-9}
氟化锶	SrF_2	2.8×10^{-9}
草酸锶	SrC_2O_4	5.61×10^{-8}
硫酸锶	$SrSO_4$	3.81×10^{-7}
氢氧化锡	$Sn(OH)_4$	1×10^{-57}
氢氧化亚锡	$Sn(OH)_2$	3×10^{-27}
氢氧化锌	$Zn(OH)_2$	1.2×10^{-17}
草酸锌	ZnC_2O_4	1.35×10^{-9}
硫化锌	ZnS	1.2×10^{-23}

附录五 标准电极电位 ($\varphi^{\ominus}$) 及一些氧化还原电对的条件电极电位 ($\varphi^{\ominus\prime}$)

(1) 标准电极电位 ($\varphi^{\ominus}$, 25℃)

半反应	$\varphi^{\ominus}/V$	半反应	$\varphi^{\ominus}/V$
$F_2 + 2e^- \rightleftharpoons 2F^-$	+2.87	$I^{3-} + 2e^- \rightleftharpoons 3I^-$	+0.54
$O_3 + 2H^+ + 2e^- \rightleftharpoons O_2 + H_2O$	+2.07	$I_2(s) + 2e^- \rightleftharpoons 2I^-$	+0.535
$S_2O_8^{2-} + 2e^- \rightleftharpoons 2SO_4^{2-}$	+2.01	$Cu^+ + e^- \rightleftharpoons Cu$	+0.52
$H_2O_2 + 2H^+ + 2e^- \rightleftharpoons 2H_2O$	+1.77	$Fe(CN)_6^{3-} + e^- \rightleftharpoons Fe(CN)_6^{4-}$	+0.355
$Ce^{4+} + e^- \rightleftharpoons Ce^{3+}$	+1.61	$Cu^{2+} + 2e^- \rightleftharpoons Cu$	+0.34
$2BrO_3^- + 12H^+ + 10e^- \rightleftharpoons Br_2 + 6H_2O$	+1.5	$Hg_2Cl_2 + 2e^- \rightleftharpoons 2Hg + 2Cl^-$	+0.268
$MnO_4^- + 8H^+ + 5e^- \rightleftharpoons Mn^{2+} + 4H_2O$	+1.51	$SO_4^{2-} + 4H^+ + 2e^- \rightleftharpoons H_2SO_3 + H_2O$	+0.17
$PbO_2(s) + 4H^+ + 2e^- \rightleftharpoons Pb^{2+} + 2H_2O$	+1.46	$Cu^{2+} + e^- \rightleftharpoons Cu^+$	+0.17
$BrO_3^- + 6H^+ + 6e^- \rightleftharpoons Br^- + 3H_2O$	+1.44	$Sn^{4+} + 2e^- \rightleftharpoons Sn^{2+}$	+0.15
$Cl_2 + 2e^- \rightleftharpoons 2Cl^-$	+1.36	$S + 2H^+ + 2e^- \rightleftharpoons H_2S$	+0.14
$Cr_2O_7^{2-} + 14H^+ + 6e^- \rightleftharpoons 2Cr^{3+} + 7H_2O$	+1.33	$S_4O_6^{2-} + 2e^- \rightleftharpoons 2S_2O_3^{2+}$	+0.09
$MnO_2(s) + 4H^+ + 2e^- \rightleftharpoons Mn^{2+} + 2H_2O$	+1.23	$2H^+ + 2e^- \rightleftharpoons H_2$	0.00
$O_2 + 4H^+ + 4e^- \rightleftharpoons 2H_2O$	+1.23	$Pb^{2+} + 2e^- \rightleftharpoons Pb$	−0.216
$2IO_3^- + 12H^+ + 10e^- \rightleftharpoons I_2 + 6H_2O$	+1.19	$Sn^{2+} + 2e^- \rightleftharpoons Sn$	−0.14
$Br_2 + 2e^- \rightleftharpoons 2Br^-$	+1.08	$Ni^{2+} + 2e^- \rightleftharpoons Ni$	−0.25
$HNO_2 + H^+ + e^- \rightleftharpoons NO + H_2O$	+0.98	$PbSO_4(s) + 2e^- \rightleftharpoons Pb + SO_4^{2-}$	−0.356
$VO_2^+ + 2H^+ + e^- \rightleftharpoons VO^{2+} + H_2O$	+0.999	$Cd^{2+} + 2e^- \rightleftharpoons Cd$	−0.403
$NO_3^- + 3H^+ + 2e^- \rightleftharpoons HNO_2 + H_2O$	+0.94	$Fe^{2+} + 2e^- \rightleftharpoons Fe$	−0.44
$Hg^{2+} + 2e^- \rightleftharpoons 2Hg$	+0.845	$S + 2e^- \rightleftharpoons S^{2-}$	−0.48
$Ag^+ + e^- \rightleftharpoons Ag$	+0.7994	$2CO_2 + 2H^+ + 2e^- \rightleftharpoons H_2C_2O_4$	−0.49
$Hg_2^{2+} + 2e^- \rightleftharpoons 2Hg$	+0.792	$Zn^{2+} + 2e^- \rightleftharpoons Zn$	−0.763
$Fe^{3+} + e^- \rightleftharpoons Fe^{2+}$	+0.771	$SO_4^{2-} + H_2O + 2e^- \rightleftharpoons SO_3^{2-} + 2OH^-$	−0.93
$O_2 + 2H^+ + 2e^- \rightleftharpoons H_2O_2$	+0.69	$Al^{3+} + 3e^- \rightleftharpoons Al$	−1.66
$2HgCl_2 + 2e^- \rightleftharpoons Hg_2Cl_2 + 2Cl^-$	+0.63	$Mg^{2+} + 2e^- \rightleftharpoons Mg$	−2.37
$MnO_4^- + 2H_2O + 3e^- \rightleftharpoons MnO_2 + 4OH^-$	+0.558	$Na^+ + e^- \rightleftharpoons Na$	−2.71
$MnO_4^- + e^- \rightleftharpoons MnO_4^{2-}$	+0.57	$Ca^{2+} + 2e^- \rightleftharpoons Ca$	−2.87
$H_3AsO_4 + 2H^+ + 2e^- \rightleftharpoons HAsO_2 + 2H_2O$	+0.56	$K^+ + e^- \rightleftharpoons K$	−2.92

(2) 一些氧化还原电对的条件电极电位（$\varphi^{\ominus\prime}$，25℃）

半反应	$\varphi^{\ominus\prime}$/V	介　质
$Ag^{2+} + e^- = Ag^+$	2.00	4mol/L HClO$_4$
	1.93	3mol/L HNO$_3$
$Ce^{4+} + e^- = Ce^{3+}$	1.74	1mol/L HClO$_4$
	1.45	0.5mol/L H$_2$SO$_4$
	1.28	1mol/L HCl
	1.60	1mol/L HNO$_3$
$Co^{3+} + e^- = Ce^{2+}$	1.95	4mol/L HClO$_4$
	1.86	1mol/L HNO$_3$
$Cr_2O_7^{2-} + 14H^+ + 6e^- = 2Cr^{3+} + 7H_2O$	1.03	4mol/L HClO$_4$
	1.15	4mol/L H$_2$SO$_4$
	1.00	1mol/L HCl
$Fe^{3+} + e^- = Fe^{2+}$	0.75	1mol/L HClO$_4$
	0.70	1mol/L HCl
	0.68	1mol/L H$_2$SO$_4$
	0.51	0.1mol/L HCl + 0.25 mol/L H$_3$PO$_4$
$Fe(CN)_6^{3-} + e^- = Fe(CN)_6^{4-}$	0.56	0.1mol/L HCl
	0.72	1mol/L HClO$_4$
$I_3^- + 2e^- = 3I^-$	0.545	0.5mol/L H$_2$SO$_4$
$Sn^{4+} + 2e^- = Sn^{2+}$	0.14	1mol/L HCl
$Pb^{5+} + 2e^- = Pb^{3+}$	0.75	3.5mol/L HCl
$SbO_3^- + H_2O + 2e^- = SbO_2^- + 2OH^-$	−0.43	3mol/L KOH
$Ti^{4+} + e^- = Ti^{3+}$	−0.01	0.02mol/L H$_2$SO$_4$
	0.15	5mol/L H$_2$SO$_4$
	0.10	3mol/L HCl
$V(V) + e^- = V(IV)$	0.94	1 mol/L H$_3$PO$_4$
$U(VI) + 2e^- = U(IV)$	0.35	1mol/L HCl

附录六 国际相对原子质量表

元素符号	名称	相对原子质量	元素符号	名称	相对原子质量	元素符号	名称	相对原子质量	元素符号	名称	相对原子质量
Ac	锕	[227.03]	Er	铒	167.259	Mn	锰	54.938049	Ru	钌	101.07
Ag	银	107.8682	Es	锿	[252.08]	Mo	钼	95.94	S	硫	32.065
Al	铝	26.98158	Eu	铕	151.964	Mt	䥑	266.13	Sb	锑	121.760
Am	镅	[243.06]	F	氟	18.9984032	N	氮	14.0067	Sc	钪	44.955910
Ar	氩	39.948	Fe	铁	55.845	Na	钠	22.989770	Se	硒	78.96
As	砷	74.92160	Fm	镄	[257.10]	Nb	铌	92.90638	Sg	𬭳	263.12
At	砹	[209.99]	Fr	钫	[223.02]	Nd	钕	144.24	Si	硅	28.0855
Au	金	196.96655	Ga	镓	69.723	Ne	氖	20.1797	Sm	钐	150.36
B	硼	10.811	Gd	钆	157.25	Ni	镍	58.6934	Sn	锡	118.710
Ba	钡	137.327	Ge	锗	72.64	No	锘	[259.10]	Sr	锶	87.62
Be	铍	9.012182	H	氢	1.00794	Np	镎	237.05	Ta	钽	180.9479
Bh	𬭛	264.12	He	氦	4.002602	O	氧	15.9994	Tb	铽	158.92534
Bi	铋	208.98038	Hf	铪	178.49	Os	锇	190.23	Tc	锝	97.907
Bk	锫	[247.07]	Hg	汞	200.59	P	磷	30.973761	Te	碲	127.60
Br	溴	79.904	Ho	钬	164.93032	Pa	镤	231.03588	Th	钍	232.0381
C	碳	12.0107	Hs	𬭶	265.13	Pb	铅	207.2	Ti	钛	47.867
Ca	钙	40.078	I	碘	126.90447	Pd	钯	106.42	Tl	铊	204.3833
Cd	镉	112.411	In	铟	114.818	Pm	钷	[144.91]	Tm	铥	168.93421
Ce	铈	140.116	Ir	铱	192.217	Po	钋	[208.98]	U	铀	238.02891
Cf	锎	[251.08]	K	钾	39.0983	Pr	镨	140.90765	V	钒	50.9415
Cl	氯	35.453	Kr	氪	83.798	Pt	铂	195.078	W	钨	183.84
Cm	锔	[247.07]	La	镧	138.9055	Pu	钚	[244.06]	Xe	氙	131.293
Co	钴	58.933200	Li	锂	6.941	Ra	镭	226.03	Y	钇	88.90585
Cr	铬	51.9961	Lr	铹	[260.11]	Rb	铷	85.4678	Yb	镱	173.04
Cs	铯	132.90545	Lu	镥	174.967	Re	铼	186.207	Zn	锌	65.409
Cu	铜	63.546	Md	钔	[258.10]	Rf	𬬻	261.11	Zr	锆	91.224
Db	𬭊	262.11	Mg	镁	24.3050	Rh	铑	102.90550			
Dy	镝	162.50				Rn	氡	[222.02]			
Ds	𫟼	269									

参 考 文 献

[1] 董元彦，张方钰，王运. 无机及分析化学. 北京：科学出版社，2005.
[2] 潘亚芬，张永士，杨丽敏. 基础化学. 北京：清华大学出版社，北京交通大学出版社，2005.
[3] 赵士铎. 普通化学. 北京：中国农业出版社，2003.
[4] 刘尧，徐英岚，上官少平. 无机及分析化学. 北京：高等教育出版社，2003.
[5] 谢明芳，何幼鸾. 无机及分析化学. 武汉：武汉大学出版社，2004.
[6] 祁嘉义. 基础化学. 北京：高等教育出版社，2003.
[7] 李香云. 化学. 北京：人民教育出版社，2003.
[8] 李翠莲. 化学. 北京：中国农业出版社，2002.
[9] 徐英岚. 无机及分析化学. 北京：中国农业出版社，2001.
[10] 呼世斌. 无机及分析化学. 北京：中国农业出版社，2003.
[11] 王泽云，范文秀，娄天军. 无机及分析化学. 北京：化学工业出版社，2005.
[12] 赵玉娥. 基础化学. 北京：化学工业出版社，2004.
[13] 潘成喜，王玉萍. 化学基础. 北京：化学工业出版社，2004.
[14] 崔玲华. 植物学基础. 北京：中国林业出版社，2005.
[15] 金为民. 土壤肥料. 北京：中国农业出版社，2001.
[16] 呼世斌，黄蔷蕾. 无机及分析化学. 北京：高等教育出版社，2001.
[17] 张坐省. 有机化学. 北京：中国农业出版社，2001.
[18] 刘尧. 化学. 北京：高等教育出版社，2001.
[19] 福建水产学校. 分析化学. 北京：中国农业出版社，1996.
[20] 华中师范大学等. 分析化学第3版. 北京：高等教育出版社，2001.
[21] 武汉大学. 分析化学. 北京：高等教育出版社，2000.
[22] 叶非. 农科基础化学. 北京：中央广播电视大学出版社，2001.
[23] 朱灵峰. 分析化学. 北京：中国农业出版社，2003.
[24] 揭念芹. 基础化学. 北京：科学出版社，2007.
[25] 赵士铎. 定量分析简明教程. 北京：中国农业大学出版社，2001.
[26] 呼世斌，黄蔷蕾. 无机及分析化学. 北京：高等教育出版社，2001.
[27] 陶仙水. 分析化学. 北京：化学工业出版社，2007.
[28] 宁开桂. 无机及分析化学. 北京：高等教育出版社，2001.
[29] 刘修堂，褚有明. 无机及分析化学. 北京：中国林业出版社，2002.
[30] 高职高专化学教材编写组. 分析化学. 北京：高等教育出版社，2000.
[31] 张星海. 基础化学. 北京：化学工业出版社，2007.
[32] 陆旋，张星海. 基础化学实验指导. 北京：化学工业出版社，2007.
[33] 张跃林，陶令霞. 生物化学. 北京：化学工业出版社，2007.
[34] 张慎举，卓开荣. 土壤肥料. 北京：化学工业出版社，2009.
[35] 符明淳，王霞. 分析化学. 北京：化学工业出版社，2008.
[36] 赵晓华. 无机及分析化学. 北京：化学工业出版社，2008.
[37] 李靖靖，李伟华. 有机化学. 北京：化学工业出版社，2008.
[38] 丁明洁. 仪器分析. 北京：化学工业出版社，2008.
[39] 李晓燕，张晓辉. 现代仪器分析. 北京：化学工业出版社，2008.